家畜の生体機構

石橋 武彦 編

文永堂出版

表紙デザイン：中山 康子（株式会社ワイクリエイティブ）
解剖図提供：高原　齊先生

序

　家畜解剖学は畜産学や獣医学を学ぶものにとって重要な基礎科目である．解像力の高い各種の電子顕微鏡の広範な利用や免疫組織学的手法など新しい研究法の開発は，解剖学の分野に画期的な発展をもたらし，細胞や組織の微細構造や立体構造が明らかになるとともに構造と機能との関連性についても幅広い貴重な知見が数多く蓄積されつつある．家畜生体機構学は，それぞれ独自の体系を築いてきた解剖学と生理学との有機的統合を図って家畜体の仕組みを学ぼうとする観点に立った新しい講述体系の家畜解剖学である．疾病の治療を主目的としている獣医学の場合と異なり，畜産学では家畜の生産性の向上を目的としていることや解剖学の講義にあたえられる時間数も少ないことなどから，畜産学科では家畜解剖学に代って家畜生体機構学を講義科目に取り入れるところが漸次増えている．また，畜産学の教育に携わる人達の集まりである畜産学教育協議会でも家畜生体機構学を畜産学科を構成する主要学科目のひとつとして位置づけている．

　本書は家畜生体機構学の教科書あるいは参考書として編集されたもので，執筆は大学で家畜生体機構学を講義された経験のある方にお願いした．本書の構成は，総論（発生，細胞，組織），外皮，運動器官（骨格，筋肉），内臓，循環系，神経系および感覚器よりなっている．読者の理解を助けるためにできるだけ多くの図表および顕微鏡写真を掲載した．この数年，多くの大学の農学部では大学院の充実，研究領域の拡大から組織がえが進み，畜産学科は応用生物科学科や動物生産科学科などに包括されている．このような枠組みの広がりによって，家畜体の仕組みを学びたいと希望する学生は，今まで以上に増加するものと思われ，本書の十分な活用を切に望むものである．

　本書の執筆にあたり，多くの優れた論文や図書を引用あるいは参考にさせていただいた．執筆者を代表して心から謝意を表す次第である．

　末尾になりましたが，獣医畜産学分野のテキストの出版企画のなかに「家畜の生体機構」を取り上げていただき，このたび発刊の運びに至りましたことは編者にとりまして無上の喜びであり，文永堂出版(株)に厚くお礼申しあげるとともに，編集企画部の方々やいろいろとお骨折りいただいた両角能彦氏に深く感謝致したい．

2000 年 8 月　　　　　　　　　　　　　　　　　　　　　編者　石 橋 武 彦

編 集 者

石 橋 武 彦　　京都大学名誉教授

執 筆 者 (執筆順)

田 村 達 堂	広島国際大学保健医療学部教授 広島大学名誉教授
高 原 齊	九州大学名誉教授
石 橋 武 彦	前　掲
河 南 保 幸	神戸大学農学部教授
宮 本 元	京都大学大学院農学研究科教授
森 友 靖 生	九州東海大学農学部助教授
兼 松 重 任	岩手大学名誉教授 前沢町立牛の博物館館長

目　次

第Ⅰ章　発　　　生 ……………………………………………（田村達堂）… 1
　1．胚子の発生 ………………………………………………………………… 1
　　（1）前　発　生 …………………………………………………………… 1
　　（2）胚子発生 ……………………………………………………………… 2
　2．胚葉の発生と発達 ………………………………………………………… 2
　3．胚葉の分化 ………………………………………………………………… 3
　　（1）胚葉分化の概要 ……………………………………………………… 3
　　（2）各胚葉から分化する組織と器官 …………………………………… 4

第Ⅱ章　細胞と組織 ……………………………………………（田村達堂）… 5
　1．細胞の形態 ………………………………………………………………… 5
　2．細　胞　質 ………………………………………………………………… 5
　　（1）細　胞　膜 …………………………………………………………… 5
　　（2）細胞小器官 …………………………………………………………… 6
　　（3）後形質および副形質 ………………………………………………… 6
　3．細　胞　核 ………………………………………………………………… 9
　　（1）核　　　膜 …………………………………………………………… 9
　　（2）染色体および核小体 ………………………………………………… 9
　4．細胞の機能 ………………………………………………………………… 9
　　（1）細胞のはたらき ……………………………………………………… 9
　　（2）細胞の増殖 …………………………………………………………… 10
　5．上　皮　組　織 …………………………………………………………… 10
　　（1）上皮の概念 …………………………………………………………… 10
　　（2）上　皮　組　織 ……………………………………………………… 10
　　（3）腺　組　織 …………………………………………………………… 14
　6．支　持　組　織 …………………………………………………………… 17
　　（1）支持組織の概念 ……………………………………………………… 17
　　（2）結　合　組　織 ……………………………………………………… 17
　　（3）軟　骨　組　織 ……………………………………………………… 21
　　（4）骨　組　織 …………………………………………………………… 21
　7．筋　組　織 ………………………………………………………………… 26
　　（1）筋　線　維 …………………………………………………………… 26
　　（2）平　滑　筋 …………………………………………………………… 28
　　（3）骨　格　筋 …………………………………………………………… 28

（4）心　　　筋 …………………………………………………………………… 30
　　　（5）筋組織と神経との関係 …………………………………………………… 30
　8．神　経　組　織 ……………………………………………………………………… 32
　　　（1）神経組織の概要………………………………………………………………… 32
　　　（2）神　経　細　胞 ……………………………………………………………… 32
　　　（3）支　持　細　胞 ……………………………………………………………… 37

第Ⅲ章 外　　　　皮 ……………………………………………（高原　齊）… 39
　1．皮　　　　膚 …………………………………………………………………………… 39
　　　（1）表　　　皮 …………………………………………………………………… 40
　　　（2）真　　　皮 …………………………………………………………………… 40
　　　（3）皮　下　組　織 ……………………………………………………………… 40
　　　（4）血管，神経分布 ……………………………………………………………… 41
　2．角　質　器 ……………………………………………………………………………… 41
　　　（1）毛 ……………………………………………………………………………… 41
　　　（2）鉤爪と蹄 ……………………………………………………………………… 42
　　　（3）角 ……………………………………………………………………………… 42
　3．皮　膚　腺 ……………………………………………………………………………… 44
　　　（1）汗　　　腺 …………………………………………………………………… 44
　　　（2）脂　　　腺 …………………………………………………………………… 45
　　　（3）変　形　腺 …………………………………………………………………… 45
　　　（4）乳　　　腺 …………………………………………………………………… 45

第Ⅳ章 運　動　器　官 ……………………………………………（高原　齊）… 49
　1．体の基本構造 …………………………………………………………………………… 49
　　　（1）切断面の名称 ………………………………………………………………… 50
　　　（2）方向を示す用語 ……………………………………………………………… 50
　　　（3）体各部の名称 ………………………………………………………………… 50
　2．骨　　　　格 …………………………………………………………………………… 50
　　　（1）骨　の　分　類 ……………………………………………………………… 52
　　　（2）長骨の外形と組織構造 ……………………………………………………… 52
　　　（3）骨　格　の　区　分 ………………………………………………………… 54
　　　（4）歩　行　様　式 ……………………………………………………………… 63
　3．関　　　　節 …………………………………………………………………………… 66
　　　（1）関節の連結方法 ……………………………………………………………… 66
　　　（2）関節（狭義）の分類 ………………………………………………………… 66
　　　（3）関　節　の　構　造 ………………………………………………………… 67
　　　（4）体各部での骨の連結 ………………………………………………………… 68

4．筋 ··· 69
　（1）筋 の 分 類 ·· 69
　（2）筋の基本形と命名法 ·· 71
　（3）体軸筋と肢筋 ··· 72
　（4）抗 重 力 筋 ·· 74
　（5）赤色筋と白色筋 ·· 75

第Ⅴ章　内　　　　臓 ·· 77
　1．消化器の構造と機能 ··（石橋武彦）…77
　　（1）口　　　腔 ·· 77
　　（2）咽　　　頭 ·· 84
　　（3）食　　　道 ·· 84
　　（4）胃 ··· 86
　　（5）腸 ··· 94
　　（6）肝　　　臓 ·· 99
　　（7）脾　　　臓 ···104
　　（8）家禽の消化器 ··106
　2．呼吸器の構造と機能 ··（河南保幸）…110
　　（1）鼻　　　腔 ···111
　　（2）喉　　　頭 ···113
　　（3）気管と気管支 ··116
　　（4）肺 ··118
　　（5）鶏の呼吸器 ···124
　3．泌尿器の構造と機能 ··（河南保幸）…125
　　（1）腎　　　臓 ···126
　　（2）腎胚，腎盤および尿管 ···134
　　（3）膀　　　胱 ···136
　　（4）尿　　　道 ···137
　　（5）鶏の泌尿器 ···139
　4．生殖器の構造と機能 ··（宮本　元）…140
　　（1）雄性生殖器 ···141
　　（2）雌性生殖器 ···152
　5．内分泌器官の構造と機能 ··（石橋武彦）…170
　　（1）松　果　体 ···170
　　（2）下　垂　体 ···172
　　（3）甲　状　腺 ···178
　　（4）上 皮 小 体 ···181
　　（5）副　　　腎 ···182

第Ⅵ章　循　　　　環 ……………………………………………（森友靖生）…187
1. 循環器の構造と機能 ……………………………………………………………187
   (1) 循環器の概念 ……………………………………………………………187
   (2) 心　　臓 …………………………………………………………………187
   (3) 血　　管 …………………………………………………………………195
   (4) 小循環と大循環 …………………………………………………………198
   (5) リンパ系 …………………………………………………………………202
2. 血液および造血臓器の構造と機能 ……………………………………………206
   (1) 血液成分 …………………………………………………………………206
   (2) 骨　　髄 …………………………………………………………………207
   (3) リンパ節 …………………………………………………………………208
   (4) 脾　　臓 …………………………………………………………………208
   (5) 胸　　腺 …………………………………………………………………210

第Ⅶ章　神経と感覚器 ………………………………………………（兼松重任）…211
1. 中枢神経系 ………………………………………………………………………211
   (1) 脊　　髄 …………………………………………………………………211
   (2) 脳 …………………………………………………………………………213
   (3) 髄　　膜 …………………………………………………………………219
2. 末梢神経系 ………………………………………………………………………220
   (1) 脳神経 ……………………………………………………………………220
   (2) 脊髄神経 …………………………………………………………………221
3. 自律神経系 ………………………………………………………………………224
   (1) 交感神経 …………………………………………………………………224
   (2) 副交感神経 ………………………………………………………………224
4. 感覚器の構造と機能 ……………………………………………………………225
   (1) 視覚器 ……………………………………………………………………225
   (2) 平衡聴覚器〔耳〕 ………………………………………………………226
   (3) 臭覚器と味覚器 …………………………………………………………227

主要参考図書 …………………………………………………………………………229
索　　　引 ……………………………………………………………………………231

I. 発　　　　生

　家畜・家禽の発生（embryogenesis）については，家畜繁殖学（家畜生殖学）の内容に含まれている部分が多い．本章では，家畜の体を構成している組織，器官の初期の形成過程のあらましについて述べる．

　家畜と家禽の間で，また，哺乳動物でも種類ごとに発生の様式に違いがある．無理な点もあるが，哺乳類についての包括的な内容として示す．

1. 胚 子 の 発 生

(1) 前　　発　　生

　性腺（gonad）では，数段階の細胞分裂を経過して，精子（spermatozoon）または卵子（ovum）という生殖子（gametus）（生殖細胞 germ cell）が生じる．この過程を前発生という．この最初の細胞は，雄では精祖細胞（spermatogonium），雌では卵祖細胞（oogonium）である．

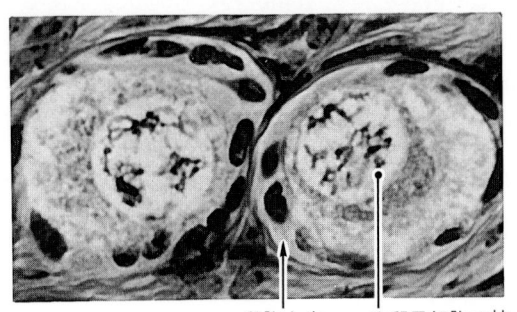

卵胞上皮　一次卵母細胞の核

図 I-1　精上皮（マウス，HE 染色，×400）．

　雄では（図 I-1），精巣曲精細管の精上皮中の精祖細胞が一次精母細胞になり，次の減数分裂（meiosis）によって二次精母細胞になる．続く分裂で生じたものが精子細胞で，それが変態して精子になる．結局，1個の一次精母細胞から4個の精子が生じる．

　雌では（図 I-2），卵巣の皮質に存在する卵胞で，卵祖細胞が一次卵母細胞になり，次の減数分裂で二次卵母細胞と小さな極体に分かれる．受精すると二次卵母細胞は分裂して，1個の卵子と1個の極体が生じる．極体は消失するので，1個の一次卵母細胞から1個の卵子が生じるだけである．

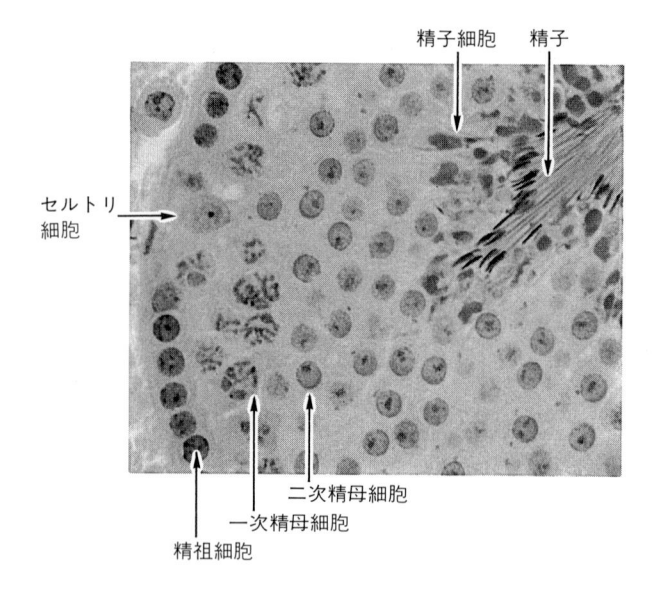

図Ⅰ-2　卵母細胞（牛，HE 染色，×640）．

(2) 胚子発生

　卵子は，受精という現象を経て細胞分裂 (cell division) を始め，それ以後個体としての形態形成が進行する．発生初期の個体を胚子（embryo）という．
　卵子は，まず，細胞分裂（卵割 cleavage という）によって細胞（割球 blastomere という）数を増していく．分裂するたびに細胞は小型になるが，12〜16 細胞の球状の塊になったときに，全体の形から桑実胚 (morula) という．
　卵割はこの後も続いて，胚の内部に液を含む腔が出現する．この胚を胞胚 (blastula)，腔を胞胚腔 (blastula cavity) という．胞胚腔は拡大して 1 層の細胞によって囲まれる．これが栄養膜(trophoblast)であるが，膜の 1 カ所では細胞が小塊をつくる．ここを胚結節 (germ disc) という．

2．胚葉の発生と発達

　一定の時間を経ると，胞胚には胚葉(germinal layer)が出現し，それに伴って原腸(archenteron) が形成される．この胚を原腸胚 (gastrula) という．すなわち，胚結節の内側で細胞が増殖を始め，胞胚腔の中を 1 層の細胞層をつくって広がっていく．これが内胚葉 (endoderm) である．これ以後，胞胚の外壁になっている栄養膜を外胚葉 (ectoderm) と呼ぶ．胚結節から各方向に伸びた内胚葉は，対側からのものと結合するので，胞胚腔中にこれで囲まれた腔ができる．この腔が原腸である．

内胚葉の発生と平行して，胚結節に別な変化が進む．これは，胚結節が胚子の体軸を中心とした胴体に変わっていくものであり，そのためここを胚子部と称する．まず，胚結節は外側と内側の2重の板状構造に分かれる．前者を外胚葉性胚子部，後者を内胚葉性胚子部という．外胚葉性胚子部は線状に伸びて，原始線条（primitive streak）が形成される．これが体軸の始まりである．次に，原始線条の一部から内側に細胞が増殖して，内胚葉性胚子部との間に新しい層ができる．これは中胚葉（mesoderm）の発生である．

　中胚葉は，初めは胚子部の体軸に平行な細長い塊である．まもなく，中胚葉の一部はここから二手に分かれて，外胚葉の内側，内胚葉の外側に沿って伸び，その先で両者が結合する．その結果，これに包まれた新しい腔ができる．この腔は将来，胸腔，腹腔という体腔になる．

　ここまでは中胚葉形成の第一段階である．この後，中胚葉から各胚葉の間に次々と細胞が分離して，種々の組織に分化していく．この細胞群を間葉細胞（mesenchymal cell），この系統を間葉（mesenchyma）という．これに対して，もともとの中胚葉を狭義の中胚葉ともいう．

3. 胚葉の分化

(1) 胚葉分化の概要

　胚葉は，各種の組織，器官に変わっていくので，ごく短期間だけ存在する．

　発生の過程では，胚葉の特定部位の細胞が増殖して，予定された器官のもと（原基 primodium という）になる．例えば，外胚葉の一定の細胞が増殖して（これを分化 differentiation という）神経管という原基をつくり，それが脳・脊髄という器官になる．これを細胞単位でみると，外胚葉の一部が神経芽細胞になり，その後に形態的にも機能的にも完成した神経細胞になる．また，数種の細胞の共通の源と考えられる細胞を幹細胞（stem cell）という（例えば，間葉細胞→血球の幹細胞→各種の血球芽細胞→各種の血球）．

　どの胚葉に由来するかが不明の細胞もある．精祖細胞または卵祖細胞になる原始生殖細胞（primordial germ cell）もその1例である．

　ここで，胚葉が分化していく初期の過程について少しふれておく．

　最初の胚葉分化は，外胚葉からの神経管（neural tube）形成である．この後に，原始線条から派生した中胚葉が，神経管と平行したヒモのような脊索（notochord）をつくる．脊索の形成によって体軸が決定される．次に，脊索の左，右側に中胚葉から別な組織が伸びてきて，一定間隔を置いて並ぶ．この各々の構造を体節（somite）という．体節は間葉細胞に変わり，脊索と神経管を包み，椎骨になる．一方，脊索は断裂して，各椎骨間にだけ遺残する．また，体節から別な間葉細胞が分化して，主に脊柱につく骨格筋になる．

　体軸から離れている部位では，次のように変化していく．体節の間葉細胞の1群は，外胚葉に接して広がり，外胚葉は表皮に，その内側の間葉は真皮と皮下組織になり，皮膚ができてい

く．体節の外側の中胚葉は，前述の体腔に入って，腎臓，生殖器の形成を始める．外胚葉と中胚葉の間の間葉は，骨格筋と結合組織になって，皮膚の下の体壁になる．さらに，内胚葉と中胚葉の間では，間葉は平滑筋と結合組織になり，原腸壁を囲んでいく．それに伴って，原腸は袋状から管状の消化管になっていく．この管腔面の内胚葉は，表面をおおう上皮になる．

(2) 各胚葉から分化する組織と器官

組織，器官がどの胚葉に由来するかは，その主な構成要素の由来で表すことが多い．その一部を例示しておく．

1) 内 胚 葉 由 来

①消化管（咽頭から直腸まで）の上皮とその管壁内の腺（胃腺，腸腺など），呼吸器（喉頭から肺胞まで）の上皮と腺，膀胱と尿道の上皮．②肝臓，膵臓，甲状腺，上皮小体，胸腺．

2) 外 胚 葉 由 来

①中枢および末梢神経系．②口腔上皮，表皮，毛，爪．③唾液腺，汗腺，乳腺，脂腺，下垂体，副腎髄質．④網膜，水晶体，内耳．

3) 中胚葉（狭義）由来

①体腔漿膜の中皮．②泌尿器（腎尿細管から尿管まで）の上皮，精巣曲精細管のセルトリ細胞，精巣直精細管から精管までの上皮，卵巣の卵胞上皮，卵管と子宮の上皮．③副腎皮質．

4) 中胚葉（間葉）由来

①結合組織，軟骨，骨．②脈管（心臓，血管，リンパ管）の内皮．③骨髄，リンパ節，脾臓．④血球．⑤歯の象牙質とエナメル質．⑥精巣間細胞，卵胞膜細胞．⑦平滑筋，骨格筋，心筋．

II. 細胞と組織

　細胞 (cell) は生物体の構成単位である．細胞は，個体の発生過程で，構造，機能が異なる方向に分化しながら増殖する．この同一方向の細胞群を主体にまとまっている構造が，組織 (tissue) である．器官 (organ) は，何種類かの組織で構成されることが多い．

　本章では細胞と組織について述べるが，光学顕微鏡（光顕）的内容をベースにし，若干の電子顕微鏡（電顕）的内容を加える．

　なお，I，II章の図の説明では，下記の染色法を（　）内の略号で記している．

　アルデヒド・フクシン（AF），アルデヒド・チオニン（AT），ボディアン・ルクソールファスト青・クレジル紫（BLCV），クレジル紫（CV），ヘマトキシリン・エオジン（HE），ハイデンハイン鉄ヘマトキシリン（IH），過ヨウ素酸・Schiff（PAS），過ヨウ素酸・Schiff・ヘマトキシリン（PAS・H），トルイジン青（TB），メチル青・ピロニン（MP）．

1. 細胞の形態

　体を構成しているほとんどの細胞は，細胞質 (cytoplasm) と1個の核 (nucleus) とからなる．光顕では細胞膜（形質膜，plasma membrane）は見えないが，核の位置は細胞の種類ごとにほぼ一定しているので，細胞の輪郭は想定できる（図II-1, 2）．細胞の形は扁平，球状，立方，円柱，紡錘などであるが，複雑なものもある．細胞の大きさは $10\sim30\,\mu m$ の範囲のものが多い．

　形や大きさに特徴のある細胞には，次のようなものがある．**無核の細胞**：哺乳類の赤血球，血小板．**多核の細胞**：骨髄巨核球，骨格筋線維．**細胞質が極端に少ない細胞**：血管内皮細胞．**核が偏在している細胞**：内容物を満たした脂肪細胞，粘液細胞．**分葉核**（単核であるが，いくつかに分かれて見える）**の細胞**：顆粒白血球．**長い細胞**：神経細胞，骨格筋線維．**大型の細胞**：卵細胞．**小型の細胞**：血小板，赤血球，有核細胞では小リンパ球．**突起を持つ細胞**：神経細胞，骨細胞．**分岐している細胞**：心筋線維．**形の変化が著しい細胞**：色素細胞．

2. 細胞質

(1) 細胞膜

　細胞膜 (cell membrane) は，電顕的には3層構造を示す．この膜は，細胞内の諸構造（ミトコンドリア，小胞体，ゴルジ装置，核膜など）の膜とも共通する基本的な構造である（単位

膜という）．細胞の種々の生理現象は，細胞膜を境にして起こる．それらを説明するための細胞膜分子配列モデルが提唱されている．

細胞には物質の出入が絶えない．そのため細胞膜は変化するが，例えば膜の一部が消失しても，そのたびに再構築されている．細胞膜の抵抗性は強く，細胞変性の際も，細胞膜の崩壊が最後に起こることが多い．

（2）細胞小器官

各種の細胞に共通的に存在して，一定の構造と機能を持つ構造物を細胞小器官 (cell organella) という．このうち，先人が工夫をこらして光顕的に確立したのがミトコンドリア（糸粒体）(mitochondrion, mitochondria)（図Ⅱ-3 A, B），ゴルジ装置 (Golgi apparatus)（図Ⅱ-3 C, D），中心小体 (centrosome)（一対の中心子からなることが多い）（図Ⅱ-4 A）である．その後，電顕的にリボゾーム (ribosome)，小胞体 (endoplasmic reticulum)，水解小体 (lysosome) などが加えられた．

ミトコンドリアは，細胞呼吸に関係する酵素系を含み，また，ATP を形成してエネルギーを産生する．ゴルジ装置では，蛋白質，多糖類などの分泌物，酵素などが完成する．中心子は，有糸分裂時に染色体を2分する両極になる．また，線毛も中心子の分裂によって発生する．

リボゾームは，蛋白質合成の場である．小胞体には2種類がある．リボゾームが付着している粗面小胞体では，蛋白質の合成が効率よく進む．なお，リボゾームの豊富な細胞（膵臓外分泌細胞など）は，光顕で塩基好性（ヘマトキシリンなどで染まる性質）の細胞質を示す（図Ⅱ-4 B）．リボゾームが付着していない滑面小胞体には，ステロイドホルモン合成などの種々の機能がある．水解小体は加水分解酵素を貯蔵し，細胞内の不用物，異物などを消化する．

（3）後形質および副形質

後形質 (metaplasm) は，すべての細胞に存在するとは限らない構造物である．逆に，その存在によって細胞の特徴が示される．

光顕的には，上皮細胞の張原線維，筋線維の筋原線維，有糸分裂時の紡錘糸，細胞表面の刷子縁，線毛，鞭毛などである．電顕的には，これらの構造は主に，フィラメントまたは微細管で構成されている．

副形質 (paraplasm) は，細胞内に一時的に存在する有形物質である（図Ⅱ-5）．肝細胞のグリコーゲン，脂肪滴，分泌細胞の分泌果粒，種々の細胞のリポフスチン，表皮のメラニン色素などである．

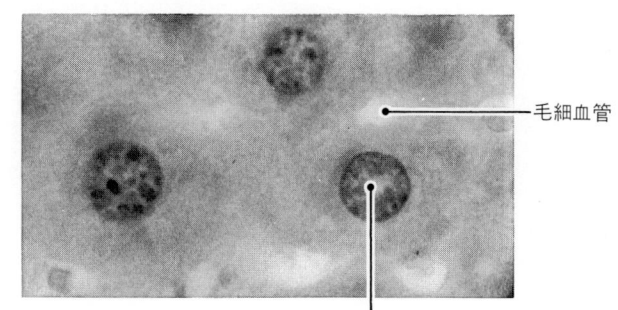

II. 細胞と組織

図II-1 細胞の輪郭（不明瞭な例）（マウス肝細胞，HE染色，×1,000）．

毛細血管
肝細胞の核

血管内皮細胞の核
毛細血管
髄質細胞の核

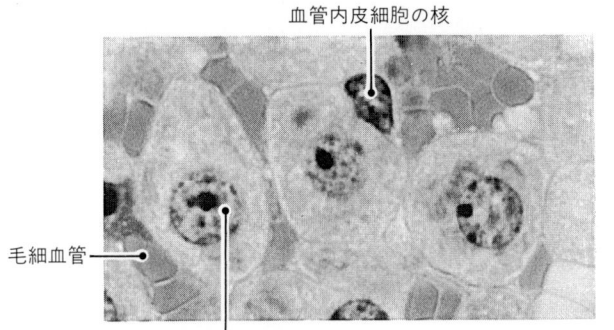

図II-2 細胞の輪郭（明瞭な例）（マウス副腎髄質細胞，HE染色，×1,000）．

ミトコンドリアが多い
ミトコンドリアが多い
基底膜
ゴルジ装置
ゴルジ装置
神経細胞の核

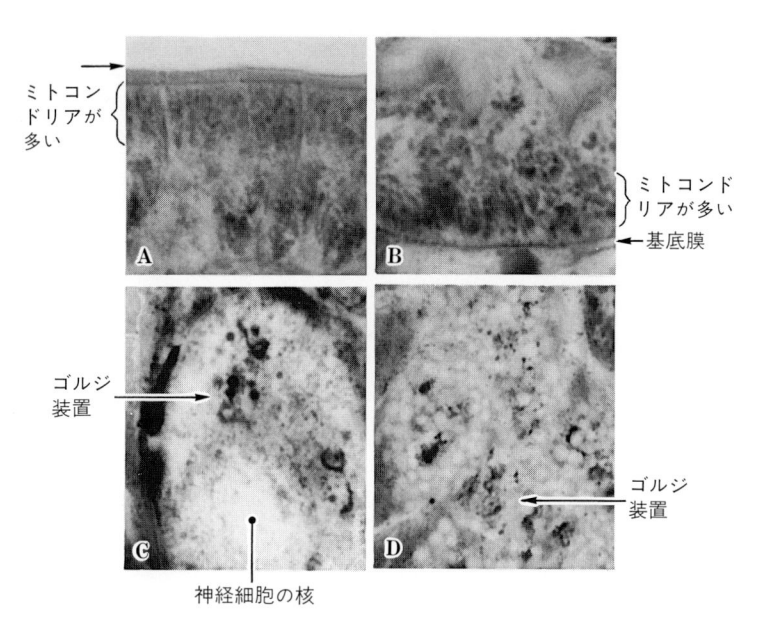

図II-3 ミトコンドリア（A，B）とゴルジ装置（C，D）
A：ラット十二指腸吸収上皮(IH染色，×1,000)，B：マウス腎尿細管上皮(IH染色，×1,000)，C：マウス脊髄神経節細胞(コラチフ法染色，×1,000)，D：マウス膵臓外分泌細胞(青山法染色，×1,000)．

線毛

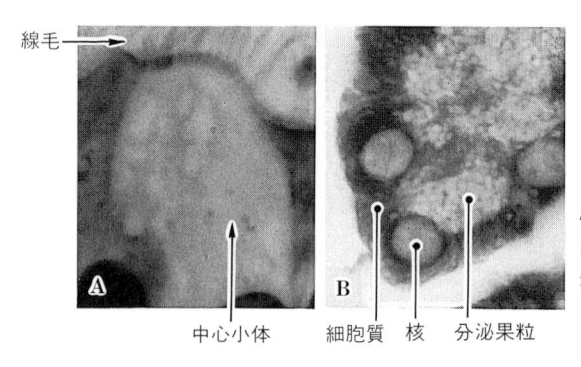

中心小体　細胞質　核　分泌果粒

図II-4　中心小体（A）と塩基好性細胞質
A：マウス気管粘膜線毛細胞（IH染色，×1,600），
B：マウス膵臓外分泌細胞．細胞質がピロニンで濃染（MP染色，×1,000）．

図II-5　副形質
A：グリコーゲン，マウス肝細胞（PAS・H染色，×1,000），B：脂肪滴，マウス黄体細胞（オスミウム酸処理，×1,000），C：分泌果粒，マウスパネート細胞（IH染色，×1,000），D：ケラトヒアリン顆粒，マウス表皮（HE染色，×1,000），E：メラニン色素，トカラ山羊毛包（無染色，×1,000），F：リポフスチン，マウス副腎皮質（PAS・H染色，×1,600）．Nは細胞核．

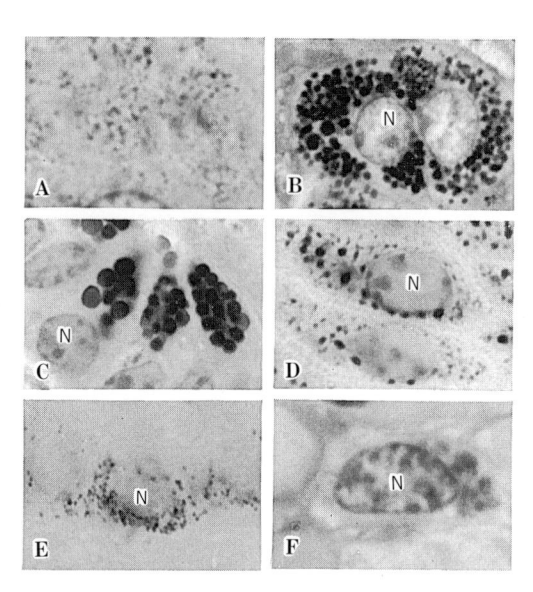

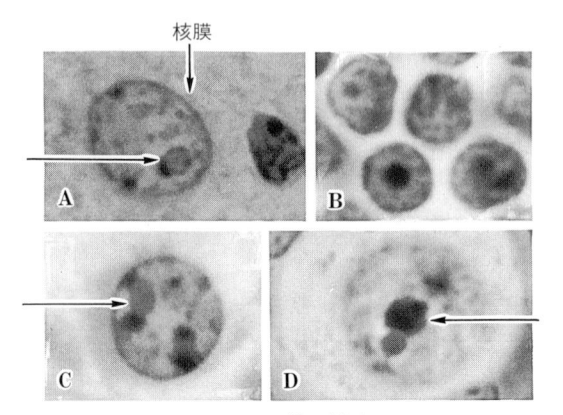

核膜

図II-6　核の構造
マウスの細胞．↑は核小体を示し，他の可染物は染色質．A：左側は肝細胞，右側は血管内皮細胞（フォイルゲン反応，×1,000），B：小リンパ球（HE染色），C：膵臓外分泌細胞（HE染色，×1,000），D：卵母細胞（IH染色，×1,000）．

3. 細 胞 核

(1) 核 膜

　核膜 (nuclear membrane) は，核の成分である核質を包み，細胞質との境界をつくっている大きな袋である．核膜の断面は，光顕でも明瞭に見える．
　核膜は，単位膜で包まれた多数の扁平なふくろ（嚢）が連続的に配列してできている．核膜には多数の小孔（核膜孔）が存在し，これを通して核と細胞質の間の物質移動がなされる．核膜は有糸分裂の一時期に消失する．

(2) 染色質および核小体

　核質の有形成分は，染色質（chromatin）と核小体（仁）(nucleolus) である（図II-6）．染色質の重要な成分は，デオキシリボ核酸 (DNA) で，遺伝子 (gene) を含む．染色質の分布状態は，細胞種によってかなり一定している．染色質は，有糸分裂時に一定数の染色体 (chromosome) になる．
　核小体は，光顕では球形の小体で，1細胞に1～数個みられる．染色質と核小体の区別には，フォイルゲン反応によって，前者のみを染め出すのが最もよい（図II-6A）．核小体はリボ核酸 (RNA) を含み，それによって細胞質にリボゾームをつくり，次にこれを土台にして，蛋白質合成を進める．核小体も有糸分裂時に消失する．

4. 細 胞 の 機 能

(1) 細胞のはたらき

1）基本的なはたらき

　①物質の移動：物質が細胞に出入するときに，細胞膜の構造に変化を生じない受動または能動輸送と，変化を生じる取込みまたは放出がある．細胞内では，拡散，原形質流動などの分子運動による移動と，細胞のエネルギーを使用する移動とがある．**②物質代謝**：細胞の機能を営むために必要なエネルギーを熱，ATP として産生する．

2）特殊化した働き

　細胞によっては，特定の機能の分化を示す．それには次のようなものがある．
　①物質移動：赤血球，小腸の吸収上皮，尿細管上皮の物質移動．**②物質代謝**：肝細胞の異化・

同化作用，骨格筋線維の収縮による熱産生．**③物質の合成**：フィラメントなどの構造蛋白質，分泌物，抗体の産生．**④運動**：白血球のアメーバ様運動，筋線維の収縮，線毛運動．**⑤刺激に対する応答**：神経細胞の興奮と伝導，筋線維の収縮，腺細胞の分泌，抗原に対する抗体産生．**⑥食作用**：大食細胞，白血球の異物の取込みと消化．

(2) 細 胞 の 増 殖

体細胞は，通常は有糸分裂（mitosis）によって増殖（reproduction）する（図Ⅱ-7）．組織標本では，分裂中期，後期の像が容易に眼にとまる．

細胞増殖が最も顕著なのは，成長過程の器官である．しかし，細胞には寿命があるので，常に新生細胞によって更新されるものもある（赤血球，表皮細胞，小腸絨毛上皮細胞）（図Ⅱ-8）．機能が周期的なものでは，それに伴う細胞増殖が起こる（子宮壁の諸細胞）．

生殖細胞については前に述べた．

5．上 皮 組 織

(1) 上 皮 の 概 念

体表，体腔の表面，管腔器官の内面などをおおっている細胞層を上皮（epithelium），その細胞を上皮細胞という．なお，体腔表面の上皮を中皮（mesothelium），脈管内面の上皮を内皮（endothelium）と呼ぶ．発生の項で述べたように，上皮は各胚葉に由来する．

上皮の特徴は，純粋に上皮細胞だけが連続的に配列して，上皮組織（epitheliar tissue）を形成していることである（図Ⅱ-9）．そのため，この組織を単に上皮と呼ぶことが多い．上皮には，原則として血管が侵入しない．

もともと表面をおおっていた上皮の一部が，分泌という機能を持つようになったものがある．この細胞を腺細胞（glandular cells）といい，これをつくる組織を腺組織（glandular tissue）という．

(2) 上 皮 組 織

1）上皮組織の形態

上皮細胞の形　　上皮は，一定の形と大きさの細胞で構成されることが多い．細胞の形によって扁平上皮（squamous epithelium），立方上皮（cuboidal epithelium），円柱上皮（columnar epithelium）の3基本型に分けられる．

上皮細胞表面の派生物　　上皮細胞の表面には，特殊な構造が存在することがある．これに

II. 細胞と組織

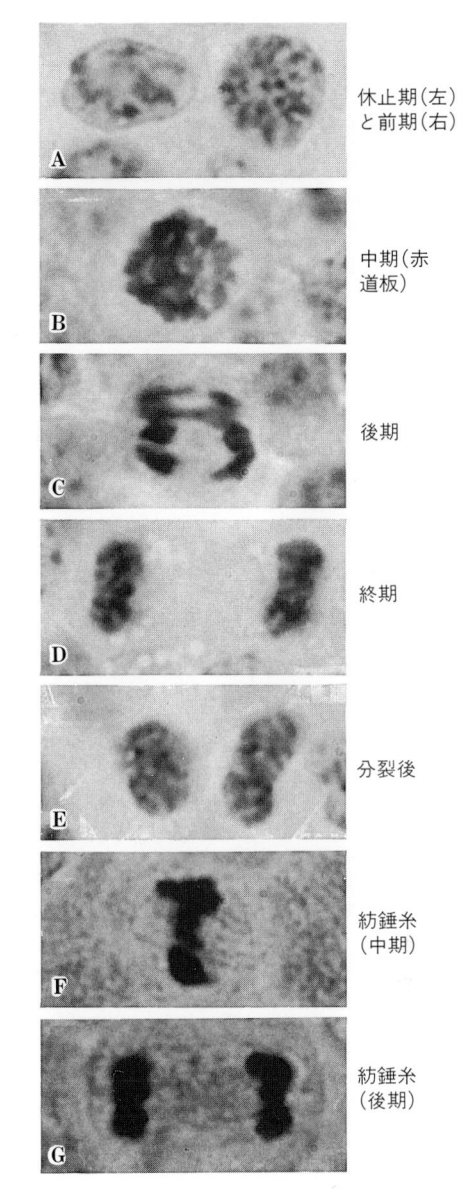

図II-7　有糸分裂の核像
マウスの細胞．A〜E：卵胞上皮細胞（HE染色，×1,600），F,G：子宮粘膜上皮細胞（TB染色，×1,600）．

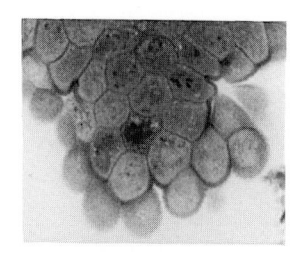

A　休止期（左）と前期（右）
B　中期（赤道板）
C　後期
D　終期
E　分裂後
F　紡錘糸（中期）
G　紡錘糸（後期）

図II-8　脱落していく細胞
マウス十二指腸絨毛先端の上皮（PAS・IH染色，×400）．

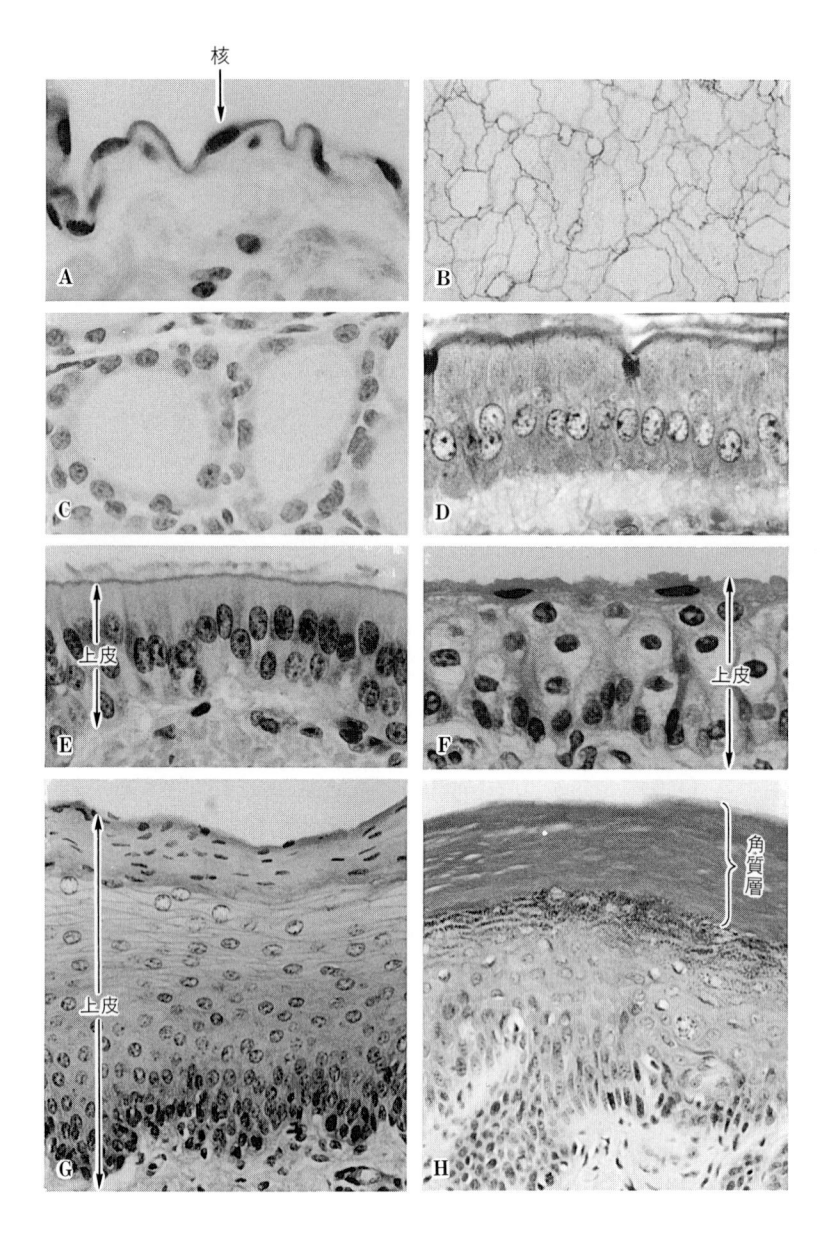

図II-9 種々の上皮

A：単層扁平上皮，マウス腹膜の上皮（中皮）(HE染色，×400)，B：Aを表面から見た細胞境界線を示す（銀染色，×400)，C：単層立方上皮，マウス甲状腺濾胞(HE染色，×400)，D：単層円柱上皮，マウス十二指腸絨毛(IH染色，×400)，E：多列線毛上皮，トカラ山羊気管粘膜(HE染色，×400)，F：移行上皮，トカラ山羊膀胱粘膜(HE染色，×400)，G：重層扁平上皮，牛食道粘膜(HE染色，×200)，H：重層扁平上皮，マウス足底表皮（角質層が厚い)(HE染色，×200).

は，細胞頂面の刷子縁(brush border)(電顕的には微絨毛 microvillis)(小腸吸収上皮)，不動毛(stereocilium)(これは微絨毛の長いもの)(精管上皮)，線毛(cilium, cilia)(気管上皮)があり(図II-10)，また，細胞基底には基底陥入(basal infoldings)(尿細管上皮)(図II-13)がある．

上皮の分類　上皮には，細胞が1層だけ並ぶものと，重なり合った層になっているものがある．上皮の下面は基底膜(図II-11)という構造に接していて，上皮を構成している各細胞がこの膜に接しているものを，単層上皮(simple epithelium)，接していない細胞もあるものを重層上皮(stratified epithelium)という．単層上皮には，一見重層に思われるものも属している．

しばしば遭遇する代表的な上皮を記しておく（図II-9）．

①単層上皮：単層扁平上皮（扁平細胞が1層に並ぶ．血管内皮），単層立方上皮（立方細胞が1層に並ぶ．甲状腺濾胞上皮），単層円柱上皮（円柱細胞が1層に並ぶ．小腸絨毛上皮），多列線毛上皮（線毛細胞と線毛のない細胞が2層のように並ぶ．気管粘膜上皮），移行上皮（層の厚さ，細胞の形が器官の状態で変化し，重層のように見える．膀胱粘膜上皮）．

②重層上皮：重層扁平上皮（最下層の円柱状細胞だけが基底膜に接し，その上に細胞が何層にも重なる．表層は扁平細胞になる．表皮）．

2）上皮組織の機能

上皮は，器官の表面をおおっているので，その深部組織を保護する役割が大きい．上皮には種々の機能があるが，それらを表す名称としては，被蓋上皮（表皮など），吸収上皮（小腸絨毛の表面上皮）(図II-14)，分泌上皮（腺細胞），感覚上皮（網膜の杆状体，錘状体細胞など）などがある．

3）上皮細胞間の特殊構造

隣接する上皮細胞間には，向き合う細胞膜を局所的に結合している装置がある．これは電顕的に明らかにされ，3種の構造が区別される．これらは1セットで存在することがあり，そのことから接着複合体（junctional complex）と呼ぶ．すなわち，細胞上端近くの閉鎖帯（zonula occldens），この直下の接着帯(zonula adherens)，これより下方の数カ所に存在する接着斑（デスモゾーム）(macula adherens, desmosome) である．これらは，いずれも細胞膜と細胞間隙が特殊化した構造である．

接着複合体の一部，特にデスモゾームは，上皮以外にも存在する．また，閉鎖帯の変形にギャップ結合（gap junction）があるが，平滑筋，心筋などに多い．

光顕では，上皮細胞の表面近くに閉鎖堤という構造が認められるが（図II-10 A），これは閉鎖帯から接着帯までの部分に相当する．また，上皮細胞間の細胞間橋は，デスモゾームである．

(3) 腺　組　織

1) 分泌の概念

　細胞には，特定の物質を合成し，排出するものがある．上皮細胞によってなされるこの働きを，分泌という．この細胞を腺細胞，合成された物質を分泌物（secretion）という．腺細胞が集合して腺という構造になる．

　分泌は，素材の細胞内への取込み，分泌物の合成，その細胞外への排出（放出）という段階からなる．放出された分泌物の行き先には2通りある．1つは器官の腔，体表に出ていくもので，この腺を外分泌腺（exocrine gland）という．他の1つは，分泌物が血管中に入り全身を循環するもので，腺を内分泌腺（endcrine gland），分泌物をホルモン（hormone）という．

　分泌という表現は，上皮性細胞に限るのが原則であるが，他のものにも適用されている（精巣間細胞）．神経細胞による分泌を，神経分泌という（下垂体後葉）．

　分泌物には，蛋白質（膵臓外分泌部），ペプチド（膵臓内分泌部＝ランゲルハンス島），アミン（副腎髄質），脂質（副腎皮質），粘液多糖類（杯細胞）などの種類がある．外分泌腺で漿液腺（serous gland）といわれるものは，酵素を含む分泌物を産生し，粘液腺（mucous gland）には粘液多糖類を分泌するものが多い．

　分泌物の放出には，細胞全体が脱落して分泌物となる特殊な様式(脂腺)もあるが(図Ⅱ-20)，大部分の腺では，分泌物は細胞膜を通る．これには，細胞膜の一部が分泌物を包んで出るもの（乳腺）と，細胞膜から分泌物がしみ出るもの（副腎髄質）がある．

2) 外分泌腺の概要

　外分泌腺を，腺細胞の分布状態から次のように区分することができる．

　①上皮細胞層の中に腺細胞が存在しているもので，上皮内腺という（杯細胞）(図Ⅱ-15)．

　②上皮から深部に，腺細胞がくぼみをつくって配列しているもので，胃小窩の胃腺，腸陰窩の腸腺などのように，この形式は多い（図Ⅱ-16）．

　③腺細胞が集塊をつくり，分泌物は導管（excretory duct）から集中的に排出されるものである．これには，導管が短く，腺組織の近くに排出されるもの（食道）と，腺組織が器官を構築して，長い導管で離れた部位に排出するもの（唾液腺，肝臓，膵臓）がある．

　腺細胞は腺腔を囲んで配列している．ここの配列が円筒状のものを管状腺（tubular gland），ふくらんだ円味のあるものを胞状腺（alveolar gland）という．導管を持つ腺では，腺細胞が管状，または胞状になって小集団をつくっている部分を終末部（terminal portion）という．外分泌腺は，導管も含めて種々の形態を現すが(図Ⅱ-16～19)，分類は省略する．外分泌腺には，漿液分泌と粘液分泌とを行うものがあり，混合腺という（図Ⅱ-19）．

　導管系のうちで，終末部からの最初の部分を介在部という．導管は初めは細いが合流して太

II. 細 胞 と 組 織

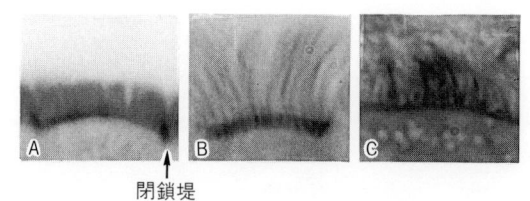

図II-10 上皮細胞の派生物
A：十二指腸吸収上皮の刷子縁．B：気管粘膜上皮の線毛．C：精管粘膜上皮の不動毛．A〜C：マウス，IH染色，×1,600．

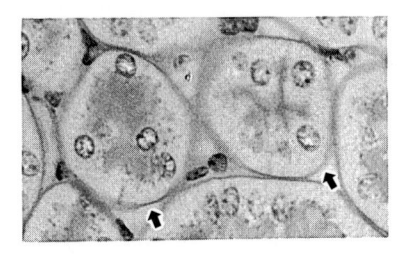

閉鎖堤

図II-11 基底膜
マウス腎臓尿細管．↑は基底膜．(PAS・H染色，×400)．

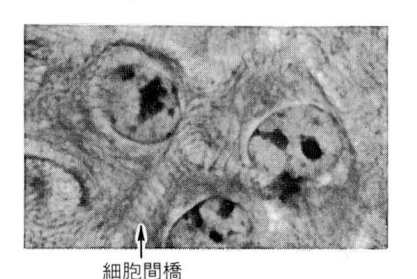

図II-12 細胞間橋．
マウス表皮（IH染色，×1,000）．

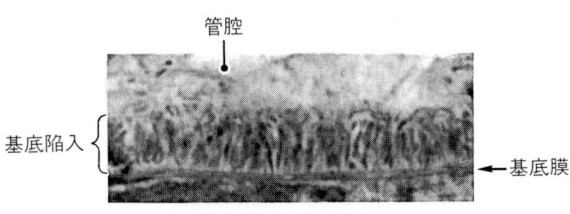

図II-13 基底陥入．
マウス尿細管上皮．基底膜に直角に濃淡の太い線が見えるが，淡いのが基底線条（IH染色，×1,000）．

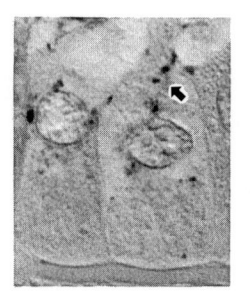

管腔／基底陥入／基底膜

図II-14 吸収上皮．
小腸（表面）吸収上皮を通過中の脂質(↑)(マウス，オスミウム酸処理，×1,000)．

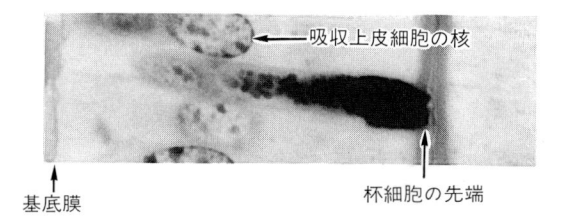

図II-15 杯細胞．
粘液を満たしている．マウス十二指腸絨毛上皮（表面上皮）中のもの（PAS・H染色，×1,000）．

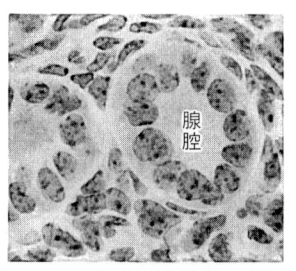

吸収上皮細胞の核／杯細胞の先端／基底膜

図II-16 管状腺．
マウス子宮腺（HE染色，×400）．

腺腔

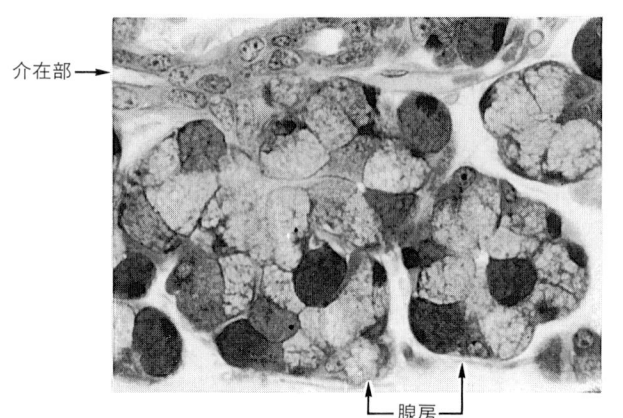

図II-17　胞状腺（粘液腺）．
マウス下顎腺の一部．2種の腺細胞のように見えるが，粘液細胞だけである（PAS・IH染色，×400）．

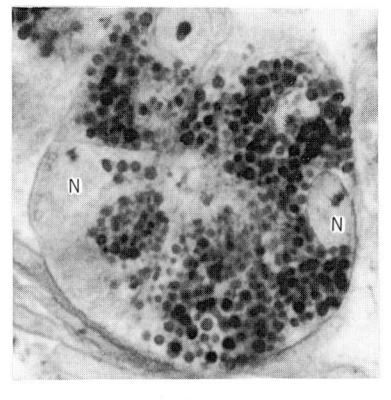

図II-18　胞状腺（漿液腺）．
ラット膵臓外分泌部．分泌果粒（チモーゲン果粒）で充実．Nは細胞核（IH染色，×1,000）．

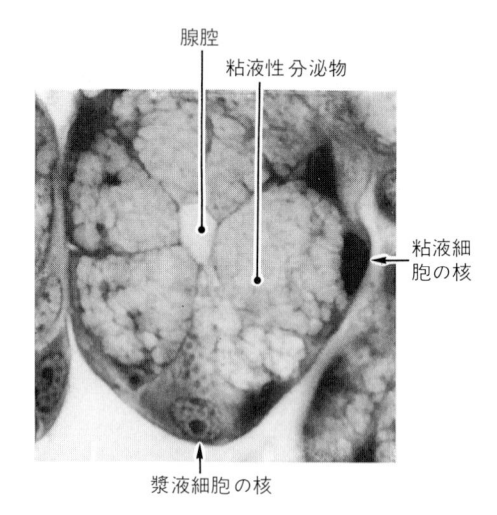

図II-19　混合腺．
マウス下顎腺の一部．粘液細胞の腺房に漿液細胞が混在．粘液細胞の核に注意（PAS・H染色，×1,000）．

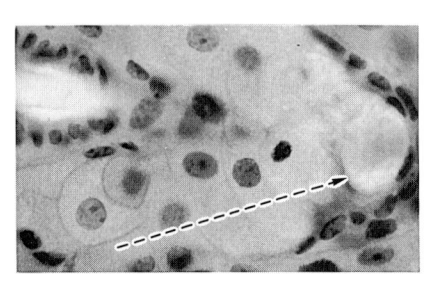

図II-20　細胞が脱落して分泌物となる腺．
マウス脂腺．……→の方向に変性していく．

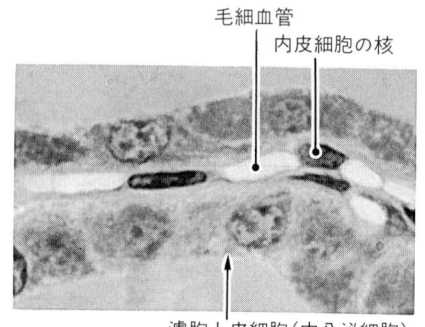

図II-21　内分泌腺，マウス甲状腺．
内分泌細胞は毛細血管に密接する（TB染色，×1,000）．

くなっていく．唾液腺では，途中に線条部という特殊な部位がある．

3) 内分泌腺の概要

内分泌腺では，腺細胞は毛細血管に接して配列している（図II-21）．

腺としての構造は，外分泌腺に比較して単純である．腺細胞の分布状態から内分泌腺を区分すると，①細胞が分散しているもの（精巣間細胞，消化管内分泌細胞），②細胞は周囲とは独立した集団にはなっているが，器官になっていないもの（膵臓内分泌部，視床下部神経分泌核），③独立した器官を形成しているもの（甲状腺，副腎）になる．

6. 支持組織

(1) 支持組織の概念

細胞，組織，器官という諸構造の相互間を結合して，それらの形，位置を保ったり，体を部分的に，あるいは全体的に支える組織がある．これらを総称して支持組織という．これには結合組織，軟骨組織，骨組織がある．

組織の中で，細胞以外の部分を細胞間質という．支持組織の構成細胞は間質の形成力が強く，間質は，有形の線維成分と，無構造の基質とからなる．

(2) 結合組織

結合組織（connective tissue）は，文字通り諸構造を結合しているが，それは線維によってなされている．

結合組織の基本的な有形成分は，線維芽細胞（fibroblast）（線維細胞ともいう）と膠原線維（collagen fiber）で，これに各種の細胞，線維が加わる（図II-22）．

結合組織は，さまざまな形となって広く分布している．例えば，組織，器官の基本的骨組みとなる（肝臓，脾臓），細胞を束ねて組織にまとめる（筋，神経），器官，組織を結合する（小葉間結合組織と血管，導管の関係），器官としてまとめる（各器官の被膜），組織間に介在する（真皮，皮下組織），器官となる（腱，靱帯）などである．

結合組織の無構造基質は，主に粘液多糖類である．また，有形成分間の隙間（組織間隙）は，組織液の通路として重要である．

1) 細胞成分

結合組織には，次のような細胞が存在する．
①**線維芽細胞**（図II-23）：結合組織の基本的細胞で，この細胞の生成物質によって，各種の

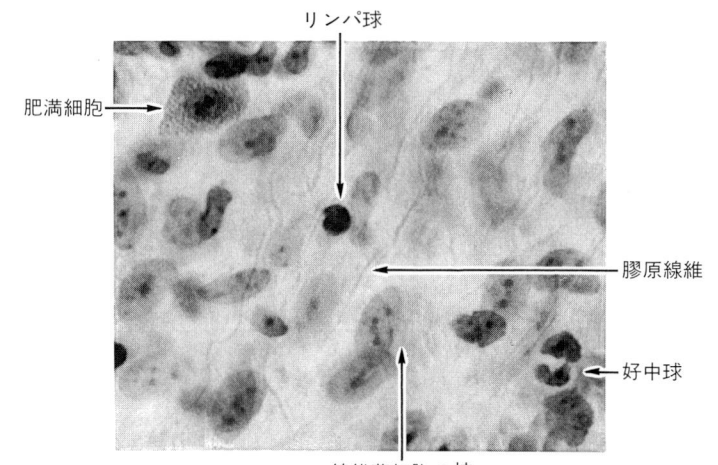

図 II-22 細胞の多い疎性結合組織（マウス皮下組織，HE 染色，×640）．

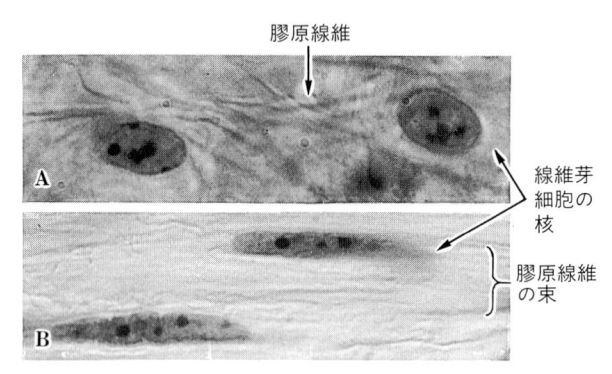

図 II-23 線維芽細胞と膠原線維．マウス皮下組織．A：細胞が丸く，線維が細い．B：細胞が細長で，線維が束になっている（HE 染色，×1,000）．

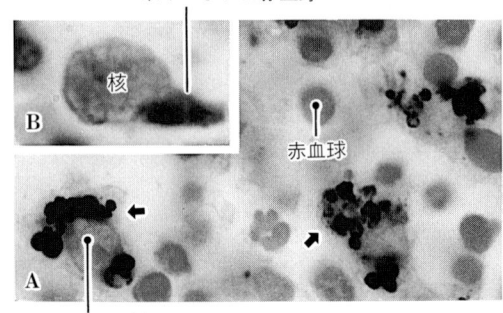

図 II-24 大食細胞．
A：注射した墨汁粒子を食べている（↑）．マウス脾洞（ヌクレアファスト赤染色，×1,000）．B：赤血球を飽食している．牛十二指腸粘膜（HE 染色，×1,000）．

線維が形成される．②**細網細胞**（reticular cell）(図Ⅱ-32)：線維芽細胞の特殊なもので，細胞相互が突起で結びつき，網をつくる．③**脂肪細胞**（fat cell）(図Ⅱ-25)：細胞質に多量の脂肪を貯蔵する能力のある細胞である．④**色素細胞**（chromatophore）(図Ⅱ-29)：メラニン色素を持つ細胞で，伸縮性に富む．

以上の細胞は，その場所から動かないが，以下のものは移動する細胞である．⑤**大食細胞**（マクロファージ，macrophage）(図Ⅱ-24)：変性した自己の細胞（例えば寿命の来た赤血球），微生物などの異物を活発に食べて消化する（食作用）細胞である．⑥**肥満細胞**（mast cell，図Ⅱ-28)：ヒスタミン，ヘパリンなどを生成，放出する細胞である．⑦**形質細胞**（plasma cell，図Ⅱ-27)：抗体を産生する免疫反応の重要な細胞である．⑧**血球**（blood cell）：血球については第Ⅵ章で述べるが，正常な部位でも，白血球は結合組織内に存在する（図Ⅱ-26）．

2) 細 胞 間 質

間質をつくっている線維は，膠原線維，細網線維（reticular fiber），弾性線維（elastic fiber）である．

膠原線維(図Ⅱ-30)の分布は広く，これを欠く結合組織はない．これに他の線維が加わるが，腱，靱帯のように，これだけでできているものもある．組織の種類，部位によって，膠原線維の形状，密度は多様である（図Ⅱ-30,31)．

膠原線維は，膠原原線維（collagen fibril）の束でできている．原線維は，線維芽細胞から排出されたコラーゲンという蛋白質が，糸状になったものである．

細網線維（図Ⅱ-32）は，膠原原線維が膠原線維よりも細い糸にまとまったものである．この線維は，銀染色で示されるので，好銀線維ともいう．細網線維は網をつくっていることが多い．

弾性線維（図Ⅱ-33）は，エラスチカという蛋白質でできている．この線維にはバネのような弾性がある．線維の配列は，不規則のものもあるが，板状にまとまったり(動脈壁)，厚い索をつくる（項靱帯）こともある．

結合組織の構成要素が種々集合して，次のような結合組織となっている．

a．**線維性結合組織**

線維が豊富な結合組織である．①**疎性結合組織**(図Ⅱ-30)：線維が多方向に交織しているが，その密度は低い（皮下組織）．②**密性結合組織**：線維の密度は高いが，線維が交織するもの（真皮）と，線維が平行しているもの（腱，靱帯)(図Ⅱ-31）がある．

b．**脂肪組織**（adipose tissue）

脂肪細胞が集合している結合組織である（皮下脂肪組織)(図Ⅱ-25)．

c．**細網組織**（reticular tissue）

細網細胞が突起で結合して網をつくり，それが細網線維で支えられている組織である（リンパ節，脾臓)(図Ⅱ-32)．この組織には大食細胞が付着していて，異物を取り込むことが多い(脾洞)．

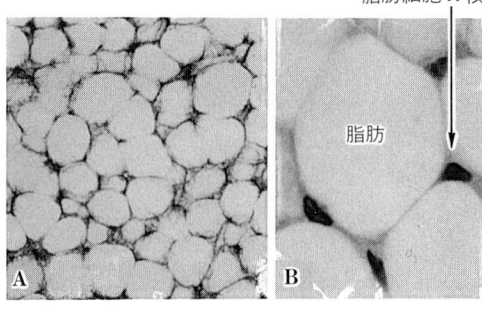

図II-25 脂肪組織.
マウス腎脂肪. A：脂肪細胞は，細網線維網の中に存在（銀染色, ×160）, B：脂肪細胞. 核は辺縁に圧扁されている（HE染色, ×640）.

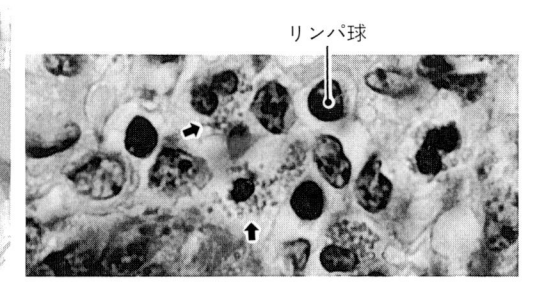

図II-26 結合組織中の血球.
↑は好酸球，牛回腸粘膜（HE染色, ×1,000）.

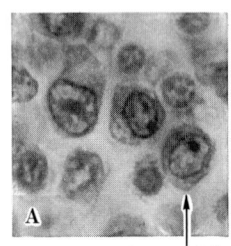

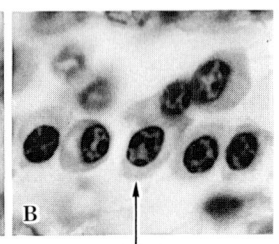

図II-27 形質細胞.
A：形質細胞の前段階の大リンパ球. トカラ山羊リンパ節（メチル緑・ピロニン染色, ×1,000）, B：形質細胞. 牛十二指腸粘膜（HE染色, ×1,000）.

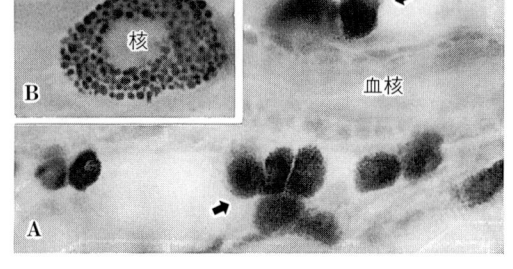

図II-28 肥満細胞.
マウス. A：腸間膜の血管付近の細胞群（↑）（TB染色, ×400）, B：果粒が充満している細胞，皮下組織（CV染色, ×1,000）.

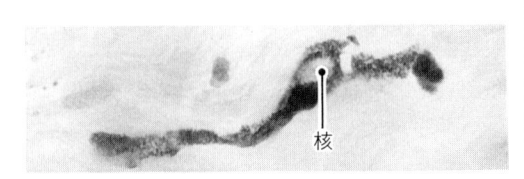

図II-29 色素細胞.
トカラ山羊脊髄膜. 細胞はメラニン色素果粒で充実（無染色, ×400）.

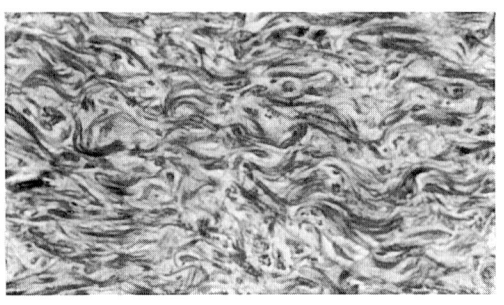

図II-30 線維の多い疎性結合組織.
牛卵巣. ほとんどが膠原線維（アザン染色, ×320）.

この他に，胎生期には膠様組織が存在する（図II-34）．

（3）軟 骨 組 織

軟骨（cartilage）は，関節，骨端などに存在してクッションの役目をし，また，気管，耳介などの形を保っている．軟骨は軟骨組織（cartilaginous tissue）からできていて，その細胞成分を軟骨細胞（chondrocyte），間質を軟骨基質という．

軟骨は軟骨膜で包まれているが（図II-39），原則として，血管，神経はここで止まり，組織内に入らない．

1) 軟 骨 細 胞

軟骨細胞の分布は散在性で，間質中の軟骨小腔（cartilage cavity）という小室におさまっている（図II-36）．小腔には1～2個の細胞が入っている．細胞の形は，部位，年齢などで変わり，また，細胞質にグリコーゲンを含むこともある（図II-36 B）．

2) 細 胞 間 質

間質は軟骨細胞によって形成される．間質の線維成分によって，ガラス軟骨，線維軟骨，弾性軟骨の3種の軟骨が区分される．

a．ガラス軟骨（図II-35）

軟骨の基本型である．軟骨細胞から排出された蛋白質は，細い膠原原線維となって間質の支材が組み立てられる．これにこの細胞から粘液多糖類（主にコンドロイチン硫酸）が付加されて，ゲル状の基質が形成される．細胞周囲は小腔として残る．この軟骨は透明感があるのでその名が付いている．ガラス軟骨は広く存在する（関節，気管）．

b．線維軟骨（図II-37）

間質に多量の膠原線維が含まれる軟骨である（椎間円板）．

c．弾性軟骨（図II-38）

間質に弾性線維が含まれる軟骨である（耳介）．

（4）骨　　組　　織

骨（bone）は骨格を構成して体の支柱となり，また，筋肉などとともに運動器でもある．骨を形成している組織が骨組織（osseous tissue）である．骨の組織構造は，長骨で理解しやすい．長骨は，近位，遠位の骨端と，その間の骨幹からなる．骨は，骨端の関節軟骨を除いて，骨膜（periosteum）で包まれる．骨の内部には骨髄が存在する．

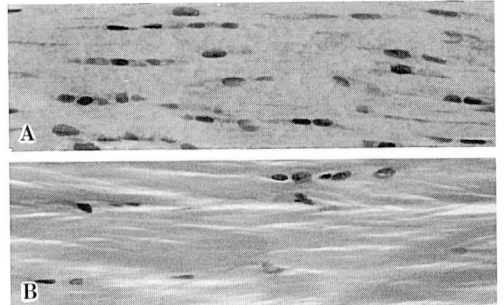

図II-31 密性結合組織.
A：腱の縦断，マウス腓腹筋腱，B：靭帯の縦断，トカラ山羊腹側縦靭帯．A,B：HE染色，×200．

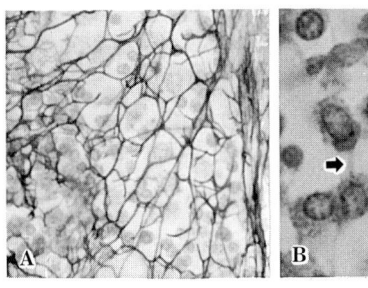

図II-32 細網組織.
トカラ山羊リンパ節．A：細網線維網（銀染色，×320），B：細網細胞の突起（↑）が網をつくり，大食細胞(M)が付着(PAS・H染色，×640)．

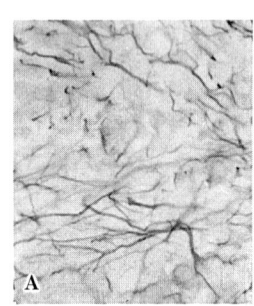

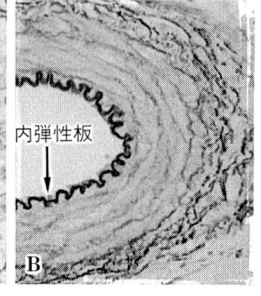

図II-33 弾性線維.
A：食道粘膜，B：動脈壁．A,B：各トカラ山羊，AF染色，×200．

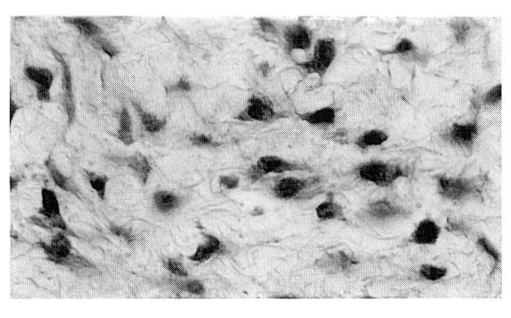

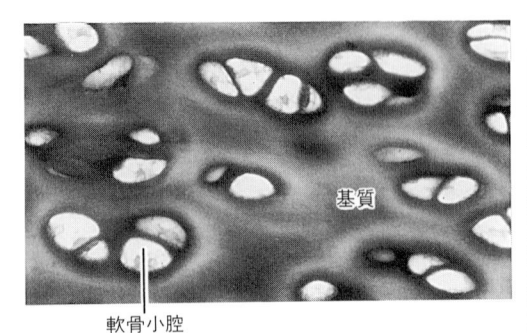

図II-34 膠様組織.
ラット臍帯．突起の多い線維芽細胞が目立つ（HE染色，×400）．

図II-35 ガラス軟骨.
トカラ山羊気管．無構造に見える基質と軟骨小腔を示す（AT染色，×200）．

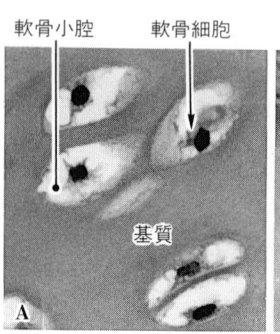

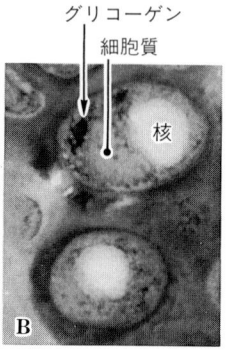

図II-36 軟骨細胞.
A：成トカラ山羊気管（HE染色，×400），B：若いマウス気管（PAS・H染色，×640）．

1) 骨組織の構造的特徴

　完成した骨組織の細胞は，骨細胞（osteocyte）で，細胞間質は，膠原原線維と無機質のカルシウム塩を主体とする骨質でできている．

　骨端の表層と骨幹は，緻密質（substantia compacta）からなる．骨端の内部は，網目状の海綿質（substantia spongiosa）で占められる．

　緻密質は，骨の長軸方向に配列する層板構造の集合である．層板には，同心円状の小柱になっているものと，合板状になっているものがある．骨幹の骨膜直下と，中心の骨髄腔に面する部位は，合板状層板でできている．それぞれ外基礎層板，内基礎層板という（図II-43, 44）．両基礎層板の間に，円柱状のハヴァース層板（Haversian lamella）が密在する（図II-40, 41）．この層板は緻密質の基本構造であることから，オステオン（骨単位，osteon）という．ハヴァース層板の間を，不規則な形の介在層板が埋めている（図II-40）．

　緻密質には，動，静脈を導く2種の管が通っている．1つは，ハヴァース層板の中心を縦に走るハヴァース管で，他は緻密質を直角に貫くフォルクマン管である（図II-40, 42）．両者は各所で連絡しているので，血管は骨内のすみずみまで分布できる．

　海綿質の網目は骨梁でできているが，これも層板構造である．骨膜は線維性結合組織で，この線維は骨内に入り込んで骨膜を結合している（図II-44）．

2) 骨組織の細胞

　カルシウム塩が沈着した組織中の細胞は，骨細胞である（図II-45 B）．この細胞は，骨組織を形成した骨芽細胞（osteoblast）が，間質に埋没した，生きている細胞である．骨細胞は，多数の突起を出して結合し合っている．

　骨芽細胞（図II-45 A）は骨膜から分化して，骨内に入り，細胞周囲に膠原原線維を形成し，また，粘液多糖類を排出する．

　完成後の骨組織は，そのまま保たれるのではない．各所で破壊され，再構築されている．破壊は，破骨細胞（osteoclast，図II-45 C）が組織を吸収してなされる．この細胞は，多核の大型細胞で，骨膜から分化して骨内の必要部位に進む．

3) 細 胞 間 質

　間質は，骨芽細胞が形成した有機成分に血液由来のカルシウム塩（主にリン酸カルシウム）が沈着してできる．

　間質は，骨細胞周囲に狭い空隙を残している．細胞中央部分が入っている空所は，骨小腔（bone cavity）で，それに続いて突起が入っている細い管が，骨細管（bone canalicule）である（図II-41）．突起が細胞間で結合しているのに合致して，骨細管も連絡し合っている．ハヴァース管，フォルクマン管に面する部分では，骨細管がこれに開いているので，血管と骨細胞の間

図II-37　線維軟骨.
トカラ山羊椎間円板（アザン染色, ×200）.

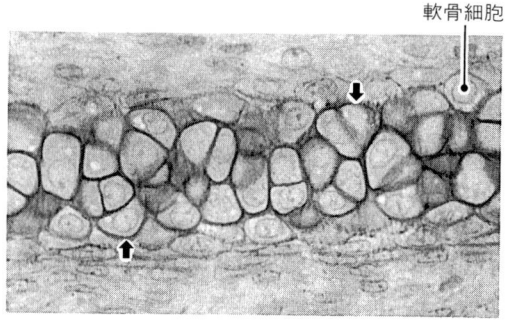

図II-38　弾性軟骨.
ラット耳介. ↑は弾性線維（AT染色, ×400）.

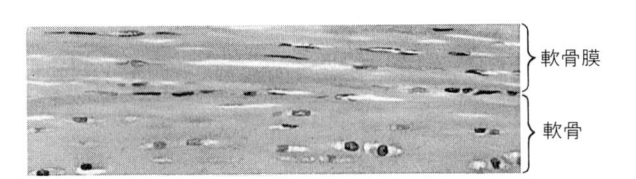

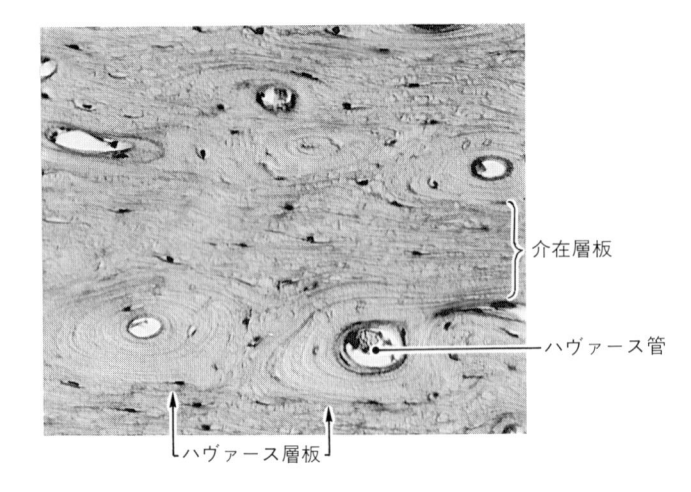

図II-39　軟骨膜.
トカラ山羊気管（HE染色, ×200）.

図II-40　骨層板.
トカラ山羊大腿骨緻密質（横断）(HE染色, ×200).

図II-41　骨小腔と骨細管.
マウス大腿骨（横断）. 骨小腔の同心円的配列と骨細管（黒い糸のように見える）の網が明瞭（ボディアン染色, ×400）.

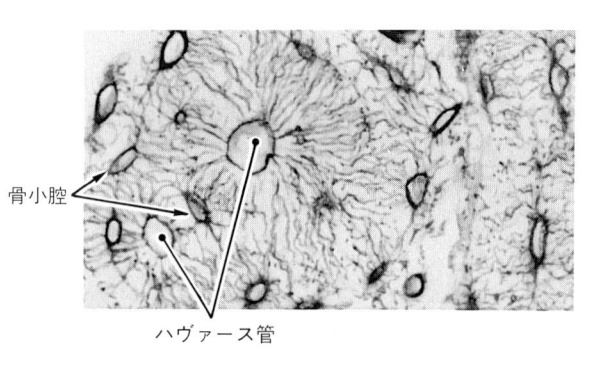

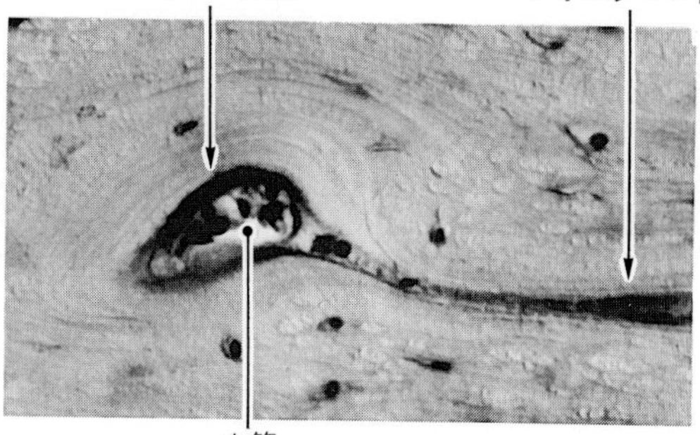

II. 細 胞 と 組 織

図II-42 ハヴァース管とフォルクマン管.
トカラ山羊大腿骨（横断）(HE 染色, ×320).

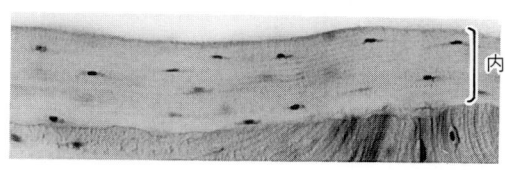

（ハヴァース管／フォルクマン管／血管）

図II-43 内基礎層板.
トカラ山羊大腿骨（横断）(HE 染色, ×200).

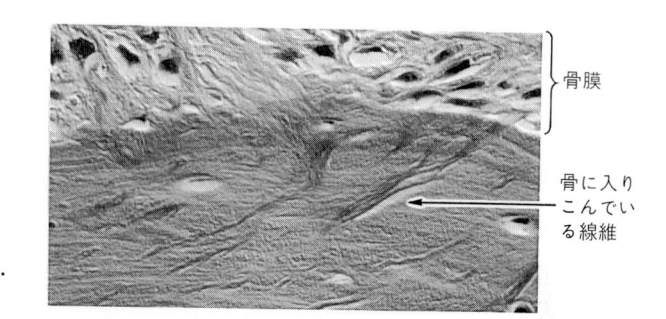

（内基礎層板）

図II-44 骨膜と骨の結合.
マウス大腿骨（横断）(HE 染色, ×400).

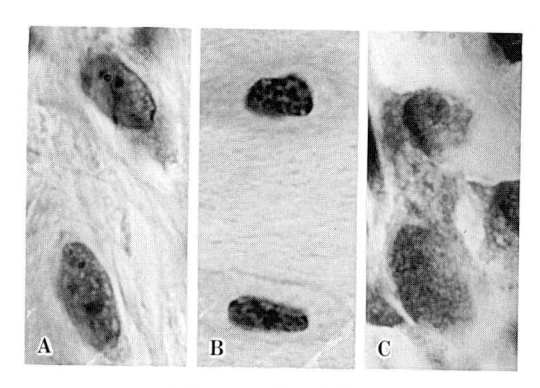

（骨膜／骨に入りこんでいる線維）

図II-45 骨の細胞.
マウス大腿骨．A：骨芽細胞 (HE 染色, ×1,000), B：骨細胞 (CV 染色, ×1,000), C：破骨細胞(多核細胞で図は1個の細胞の一部) (HE 染色, ×1,000).

の物質交換が可能である．

骨層板の各層で，膠原原線維の配列方向が異なっている．このため骨にかかる圧力に強い抵抗性が保たれている．

4) 骨の発生と成長

骨の発生様式には2通りある．1つは膜内骨化といわれ，結合組織内に直接骨ができるもので，頭蓋骨の一部はこれでできる．他は軟骨内骨化で，大多数の骨の形成様式である．これでは，初めに骨の形成予定部位に軟骨が発生し，その後，骨に置換されていく（図II-46）．

長骨では棒状の軟骨ができ，その両端と中央部の3カ所（骨化中心という）に骨芽細胞が入り，骨形成が始まる．その結果，近位と遠位の骨端，中央部の骨幹ができる．

骨は動物の成長期に伸長するが，その間は骨端と骨幹の間に，骨端軟骨（図II-46）が存在している．この軟骨細胞は増殖を続けるために，骨は伸長し，その後，骨化する．一方，骨膜の骨芽細胞は，骨の外側に骨組織を付加するので，骨は太くなる．

7．筋　組　織

発生初期に，刺激（stimulus）に反応して収縮する（contract）細胞が間葉から分化して，各種の器官の構成に加わる．この細胞を筋細胞（muscle cell），これを主体にした組織を筋組織（muscular tissue）という．

(1) 筋　線　維

筋細胞は細長いので，一般に筋線維（muscle fiber）と呼ぶ．また，細胞膜を筋鞘（sarcolemma），細胞質を筋形質（sarcoplasm）ともいう．筋形質には，後述の筋原線維（myofibril）の他に，筋収縮に重要なミトコンドリア，小胞体（筋小胞体という），グリコーゲンが豊富である．

筋線維の収縮は，線維内に縦軸方向に並ぶ多数の糸状構造物が収縮して起こる．これを，光顕的には筋原線維という．筋原線維は，さらに細いフィラメント（筋細糸，myofilament）が規則正しく配列してできている．フィラメントは電顕的にしか見えないが，太いミオシンフィラメント（myosin filament）と，細いアクチンフィラメント（actin filament）から成り立っている．

筋線維は，長軸に直交する規則正しい縞模様の横紋（cross striation）が見える横紋筋線維（striated muscle fiber）と，それが見えない平滑筋線維（smooth muscle fiber）とに分けられる．筋線維の横紋は，1本1本の筋原線維の横紋が並列している像である（図II-49）．

筋線維が集合したものを筋（muscle）という．横紋筋には，ほとんどが骨に付着する骨格筋（skeletal muscle）と，心臓に存在する心筋（cardiac または heart muscle）がある．

II. 細胞と組織

軟骨の部分

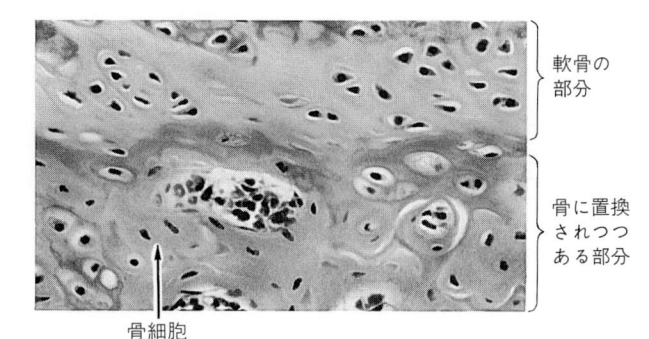

骨に置換されつつある部分

骨細胞

図II-46 軟骨内骨化.
マウス大腿骨近位端. 軟骨の部分は骨端軟骨（HE染色, ×200）.

平滑筋線維の核

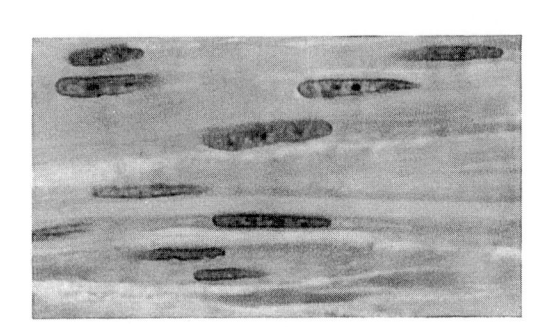

図II-47 平滑筋線維（縦断）.
ラット膀胱（IH染色, ×1,000）.

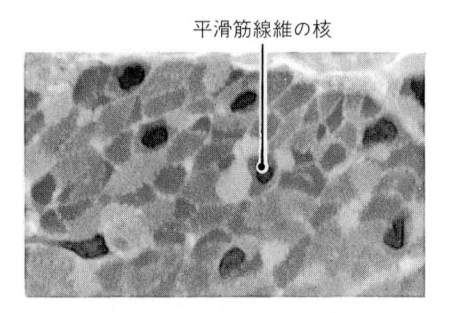

図II-48 平滑筋線維（横断）.
ラット膀胱. 核は線維の中心に存在する（IH染色, ×1,000）.

H帯

Z帯　I帯　A帯

図II-49 骨格筋線維（縦断）.
ラット下腿の筋（IH染色, ×1,600）.

骨格筋線維の核

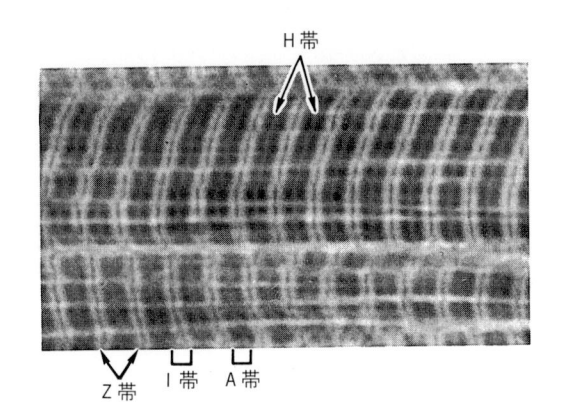

図II-50 骨格筋線維（横断）.
ラット前腕の筋. 1本の筋線維を示す. 核は偏在. 黒い点状のものが筋原線維（IH染色, ×1,600）.

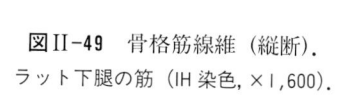

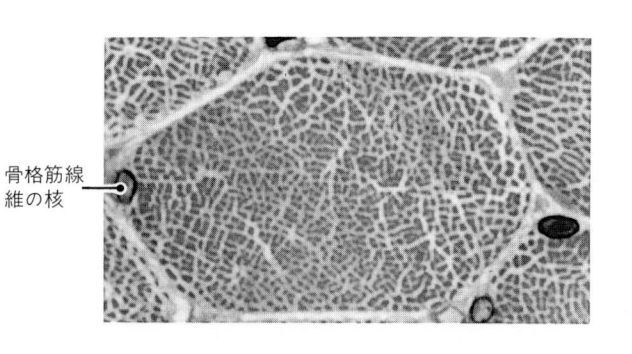

筋線維の核の位置は，筋の種類でほぼ一定している．核を通る筋線維の横断面を見ると，核は平滑筋と心筋では細胞の中央に，骨格筋では細胞の辺縁に存在している（図48, 50, 57）．

(2) 平　滑　筋

平滑筋は内臓筋ともいわれ，各種の管状の器官の壁に筋層をつくっている．例えば，消化管ではこの収縮によって蠕動などの運動が起こって内容物が運ばれ，動脈では血圧，血流の調節を行う．また，局所的に存在するものには虹彩の筋，立毛筋などがある．

平滑筋線維は紡錘形に近い（図Ⅱ-47, 48）．筋線維は平滑筋層の他に，結合組織中にも混在することが多い．平滑筋線維は各々が独立していて，融合したり，強く結合することがない．ただし，ギャップ結合の形式で，隣接する細胞とところどころで接触している．光顕的に筋原線維を識別するのは容易でない．筋原線維中のフィラメントの配列も横紋筋とかなり異なる．

(3) 骨　格　筋

ほとんどの骨格筋は，骨に付着して運動器を構成するが，皮筋や食道壁の筋層などのように，骨に付着しないものもある（図Ⅱ-51）．骨格筋線維の微細構造，収縮機構は詳細に解明されている（細胞学，生化学などの書物を参照のこと）．

筋線維はきわめて長い．それは，細胞の増殖と同時に長軸方向に融合して，多核の合胞体 (syncytium) になったためである．細胞質の大部分は筋原線維で満ちている（図Ⅱ-50）．

光顕で筋原線維を縦軸方向に追うと（図Ⅱ-49），まず，明るい部分と暗い部分が交互に並んでいるのがわかる．明るい部分をⅠ帯 (isotropic band, I band)，暗い部分をA帯 (anisotropic band, A band) という．Ⅰ帯の中央を横切る線をZ帯 (Z band)，A帯の中央の明るい部分をH帯 (H band)，H帯中に暗い線が見えればM線 (M line) と呼ぶ．Z帯から次のZ帯までを筋節 (sarcomere) というが，もともとの細胞の両端であって，Z帯が融合部である．

筋原線維で見える横紋と，フィラメント配置の関係は次のようになる．ミオシンフィラメントが配列するのはA帯である．アクチンフィラメントはZ帯から両側に出てⅠ帯をつくり，さらにA帯の一部に入り，ここではミオシンフィラメントと平行している．すなわち，H帯の両端からA帯とⅠ帯の境界までの間は，両フィラメントの重なる部分である．筋収縮の滑り説 (sliding-filament hypothesis) では，アクチンフィラメントがミオシンフラメントの間に移動することで説明されている．したがって，両フィラメントの重なり部分が長いほど，強い収縮となる．

筋肉の収縮は，平行な筋線維が結合組織によって緊密に束ねられているために，効果が強く発現する．まず，筋線維間に細い結合組織が介在しているが，これを筋内膜という（図Ⅱ-53）．次に，筋線維の小束を包んでいるのが筋周膜である（図Ⅱ-52, 53）．筋束群は，肉眼的には筋膜，

II. 細胞と組織

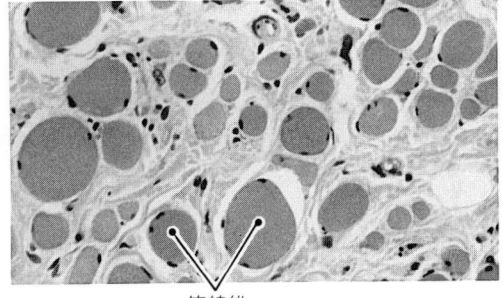

図II-51 骨に停止しない骨格筋．ラット口唇皮下．種々の太さの筋線維が，皮下組織に埋もれている（HE染色，×200）．

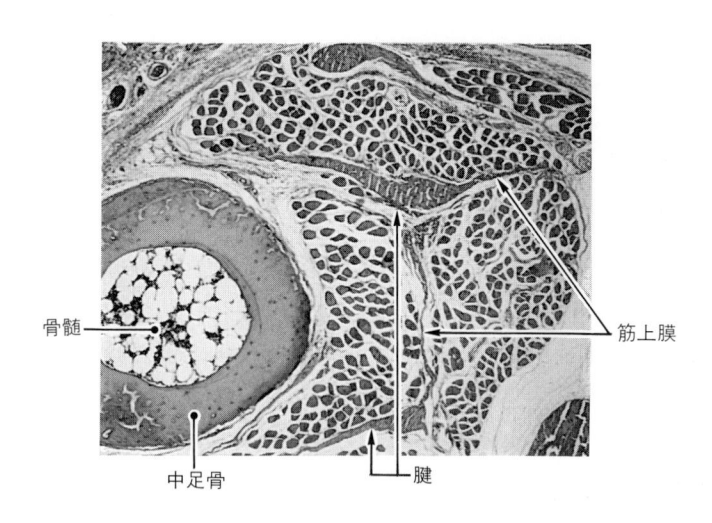

筋線維

骨髄
中足骨
腱
筋上膜

図II-52 骨格筋．マウス中足部の3屈筋を示す．筋上膜は肉眼的には筋膜（HE染色，×40）．

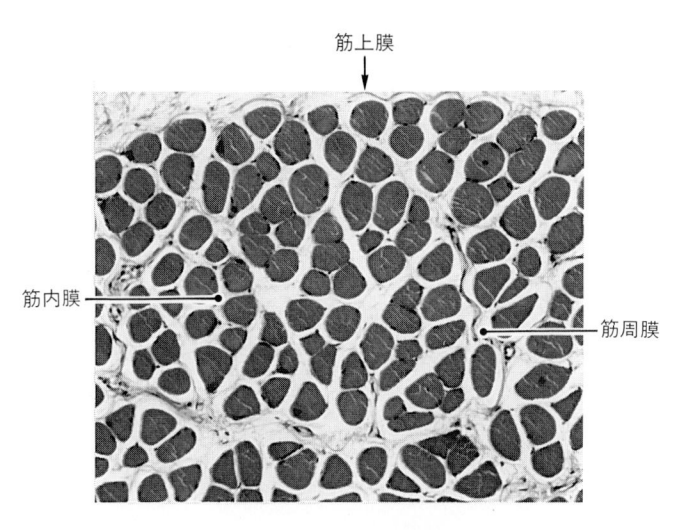

筋上膜
筋内膜
筋周膜

図II-53 骨格筋線維束．マウス前腕の筋（HE染色，×100）．

組織学的には筋上膜という結合組織膜で包まれ，例えば，上腕二頭筋などのような独立した筋となる（図II-52）．骨格筋には，腱（tendon）を備えるものが多い．筋線維と腱線維とは，結合組織によって結合されている（図II-54）．

骨格筋線維には，後述の運動終板が存在する（図II-55）．また，筋には筋紡錘（図II-56），腱紡錘というそれらの伸長度を受容する装置がある．この情報は，脊髄反射となって対応する筋，腱の収縮を調節する．

（4）心　　　　筋

心臓壁の大部分は心筋層であるが，これを構成しているのが基本的な心筋で，固有心筋という．この他に，心臓の収縮を調節する，いわば神経のような刺激伝導系を構成するものも心筋であり，特殊心筋という．特殊心筋の構造は，固有心筋とはかなり異なる．

心筋線維（cardiac muscle fiber）の特徴は，枝分かれしていることである（図II-57）．この線維が密に結合して心筋層をつくって，心房，心室を囲んでいる．これによって心臓の瞬間的な収縮が可能になっている．

筋原線維，フィラメントの配列は，骨格筋と同様である．線維間の結合部位は，介在板（intercalated disk）または光輝線といわれ（図II-57），デスモゾームが豊富である．また，線維間のギャップ結合も多い．

（5）筋組織と神経との関係

骨格筋は運動神経（motor nerve）によって，平滑筋と心筋は自律神経（autonomic nerve）によって支配されている．骨格筋は，意志によって動かすことができるので随意筋（voluntary muscle），それができない平滑筋と心筋は不随意筋（involuntary muscle）とも呼ばれる．

骨格筋線維に到達した運動神経の終末（nerve ending）と筋線維の間には，運動終板という特殊な装置が形成されている．神経を伝導してきた興奮は，終板を介して筋線維を刺激し，その結果，収縮が起こる．終板は各線維に存在する．

平滑筋と心筋には，終板のような装置はない．神経終末と筋線維の間には，シナプス（synapse）が形成されていて，これを経由して筋線維が刺激を受け，収縮する．ところが，平滑筋と心筋では，神経終末が欠ける線維が多い．終末を受ける線維と，これに接する線維との間にはギャップ結合が存在していて，これによって刺激が伝えられる．なお，平滑筋と心筋の収縮は，特定の物質でも起こる．

II. 細 胞 と 組 織

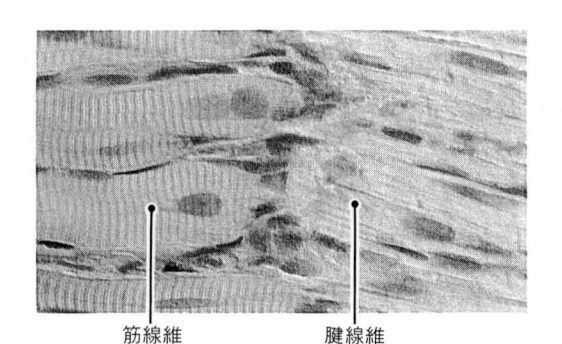

図II-54 筋と腱の結合.
ラット腓腹筋（TB染色, ×1,000）.

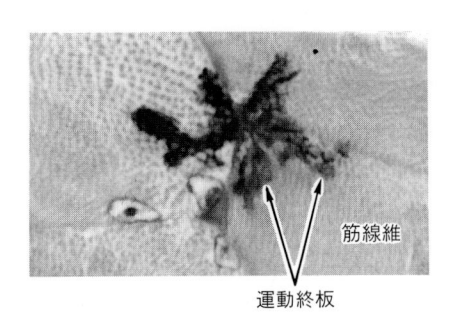

図II-55 運動終板.
マウス頚部の筋（オスミウム酸処理
後に PAS・IH 染色, ×1,000）.

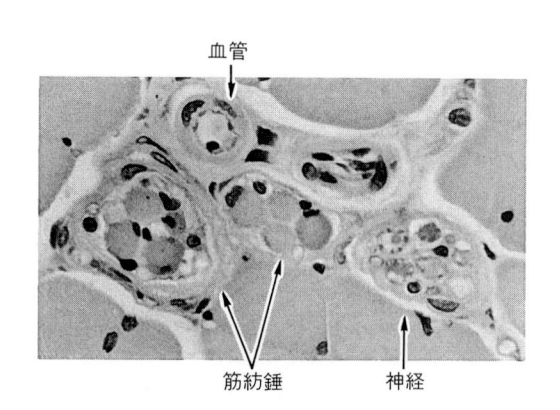

図II-56 筋紡錘.
ラット前腕の筋（TB染色, ×400）.

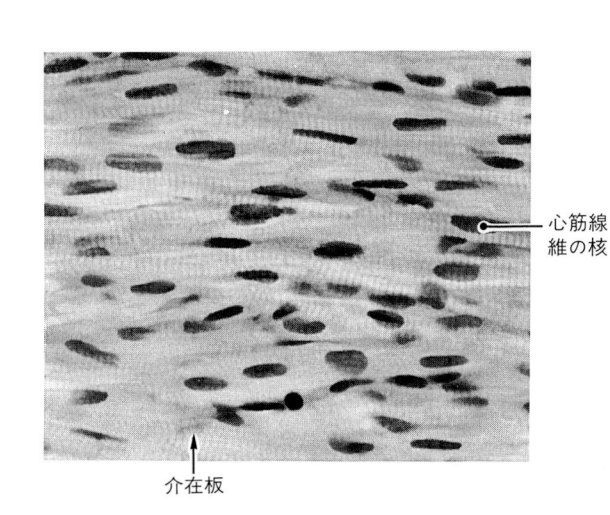

図II-57 心筋線維.
ラット左心室壁.核は線維の中心に存在する.
線維が枝分かれして網をつくるため、いろ
いろな方向の断面が見える（HE染色, ×400）.

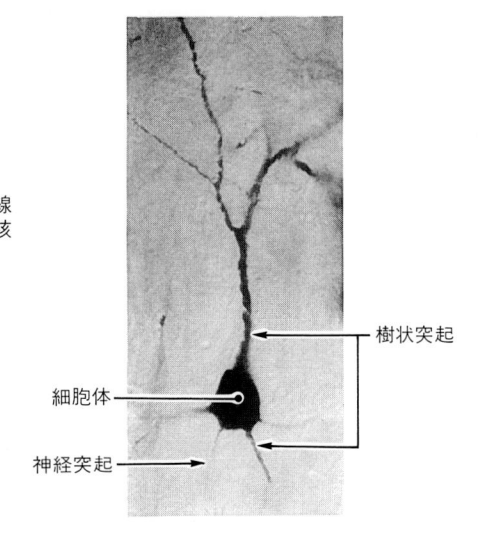

図II-58 神経細胞.
マウス大脳皮質錐体細胞.1本の神経突起の
他は樹状突起（銀染色, ×400）.

8. 神 経 組 織

(1) 神経組織の概要

　高等動物には，生体内，外の環境の変化を情報としてとらえ，それに対して反応する仕組みが備わっている．情報を受け止める装置を受容器(receptor)，反応する装置を効果器(effector)という．この両者の間で，情報を運び，それらを整理・統合し，効果器に対して働きを指令する一連の系統が，神経系(nervous system)である．神経系はきわめて複雑な構造であるが，これは神経組織（nervous tissue）で形成されている．

　神経系の機能は，おびただしい数の神経細胞（nerve cell，ニューロン neuron ともいう）によって発現されるが，これを支える支持細胞（supporting cell）を伴っている．神経系は，中枢神経系（central nervous system，脳と脊髄）と末梢神経系（peripheral nervous system）（中枢外の神経と神経節）から構成される．

　神経細胞は，原則として樹状突起（dendrite）と神経突起（neurite）を持つ（図Ⅱ-58）．刺激を受けて神経細胞に発生した興奮（excitation）は，インパルス（impulse）となってその細胞を伝導(conduction)し，接する細胞間のシナプスを経由して，次々に神経細胞を伝達(transmission) していく．

　神経突起は細く長いので，神経線維（nerve fiber）といい（ただし樹状突起のこともある），また，これを包む鞘との関係から軸索（axon）ともいう（図Ⅱ 62,63）．興奮の伝導が末梢側から中枢側に向かう神経線維を求心性線維といい（知覚神経 sensory nerve の線維），逆に，中枢側から末梢側への線維を遠心性線維という（運動神経と自律神経の線維）．

　神経細胞は突起を持って複雑な形をしているので，核とそれを囲む細胞質の部分を，神経細胞体（perikaryon）という（図Ⅱ-59,60）．中枢神経系で，神経細胞体が占めている領域を灰白質（gray matter），神経線維の領域を白質（white matter）という．細胞体が局所的に集団となっているとき，中枢では神経核（nucleus），末梢では神経節（ganglion）という．

(2) 神 経 細 胞

1) 神経細胞の形

　神経細胞は，通常の組織染色法では，その細胞体が染まるだけである（図Ⅱ-59）．細胞体の形からは，錘体細胞，紡錘細胞，顆粒細胞などの名称がある．しかし，神経細胞の形の特徴は突起によって示される．これを含めた細胞の全体像は，特殊な銀染色によって示される（図Ⅱ-58）．

　神経細胞の突起は1～数本で，そのうちの1本が神経突起で，残りが樹状突起である（図Ⅱ

II. 細胞と組織

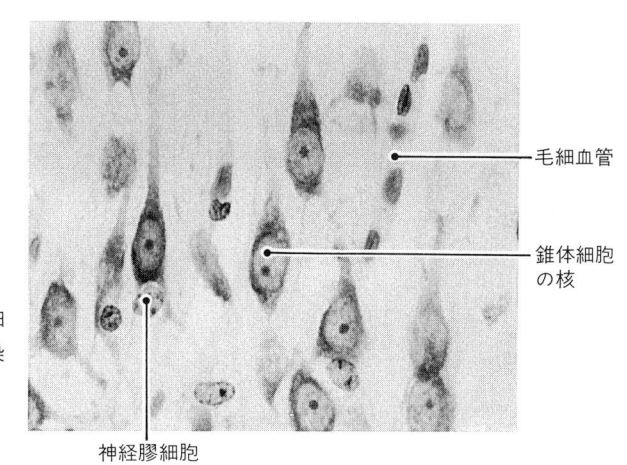

図II-59 神経細胞.
トカラ山羊大脳皮質錘体細胞層. 錘形の細胞体だけが染まっている（チオニン染色, ×400）.

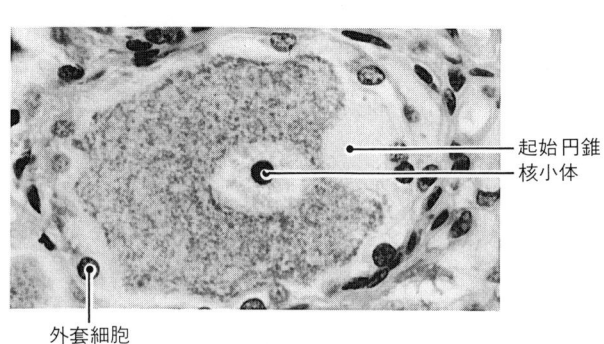

（毛細血管／錐体細胞の核／神経膠細胞）

図II-60 神経細胞体.
トカラ山羊脊髄神経節細胞. 細胞質に満ちている果粒はニッスル小体（CV染色, ×400）.

（起始円錐／核小体／外套細胞）

図II-61 神経原線維.
ラット大脳皮質錘体細胞（BLCV染色, ×1,000）.

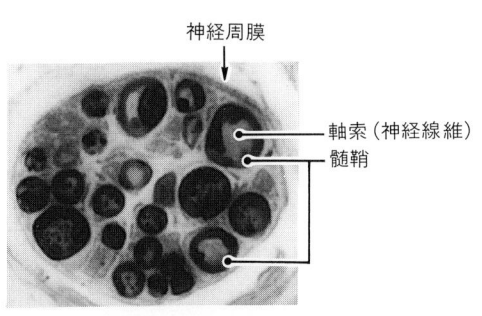

（細胞体／樹状突起／神経原線維）

図II-62 有髄神経（横断）.
マウス腹壁の細い神経. 髄鞘は黒いリングに, その中の軸索は抜けて見える（オスミウム酸処理, ×1,000）.

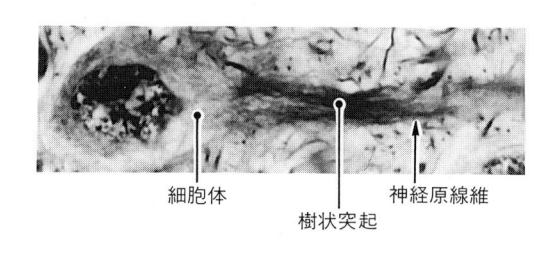

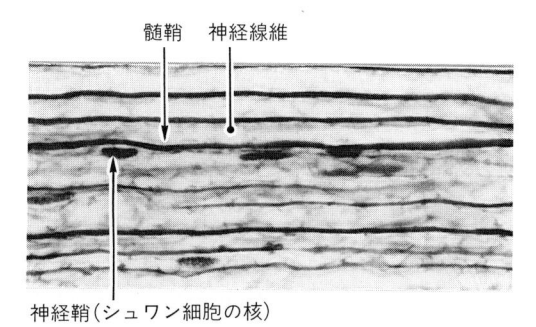

（神経周膜／軸索（神経線維）／髄鞘）

図II-63 有髄神経（縦断）.
ラット坐骨神経. ほとんどの場合, 神経鞘はシュワン細胞の核で識別する（BLCV染色, ×400）.

（髄鞘／神経線維／神経鞘（シュワン細胞の核））

-58).細胞体から突起が出るところを極(pole)という．極と突起の数または分かれ方で，神経細胞は次のように分類される．①**無極細胞**：突起を欠くもので，発生過程の細胞である．②**単極細胞**：1本の神経突起だけの細胞である．③**双極細胞**：神経突起と樹状突起が1本ずつ出る細胞である．④**偽単極細胞**：出たところでは突起が1本であるが，その先で神経突起と樹状突起に分かれる細胞である．⑤**多極細胞**：3本以上の突起が出る細胞である．中枢神経系では，大部分が多極細胞である．なお，樹状突起が際立っている細胞には，小脳のプルキンエ細胞がある．

2）神経細胞の構造

　a．神 経 細 胞 体

　小型の神経細胞の構造はわかりにくい．大型の細胞では，核，核小体が大きく，核質は明るい(図Ⅱ-60)．細胞質は塩基好性で，チオニンなどに染まる顆粒状のニッスル小体(Nissl body)が存在する (図Ⅱ-60)．これは，神経細胞の機能を推定するための重要な指標となる．電顕的には，粗面小胞体の集積である．銀染色では，細胞体に細い線維が現れ，神経原線維(neurofibril)という(図Ⅱ-61)．原線維は，フィラメントと微細管から構成されている．ゴルジ装置には，典型的な網状構造を示すものが多い．また，加齢によってリポフスチンが出現する．

　b．突　　　　　起

　神経突起が出る部位の細胞質は，明るい円錐形を示す．これを起始円錐(axon hillock)といい，ニッスル小体がない(図Ⅱ-60)．一方，樹状突起の出る部位には，特別な変化がない．2種の突起内では，先端まで神経原線維が伸びている．これは，突起の骨格としても，物質の移動にも重要と考えられている．

3）神経線維の被覆

　神経線維には，鞘で被覆されているものが多い．鞘には髄鞘（myelin　sheath）と神経鞘(neurilemma，シュワン鞘ともいう)がある．いずれもシュワン細胞(Schwann's cells)によってつくられている．両者で包まれた線維では，内側に髄鞘が，その外側に神経鞘が存在する(図Ⅱ-62,63)．

　シュワン細胞と鞘との関係については，シュワン細胞が細胞質を含んだままで線維を包んでいるのが神経鞘である．これと対照的に，シュワン細胞が著しく伸展しながら，線維を何重にも巻いているのが髄鞘である．髄鞘の形成過程で相対する細胞膜は融合し，細胞質も消失する．髄鞘には，一定間隔の切れ目が存在する．これは，髄鞘形成に伴って生じた，シュワン細胞間の間隙である．神経線維は，ここでは被覆されていない．この切れ目をランヴィエ絞輪(Ranvier's node) という．

　神経線維は，2種の鞘の有無によって次のように分類される．鞘は神経鞘，髄は髄鞘を意味す

る．

①**有鞘有髄線維**（図II-62,63）：単に有髄神経線維（myelinated nerve fiber）ともいう．運動神経，知覚神経の線維である．②**有鞘無髄神経線維**（図II-65）：単に無髄神経線維（unmyelinated nerve fiber）ともいう．自律神経の線維である．③**無鞘有髄神経線維**：中枢神経系の白質の線維である．④**無鞘無髄神経線維**：中枢の灰白質に存在する線維である．

有髄神経線維では，興奮はランヴィエ絞輪ごとに跳躍伝導（saltatory conduction）される．このために運動神経と知覚神経の伝導はきわめて速い．無髄神経線維は，多数の束にまとまって神経鞘に包まれることが多い（図II-65）．

4）いわゆる神経の構造

多数の神経線維の束が，いわゆる神経（nerve）である．神経束の構成は，3段階に分けられる（図II-62,64）．各線維は結合組織によって結ばれていて，これを神経内膜という．次には，多数の線維が神経周膜という結合組織膜で包まれる．周膜は緻密で，神経を包む管となっていて，内部を脳脊髄液が流れている．最後に，これらが結合組織でまとめられて，肉眼的に白く見える神経となる．この結合組織を神経上膜という．

5）神 経 の 終 末

神経には遠心性のものと，求心性のものがあるが，形態学では神経の終末を末梢側にする．神経細胞間のシナプスは終末に含めない．

知覚神経の終末には次のものがある．①神経線維の末端そのもので，自由終末という（図II-66）．②受容器の感覚上皮と接触しているもの．③特殊な受容装置を形成しているもの（前述の筋紡錘など）．

運動神経は骨格筋の運動終板に終わる．自律神経は平滑筋，心筋，腺などに終わるが，そこではシナプスを形成している．

6）シ ナ プ ス

刺激を受けて興奮する細胞には，生じた興奮を次の細胞に伝達するものがある．興奮の授受は，接し合う細胞間に形成されたシナプスを介してなされる．シナプスでの伝達は一方向性であって，神経細胞から神経細胞へ，感覚上皮から神経細胞へ，神経細胞から筋線維へと興奮が伝えられる．

シナプスは電顕的な構造で，光顕的にそれらしく見えるときは連接という（図II-67）．興奮を伝える細胞側を前シナプス側，受ける側を後シナプス側という．ほとんどのシナプスは化学的シナプスである．これでは，前シナプス側のシナプス小胞からアドレナリン，アセチルコリンなどの伝達物質（chemical transmitter）が放出される．これが狭い細胞間隙を経て後シナプス側に作動して，興奮が伝達される．神経細胞間では，神経突起が前シナプス側，樹状突起が

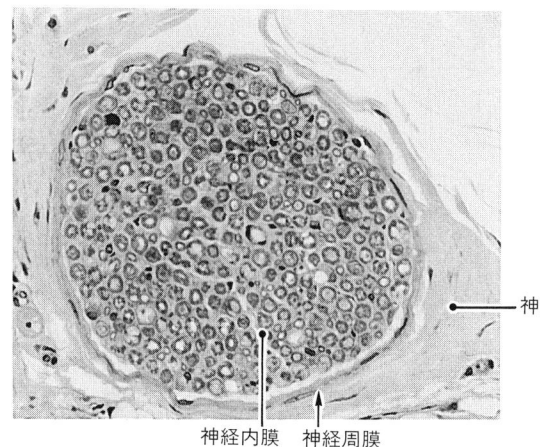

図II-64 神経（横断）．
ラット前腕の神経．有髄神経線維束が神経周膜で包まれている．右側の神経上膜は，他の束と結合している（TB染色，×400）．

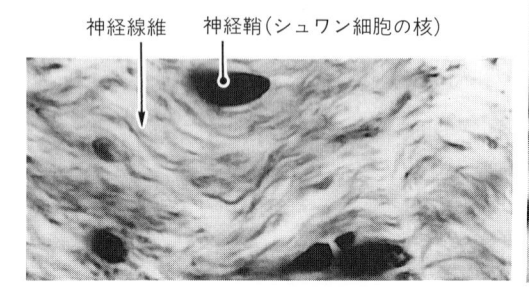

神経外膜
神経内膜　神経周膜

神経線維　神経鞘（シュワン細胞の核）

図II-65 無髄神経線維．
ラット腸間膜の神経．多数の線維を神経鞘が包む（BLCV染色，×1,000）．

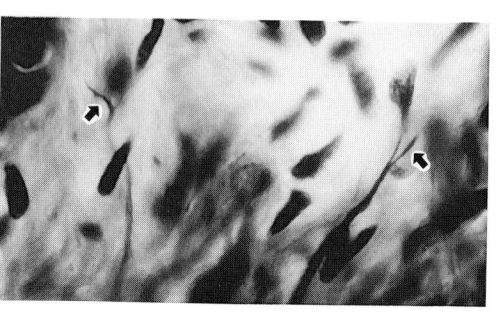

図II-66 知覚神経の自由終末．
ラット足底真皮．↑は終末（BLCV染色，×640）．

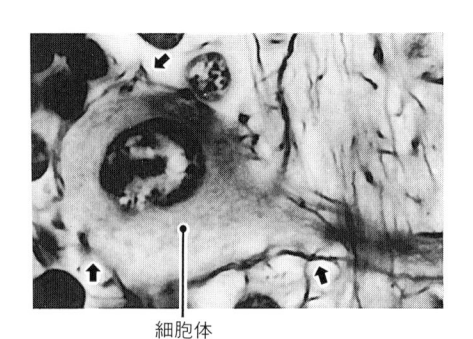

細胞体

図II-67 神経細胞間の連接．
ラット小脳．プルキンエ細胞に多数の神経線維がまといついている（↑）（BLCV染色，×1,000）．

A　神経細胞　神経膠細胞　B　神経膠細胞

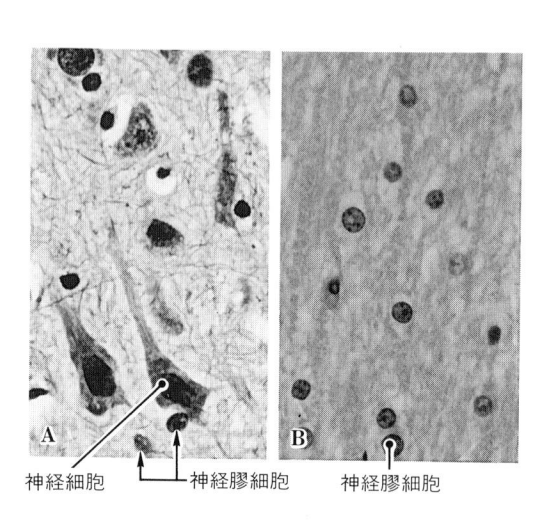

図II-68 神経膠細胞．
トカラ山羊大脳．A：皮質．神経膠細胞が神経細胞に近接．B：髄質．膠細胞が神経線維間に点在．A，B：BLCV染色，×400．

後シナプス側である．

（3）支 持 細 胞

　神経細胞を物理的，機能的に支えているのが支持細胞である．これには，中枢神経系の神経膠細胞（glial cell），末梢神経系のシュワン細胞，外套細胞（satellite cell）がある．

　神経膠細胞（図II-68）には突起が存在するが，通常の染色ではわからない．細胞の形により星状膠細胞，希突起膠細胞，小膠細胞と区別されている．代表的な星状膠細胞を例にとると，突起が豊富で，神経細胞を支え，また，血管と神経細胞間の物質移動にも関係している．脳室表面には，脳脊髄液を分泌する上衣細胞が存在するが，これも神経膠細胞の一群に含められることがある．

　シュワン細胞は前述の通りである．末梢神経節で神経細胞を取り囲む小型細胞が，外套細胞である（図II-60）．

III. 外　　　　　皮

　生物は外界の環境に適応しながら種属保存を目的として有形の生命体を維持している．個体の内部環境と外部環境の間にはいつも動的平衡関係が成立しているが，その境界にあるのが外皮と感覚器である．
　外皮（common integument）は家畜の外表面をおおい，形態学的に皮膚とその付属物の角質器，皮膚腺からなる．生理学的には家畜体を保護するとともに体温の調節，生体防御，感覚，呼吸，不要物質の排泄作用などを行う．外皮の一般構造を図III-1に示す．

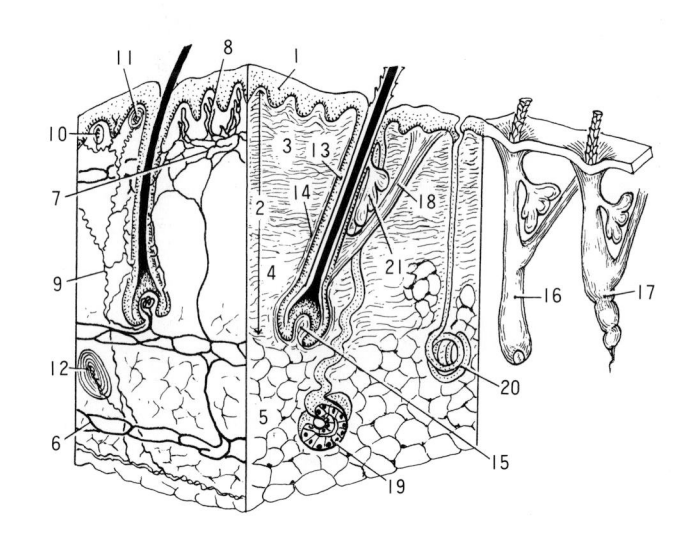

図III-1　外皮の構造（半模式図）
1：表皮，2：真皮，3：同，乳頭層，4：同，網状層，5：皮下組織，6：皮下組織動脈網，7：乳頭下動脈網，8：乳頭毛細血管ループ，9：知覚神経，10：マイスナー小体，11：クラウズ小体，12：ファーターパシニ小体，13：上皮性毛包，14：結合組織性毛包，15：毛乳頭，16：成長期の毛包，17：休止期の毛包，18：立毛筋，19：アポクリン汗腺，20：エックリン汗腺，21：脂腺

1．皮　　　　　膚

　皮膚（skin）は発生学的には外胚葉起原の表皮と中胚葉起原の真皮および皮下組織からなる．家畜では体表の大部分が毛でおおわれているが，限定された無毛部ではしばしば皮膚小溝と皮膚小稜がみられ，特殊の紋理がつくられる．皮膚の厚さは家畜の種類，性，年齢，管理状態，気

温などで異なる．また，同一個体でも体幹部では腹側より背側，四肢では内側より外側の皮膚が厚い．皮膚の強さは真皮内の膠原線維の太さや走行，弾性線維の量が決定する．家禽の皮膚も大部分は羽でおおわれ，家畜の皮膚より薄く柔らかであるが皮膚腺がほとんど存在しないので表面は乾燥している．

(1) 表　　　皮

　表皮 (epidermis) は重層扁平上皮であるが，最深部の基底層は1層の円柱細胞からなり，この円柱細胞が絶えず分裂増殖して外側に向かって有棘層，顆粒層および淡明層をつくる．最外層の細胞は死滅してケラチンを含む角質層を形成し剥離脱落する．有棘層と顆粒層の細胞間隙には接着斑がよく発達している．皮膚の色は基底層や有棘層に介在するメラニン細胞の色素量に影響され，暗褐色のメラニン小体の形，大きさ，分布密度によって定まる．また，鼻翼，陰嚢や肛門付近では真皮結合組織内に侵入したメラニン細胞がさかんに顆粒を放出し，それを線維細胞が取り込んで皮膚の色をつくることもある．このメラニン細胞は外胚葉性神経堤細胞から分化するといわれている．

　表皮内には血管は認められず，表皮細胞の物質代謝は主に組織液を介して行われる．一部の知覚神経線維は基底層付近に侵入し終末器官をつくる．

(2) 真　　　皮

　真皮 (corium) は基底膜を介して表皮の下に存在し，浅深2層の密線維性結合組織からなる．浅層は乳頭層で膠原線維が細くて密であり，深層は網状層といって膠原線維が太くて疎い．ナメシ皮は表皮と皮下組織を除去した真皮だけでつくられるが，皮革の銀面は真皮乳頭が表面に出て家畜特有の紋を形成したものである．

(3) 皮 下 組 織

　皮下組織 (subcutis) は疎線維性結合組織からなり，その下にある筋や骨などとゆるやかに結合する．しばしば多量の脂肪細胞を含んで脂肪層を形成する場合がある．しかし，口唇や鼻鏡，耳介内面，陰茎亀頭などでは皮下組織がほとんど発達せず，真皮結合組織が直接筋膜や軟骨膜と緊密に結合するので剝皮し難い．反対に，運動が活発で皮膚の移動が激しい部位では皮下組織がよく発達し，粘液嚢をつくって運動を円滑にしている．

（4）血管，神経分布

　皮膚内に侵入する動脈は筋や骨に分布する動脈から枝分かれして，まず皮下組織に入り真皮と皮下組織の境界部で皮下組織動脈網を形成する．この動脈網から汗腺や毛包深部に栄養血管を送ったのち，真皮に入り網状層と乳頭層の境界領域で乳頭下動脈網をつくる．さらにその動脈網から真皮乳頭に向かって細い枝を出し毛細血管ループを形成する．静脈はこれらの動脈網から動静脈吻合を経て動脈に付随しながら併行する．これらの周りには毛細リンパ管も豊富に分布し，浸出したリンパ液は表皮の細胞間隙にも到達する．

　皮膚は外界からの刺激を受容する器官でもあり，多くの有髄知覚神経線維を持っている．血管と同様に皮下組織に比較的大きな神経束が侵入し，分枝して真皮網状層と乳頭層の境界部で神経叢をつくったのち，そこから多数の神経終末に分かれる．一部の無髄神経線維は血管，立毛筋，毛包，皮膚腺などに分布し，さらに表皮にも侵入する．

2．角質器

　動物は，機械的刺激の多い体表面を保護したり，防御用の武器を備えるために皮膚の一部を肥厚させて特殊な角質器をつくる．系統発生学的にみると，硬骨魚の鱗は真皮から生ずる皮膚骨板が主体であるが，爬虫類以上になるとこの皮膚骨板に角化した表皮層が結合して，いろいろの角質器をつくるようになる．家畜の角質器は毛，爪（蹄）および角からなり，家禽では羽，嘴，脚鱗，鉤爪，距などが角質器である．

（1）毛

　毛（hair）は哺乳類特有の形質で（鯨では胎子期だけ出現する），一般の被毛は体表の保護や体温維持機能を持つが，特殊な毛は感覚毛（触毛）として働く．毛は一般に次のように分類される．

```
                ┌第一上毛……前髪，タテガミ，尾毛，中手毛，
          ┌上毛┤            中足毛，睫毛，須毛，耳毛，鼻毛
     ┌被毛┤    └第二上毛……直毛（サシ毛）
     │    └下毛………………綿毛，緬毛
     └触毛…………………………眼窩上毛，眼窩下毛，頬骨毛，頬毛，
                              上唇毛，下唇毛，オトガイ毛，手根毛
```

　毛は表皮基底層から生じたもので，体表に生え出ている部分を毛幹，皮膚内にある部分を毛

根という．組織学的には毛幹，毛根ともに外側から毛小皮，毛皮質，毛髄質の3層に分ける．毛小皮は鱗片状で，屋根瓦のように毛の表面をおおっている．毛小皮の形や配列，毛皮質，毛髄質の厚さなどは家畜の品種，毛の種類によって異なり，光沢や硬さ，弾性などは毛の品質を決定する重要な要素となる．優良な羊毛は鱗片（毛小皮）の数が多く，遊離縁が突出してよく絡み合い，毛皮質が薄く捲縮をつくりやすい性質を有する．

　毛根は上皮性毛包（内根鞘＋外根鞘）で包まれ，さらにその外側は基底膜を介して血管，神経を含む結合組織性毛包によって取り囲まれる．毛根最深部の末端は膨れた毛球となって真皮組織の毛乳頭を抱く．毛乳頭の背外側に表皮基底層の続きの毛母基が存在し，その細胞の分裂増殖によって毛が成長する．毛乳頭内の血管が萎縮して栄養補給が絶たれると，細胞分裂は止まり換毛が始まる．

　上皮性毛包の頸部には脂腺や汗腺が付属する．また，毛の生える方向と皮膚表面がつくる鈍角側に平滑筋性の立毛筋があって毛包下部に付着する．この筋の収縮によって起毛するとともに，脂腺が圧迫されて毛包中に皮脂が分泌される．

　毛の生える方向は皮膚の張力の方向と一致し，いわゆる毛流として現れる．体表で別の毛流との会合部では皮膚張力がつり合って直立する毛が生じたり，毛渦（つむじ）をつくったりする．豚では3本の毛が集まって1毛群をつくり，めん羊，山羊，犬では数本の毛がまとまって同じ毛穴から生え出る毛束をつくり，それが3つ集まって1毛群をつくるのが原則である．毛の色調は毛皮質や毛髄質の中に含まれているメラニン小体の量や大きさによって決定され，皮膚の色とともに体色を決定する要因となる．また，毛皮質や毛髄質の細胞間隙に気泡が生じ，その光干渉によって生ずる物理的な色調も加わる．

（2）鈎爪と蹄

　高等な脊椎動物の指趾端は爪や蹄で保護されている．爪や蹄には種々の型があるが，その原型は爬虫類，鳥類，哺乳類でみられる鈎爪（claw）であって，それが進化して有蹄類では蹄（hoof），霊長類では扁爪（nail）になる（図III-2）．爪や蹄はいずれも皮膚の表皮が高度に角質化したもので，その構造は質の硬い爪（蹄）壁と軟らかい爪（蹄）底の2部からなる．食肉類や有蹄類の爪（蹄）壁は歩行の際に指趾端を保護する必要から末節骨を函型に包み込んで鈎爪や蹄をつくる．ヒトやサルのような蹠行型の動物では指趾端に過度の負担がかからないために扁爪がつくられる．

　馬の蹄はよく発達しており，起立しているときに見える蹄のすべてが蹄壁である．蹄の側壁は後方に次第に幅が狭くなり，急に曲がって蹄支として底面に現れ蹄底を抱く．蹄底もよく発達し蹄壁とともに蹄の構成上重要な部分となる．蹄底の後位には内外2つの蹄球が認められる．蹄球はその表皮下に弾性に富んだ結合組織や脂肪，軟骨を含み歩行時に地面からの反動を軽減させる役割を持っている．内外2つの蹄球は蹄底中央に蹄叉となって楔型に突き込み合流する．

III. 外　皮

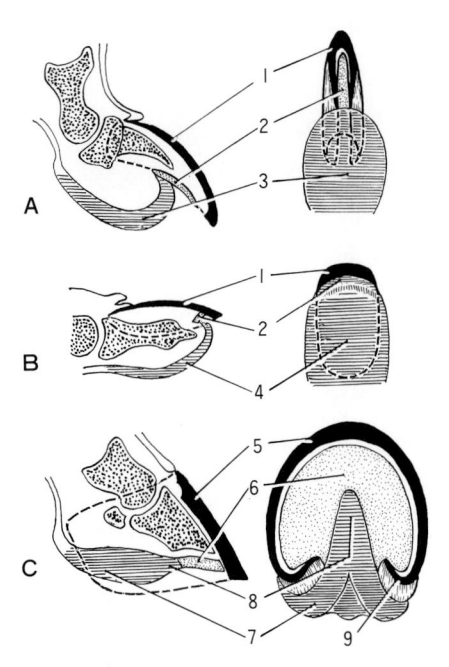

図III-2　爪型の比較（左：縦断面，右：腹面）
A：鈎爪（食肉類），B：扁爪（ヒト），C：蹄（馬），
1：爪壁，2：爪底，3：指球，4：小指球，5：蹄壁，
6：蹄底，7：蹄球，8：蹄叉，9：蹄支

　牛，豚では1つの肢に2蹄を認め，第3，第4指（趾）の先端を包む主蹄となる．この他に主蹄の後背位に一対の副蹄があるが，牛では退化傾向が強く骨の基礎を持たない．馬の蹄と比較して牛，豚の蹄は蹄底に蹄叉，蹄支を持たないのが特徴である．
　鈎爪を持つ動物の指（趾）端では肉球がよく発達する．肉球は中手（足）球，掌（足底）球および指（趾）球に区分されるが，動物種により発達の程度が異なる．

(3) 角（つの）

　角は哺乳類の中でも有蹄類に限って認められるもので，その成立の上から次の4種類に分類される．
　サイ角（fiber horn）…角全体が表皮の角質化物（毛）の塊からなる．
　洞角（cavicorn）………中軸の角骨（前頭骨角突起）を包む皮膚の表皮が角質化して角鞘となる．
　袋角（antler）…………角骨をおおう皮膚（velvet）はそのままで，終生角質化せず脱落もしない．
　鹿角（prong horn）……新生の角は皮膚でおおわれているが，秋になると皮膚が乾燥剥離して角骨が裸出する．角は枝分かれして毎年1回根元から脱落する．

家畜の角は洞角に属し，牛，水牛では円形，山羊，めん羊では三角形の角鞘を有する．新生の子牛でも角の生える場所の皮膚はすでに真皮や骨膜が肥厚しているから手で触れるとわかる．この部分は生後急速に成長し始めるが，この際，まず表皮の角質硬化が先行して角鞘が発達し，中軸の角骨の発達はこれより遅れる．洞角の組織構造や成長の過程は他の角質器（蹄や毛）のそれとほとんど同じである．

3. 皮 膚 腺

皮膚腺はすべて表皮基底層から分化したもので，分泌物が導管によって体表へ送り出される外分泌腺に属する．皮膚腺は汗腺，脂腺およびそれらの変形腺に区別される．

(1) 汗 腺

汗腺（sweat gland）は哺乳類に限ってみられる形質で，汗を分泌することにより体温調節，老廃物の排泄および皮膚の保護作用を行う．水棲の哺乳類や表皮鱗の発達した動物では汗腺はみられない．

汗腺は腺の形態からは管状単一腺で，それに2種類ある．1つは毛に付属して導管が毛包頸部に開口するアポクリン汗腺（離出分泌型）で，腺体は真皮網状層または皮下組織の中に侵入する．活動期の腺体はきわめて大きくなり，その分泌物にはしばしば脂肪を含み揮発成分によって動物特有の体臭を発することがある．他の1つは毛とは無関係に導管が直接皮膚表面に開口するエックリン汗腺（漏出分泌型）で，腺体はよく発達した糸球状の細く長い腺管からなり，活動期に入っても腺体の大きさはほとんど変わらない．

エックリン汗腺の原基は発生学的に毛の原基と相同で，胎子期における毛とエックリン汗腺を合わせた原基の単位面積当たりの分布密度は体表全域で等しく，成長に伴って体表面の拡大や毛の成長に影響されてエックリン汗腺の分布領域や密度が決まると考えられている．一方，アポクリン汗腺の原基は毛包頸部から二次的に分化するもので，その分布密度は原則として毛のそれと同じである．したがって，体表全域に被毛を有する家畜では毛包に付属してアポクリン汗腺が広く分布し，エックリン汗腺は指趾端の肉球部や毛根部などの無毛部に限局する．それに対し，ヒトのエックリン汗腺は体表全域に存在し，ヒトのアポクリン汗腺は腋窩や外陰部周辺の皮膚に限ってみられる．

家畜のアポクリン汗腺は馬で最もよく発達し，次いで豚，牛，山羊の順で，犬，猫，ウサギでは発達が悪い．体部位では背側より腹側，外側より内側，後軀より前駆で発達する．めん羊の汗は多量の脂肪分を含み，緬毛に付着する脂汗となる．犬の足裏肉球部の皮下組織にはよく発達したエックリン汗腺がみられる．

(2) 脂　　　　腺

　脂腺 (sebaceous gland) は両生類以上の動物でみられ，哺乳類では毛包に付属しているから毛包腺とも呼ばれる．腺の形態からは分枝胞状単一腺で，導管は毛包頚部でアポクリン汗腺導管開口部の下にみられるが，例外的に独立腺として直接皮膚表面に開口することもある．腺体は毛包と立毛筋に囲まれて真皮乳頭層に位置し，皮脂を分泌して被毛や皮膚の保護をする．腺細胞は表皮基底層の円柱上皮細胞が分化して母細胞となり，その分裂増殖によって絶えず新生の腺細胞を供給し続ける．多量の脂肪を蓄積し肥大した腺細胞は中心部にあって次々と剝離して細胞全体が分泌物となって放出される（全分泌型）．腺腔内に貯留した分泌物は立毛筋が収縮して腺体を圧迫することによって毛包頚部に押し出され，皮膚表面に放出される．

　脂腺の発達は家畜の種類によってかなり異なる．馬では汗腺と同様に最もよく発達し，次いで牛，山羊の順に発達する．めん羊，豚では発達が悪い．犬，猫，ウサギの脂腺は汗腺と比較して発達がよい．

(3) 変　形　腺

　皮膚腺には汗腺や脂腺から誘導された多種類の変形腺 (modified gland) がある．その典型的な腺は哺乳類特有の乳腺であるが，他の主な変形腺として耳道腺，口周囲腺(猫)，吻鼻腺(豚)，鼻唇腺(牛)，鼻腺(めん羊)，オトガイ腺(豚)，眼窩下洞腺(めん羊)，角腺(山羊)，鼠径洞腺(めん羊)，肛門周囲腺(食肉類)，肛門旁洞腺(食肉類)，尾腺(食肉類)，手根腺(豚)，指(趾)間洞腺(めん羊)，蹠枕腺(馬)，蹄球腺(牛) などがある．また，野生動物にみられる包皮腺(ジャコウジカ)，顔腺(コウモリ)，側頭腺(象)，後頭腺(ラクダ)，肛門腺(スカンク，イタチ) も同様の変形腺で，そのほとんどが種特有の体臭を発する．

(4) 乳　　　　腺

　乳腺 (mammary gland) は哺乳類だけが持つ特有の器官で，汗腺から分化発達した変形腺である．特に雌でよく発達し，その分泌物で幼子を哺育する．腺の形態からは胞状複合腺で，終末部は離出分泌型の単層腺上皮からなっている．乳腺は性成熟期に増殖して妊娠分娩とともに分泌が開始され，哺乳期間を通して分泌活動を続ける．

1) 乳頭と乳房の成立

　哺乳類最下級の原獣類ではまだ乳頭が発達せず，乳腺の導管は毛包に開口して乳汁は毛穴から直接皮膚表面の乳野に分泌される．真獣類になると乳野がまとまって皮膚面に突出して乳頭

をつくる．

　乳腺の原基は胎子発生初期の腋窩から鼠径部にかけて出現する乳腺堤が飛石状の乳点となり，その表皮細胞が増殖して上皮細胞塊をつくることによって生ずる．上皮細胞塊は索状に結合組織内に侵入し，乳頭管，乳管洞，乳管，乳小管を分化させて末端は棍棒状に肥大した乳腺胞をつくる（図III-3）．

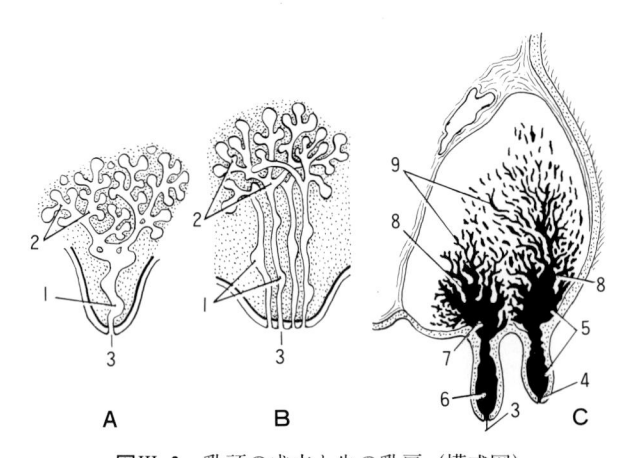

図III-3　乳頭の成立と牛の乳房（模式図）
A：仮乳頭（牛，山羊），B：真乳頭（犬，猫，ヒト），C：成雌牛乳房の乳管系，1：一次乳腺芽，2：二，三次乳腺芽，3：乳頭口，4：乳頭管，5：乳管洞，6：同，乳頭部，7：同，乳腺部，8：乳管，9：乳小管

　個々の乳点はそれぞれ1乳頭1乳区をつくるのが原則であるが，部位によっては消失または合体して，家畜の種類により定まった部位の乳点だけが成長する．牛やめん羊では1つの乳点が1つの乳房をつくり，特に乳管洞（乳頭部と乳腺部に区別）が発達して周りの皮膚の隆起とともに大きな仮乳頭（teat）をつくるのが特徴である．馬の乳頭も仮乳頭であるが，2つの乳点が合体して1つの乳房をつくるので乳頭先端には2つの乳頭口がみられる．

　豚，犬，猫では多くの乳点が合体して1つの乳房をつくり胸部から鼠径部にかけて4～8対の乳房がつくられるが，それぞれの乳房では多くの乳頭管が開口する真乳頭（nipple）となる．このように乳房が発生する部位と数，乳頭口の数は家畜の種類によって異なり，それぞれ特徴がある（図III-4）．

2）牛　の　乳　房

　雌牛の乳房（udder）は下腹部にあって特によく発達し，中央を縦走する浅い乳房間溝で左右に分けられる．各側の乳房は見かけ上1乳房に見えるが，実際は独立した前後の2乳区に分けられ，乳頭も前後に並ぶ．乳頭の大きさは前位のものが長く太く，乳区は反対に後位のものが広い．

III. 外　　皮

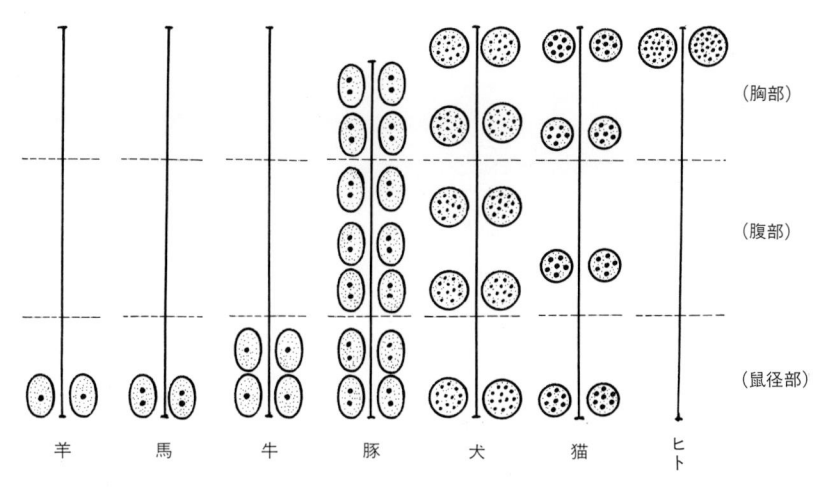

図III-4　各種動物の乳房の数と乳頭口数の比較
（円は乳房，太い黒点は乳頭口を示す）

　乳房の全重量は15～30 kg（搾乳後）に達し，これを保定する必要から中央に内側板，外側に外側板が発達する．内側板は左右の腹横膜が下腹部白線で会合したもので，2枚の腱板が一緒になって乳房堤靱帯として重い乳房を提げる．著しく弾性に富み乳房間溝表面で外側板と会合するが，途中乳房間質に多くの保定板を出してお互いに連絡する．

　乳腺実質は乳腺葉が細かく区画されて乳腺小葉をつくる．泌乳期の終末部腺胞は丈の高い円柱上皮細胞からなり，その外側には1層の星状筋上皮細胞がバスケット状に取り囲む．腺胞の内腔は共通の細い乳小管に連絡し，次第に大きくなって最終的には8～15本の乳管となって乳管洞（乳腺部）に開口する．乳管洞の壁は結合組織と平滑筋組織からなり，乳頭管に移行する部位では輪状ヒダや括約筋が発達する．内面には粘膜の絨毛状突起が密生する．

　乳汁分泌には多量の血液の供給が必要である．乳房に分布する主要な動脈は外陰部動脈で，それが乳腺動脈となって細かく分枝しながら乳房内に侵入する．一方，乳房から血液が流れ去る経路には外陰部静脈，皮下腹壁静脈および会陰静脈の3つがあり，その中で皮下腹壁静脈は腹壁下面の皮下に著しく怒張して目につきやすく俗に乳静脈（milk vein）と呼ばれている．この皮下腹壁静脈は胸骨端の剣状軟骨後縁で乳窩（milk well）から腹腔内に侵入する．また，泌乳量の増大と比例して乳腺からのリンパ液流出量も増加する．

　乳頭先端部には豊富な知覚神経が分布しており，乳頭の吸飲または搾乳刺激が乳汁排出反射の起始となる．また，乳腺の発達や乳汁分泌にはホルモンや自律神経の支配が密接に関与する．

IV. 運 動 器 官

　家畜の運動器官は骨格，関節および筋からなる．骨格はそれ自体が積極的に動くわけではないが，約230個の骨が関節と靱帯で連絡されてつくられており，それに多くの運動筋を付着させて筋の収縮によって運動を起こさせる．したがって，筋が直接の運動器官で，骨格と関節は被動性運動器官といわれる．骨格は動物の進化に伴ってその動物特有の形質を現している．牛が牛らしく，馬が馬らしく見えるのは，骨格がそれらの動物の基礎をつくっているからである．骨格はまた家畜体の支持器官でもあり，同時に脳や内臓諸器官の保護も行う．

1．体の基本構造

　ヒトは地平面に直立するが，家畜は前肢も着地させて四肢で体軸を地平面と平行に保っている．家畜体の基本構造を説明するためには，まずその体位と方向について一定の法則を定める必要がある．

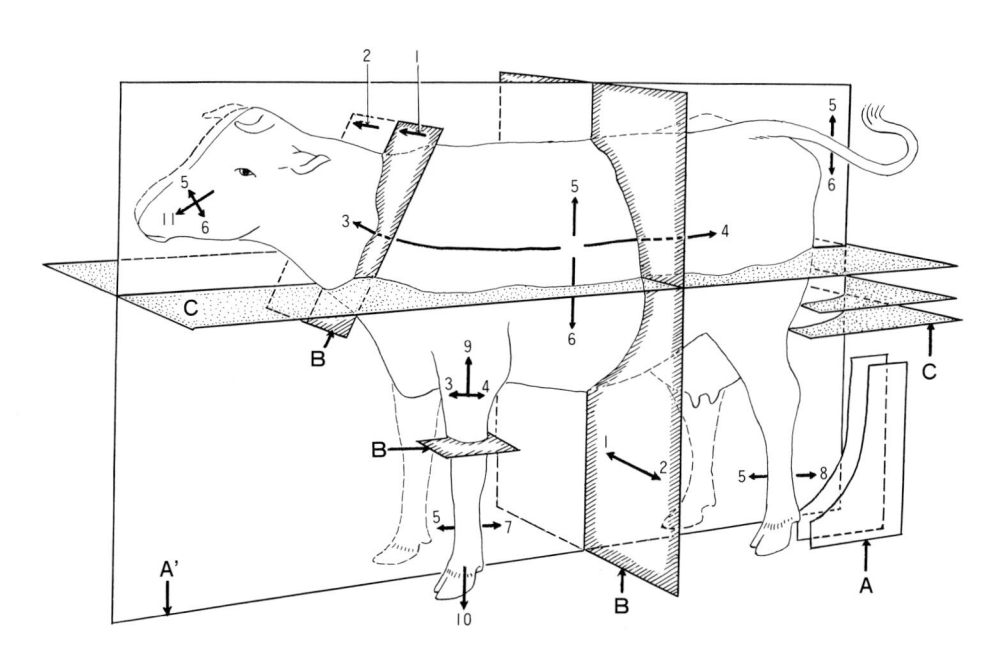

図IV-1　家畜体（牛）の切断面と方向
A：矢状断面，A′：正中断面，B：横断面，C：水平断面，1：内側，2：外側，3：頭側（前側），4：尾側（後側），5：背側，6：腹側，7：掌側，8：底側，9：近位，10：遠位，11：吻側（前側，頭部器官でのみ使用）

(1) 切断面の名称

家畜を解体するときは必ず切断面をつくる．図IV-1は，牛体の切断面と各方向を示したものである．切断面には基本的に互いに直交する次の3つの面がある．

1) 矢状断面 (sagittal plane)

頭尾にわたって体軸に平行し，地平面に直角な面．家畜を左右に分ける縦断面である．矢状断面の中で体軸を含み，体を左右に等分する面を特に正中断面 (median plane) といい，それ以外の矢状断面を旁正中断面 (paramedian plane) という．また，器官の長軸に平行な断面を一般に縦断面 (longitudinal plane) という．

2) 横断面 (transverse plane)

矢状断面と直交し，家畜体を前後に分ける面．器官の長軸に直角な断面も同様に横断面という．ヒトでは頭部に限って同義的に前額断面 (frontal plane) という語を用いる．

3) 水平断面 (horizontal plane)

上の両切断面と直交し，家畜体を背腹に分ける面．背断面 (dorsal plane) という語を用いることもある．

(2) 方向を示す用語

ヒトと家畜では体軸に90度の角度差がある．そのため，ヒトの上下は家畜の前後に，ヒトの前後は家畜の背腹に対応する．家畜体で方向を示す一般的な用語について列記する．

　　　　　⎰内側　(medial)　　　　　⎰頭側　(cranial)
　　　　　⎨外側　(lateral)　　　　　⎨尾側　(caudal)
　　　　　⎱中間　(intermediate)　　⎱中　　(middle)

　　　　　⎰背側　(dorsal)　　　　　⎰前　　(anterior)
　　　　　⎱腹側　(ventral)　　　　　⎱後　　(posterior)

　　　　　⎰背側　(dorsal)　　　　　⎰背側　(dorsal)
　　　　　⎱掌側　(palmar)　　　　　⎱底側　(plantar)

　　　　　⎰近位　(proximal)　　　　⎰上　　(superior)
　　　　　⎱遠位　(distal)　　　　　⎱下　　(inferior)

左右という語は常に動物体を主体として用いる．四足獣の体肢では体軸に近い方を近位，遠い方を遠位という．また，内側を前肢では橈側 (radial)，後肢では脛側 (tibial) といい，外側

を前肢では尺側（ulnar），後肢では腓側（fibular）という．肢端では前方を背側，後方を掌側（前肢）または底側（後肢）という．偶蹄類や食肉類のように肢の機能軸が第3指（趾）と第4指（趾）の間にあるときには軸側（axial），反軸側（abaxial）という語を用いる．1つの器官を内部と外部に分けるときはそれぞれの方向を内（internal），外（external）で表し，表層部を浅(susperficial)，深層部を深(deep)という．これらの用語はすべて副詞的にも用いられる．

(3) 体各部の名称

家畜体を外から眺めたとき，体部位にはいろいろの名称がつけられている．それは必ずしも解剖学用語と一致しないが，外貌審査，体尺測定，診断などに使われる重要な名称となっている．牛体部位の主な名称を図IV-2に示す．

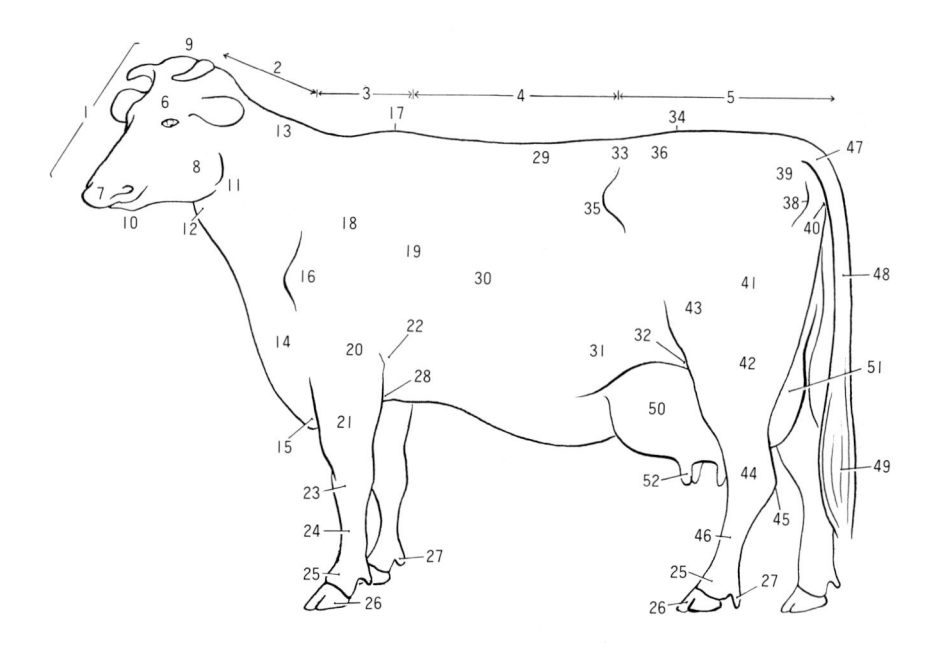

図IV-2 牛体の各部の名称

1：頭，2：頚，3：前軀，4：中軀，5：後軀，6：額，7：鼻鏡，8：頬，9：後頭，10：頤（オトガイ），11：顎，12：咽頭，13：項（ウナジ），14：前胸，15：胸垂，16：肩端（カタサキ），17：キ甲，18：肩，19：肩後，20：上腕，21：前腕，22：肘，23：手根（前膝），24：中手（管），25：繋（ツナギ），26：蹄，27：副蹄（距），28：腋，29：背，30：胸，31：腹，32：鎌，33：腰，34：十字部，35：腰角，36：寛，38：坐骨結節，39：殿，40：殿端，41：大腿，42：下腿（スネ），43：後膝，44：足根（飛節），45：飛端，46：中足（後管），47：尾根，48：尾，49：尾毛，50：乳房，51：乳鏡，52：乳頭

2. 骨　格

骨格(skeleton)は系統発生学的に外骨格と内骨格に区別される．外骨格は皮膚の真皮からで

きるもので皮膚骨ともいわれる．昆虫，甲殻類の体表にあるキチン質の殻や，魚類の鱗，爬虫類の骨性板などがこれに属する．

内骨格は本来皮膚に関係なく動物体の深部にあって中胚葉性間葉細胞に由来する造骨細胞によってつくられるもので，さらに硬骨と軟骨に区別される．家畜の骨格はほとんど硬骨からなるが，この硬骨は発生初期に軟骨として出現し，後に硬骨化するもので軟骨性硬骨（cartilage bone）といっている．しかし，一部の骨は真皮から発生して軟骨の過程を経ずに直ちに骨化して硬骨になり，二次的に内骨格に加わるものもあり，これを膜性骨（membrane bone）といっている．完成した膜性骨は外観，構造などすべて軟骨性骨と同じで区別することができない．

(1) 骨 の 分 類

骨は外形によって長骨（long bone），短骨（short bone）および扁平骨（flat bone）に大別されるが，中間型や混合型の骨もあり，それらを不整骨（irregular bone）といっている．また骨質中に空気を含む骨もあり，それを含気骨（pneumatic bone）といっている．

長骨は主として肢骨にみられ，一般に円筒状で機能的には「てこの作用」に似た運動をする．3個以上の骨化中心を持つ．短骨は椎骨や手（足）根骨でみられ，運動に伴う関節の多機能性や衝撃緩和に対応する．骨化中心は1つである．扁平骨は頭蓋骨，肩甲骨および骨盤でみられ，大きな運動筋の付着面をつくり，内部の内臓諸器官を保護する．短骨と同様に1つの骨化中心から発生し，平面的（2軸性）に拡張した骨である．含気骨は体重を軽減するように工夫されたもので，鳥類の骨がこれに相当する．家畜でも骨洞を有する前頭骨や上顎骨は含気骨に属する．

(2) 長骨の外形と組織構造

長骨は図IV-3に示すように中心になる骨幹（diaphysis）と，その両端の肥厚した骨端（epiphysis）からなり，前者は1個の骨化中心，後者は2個以上の二次骨化中心から生ずる．隣接する骨と関節するときは，骨端部表面に平滑な関節軟骨が発達して運動範囲を広げている．骨端と骨幹の間は骨端軟骨で結合され，その境界線を骨端線といっている．若い個体の骨の成長は骨端線で行われ，成長が完了するとこの部分が骨化して1個の骨になる．骨化した骨端線の部分は成熟した骨では骨幹端といわれる．よく発達した大きな長骨の表面では運動筋の起始や停止面となる隆起（結節，棘）や溝（陥凹，圧痕）が多くみられる．

長骨の縦断面を見ると，骨幹部表面は強靭な線維性の骨膜（periosteum）でおおわれている．骨膜は機能的にきわめて重要な膜で，骨組織の新生，再生はすべてこの膜で行われる．また，血管，神経分布に富み知覚鋭敏である．骨膜は骨端部表面で軟骨膜（perichondrium）に移行する．

長骨の主な構成要素は緻密骨（compact bone）と海綿骨（spongy bone）である．緻密骨は骨膜の下にあり，骨幹中央部でよく発達して厚く，両骨端に向かうに従って薄く広がる．緻密

IV. 運動器官

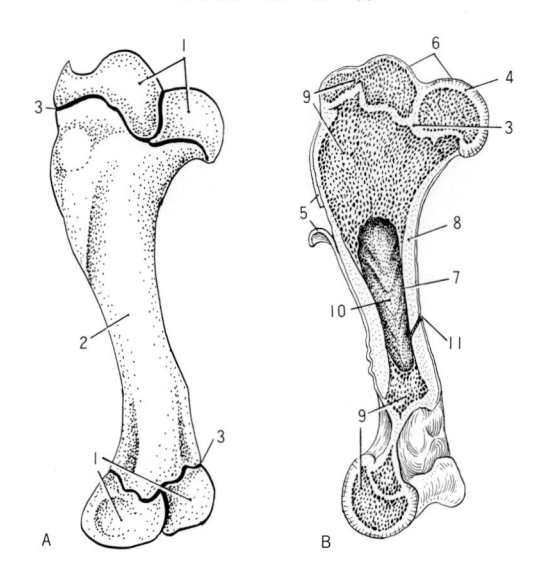

図IV-3 長骨の一般形態
A：長骨の外形，B：同，縦断面，1：骨端，2：骨幹，3：骨端軟骨，4：関節軟骨，5：骨膜，6：軟骨膜，7：骨内膜，8：緻密骨，9：海綿骨，10：髄腔，11：栄養孔

骨の組織構造は図IV-4に示すように，オステオン（osteon）が構成単位となって外力に対して屈撓性に富んだ構造特性を持っている．オステオンは次の構成要素からなる．

中心管（central canal）………… 栄養血管の通路である．
オステオン層板（lamellae）…… 中心管を同心円状に囲む数層の骨層板．
骨小腔（lacunae）……………… オステオン層板の境界にみられる多数の小腔で，骨細胞を容れる．
骨小管（canaliculi）…………… 隣接する骨小腔や中心管を結ぶ細管で，骨細胞の微細な細胞質突起を容れ，隣接する骨細胞がこの突起で連絡する．

オステオン層板を囲んで緻密骨の内外周辺部ではさらに次のような層板が構成される．

介在層板（interstitial lamellae）…… オステオン層板の間隙を満たす層板系．
内および外環状層板（inner and outer circumferential lamellae）…… 緻密骨の内，外側を占めて縁に平行する層板系．

また，緻密骨には豊富な栄養血管の分布がみられ，その通路として中心管を内部および外部に連絡する貫通管（perforating canal）が存在する．栄養血管の侵入口を栄養孔（nutrient foramen）という．

海綿骨は骨端部近くにみられ，骨小柱が薄板状に複雑に組み合わさって無数の髄小室を構成する．骨幹部では空洞状の広い髄腔をつくる．髄小室と髄腔は骨内膜（endosteum）で縁どられ，その内部には造血組織である骨髄（bone marrow）を収容する．

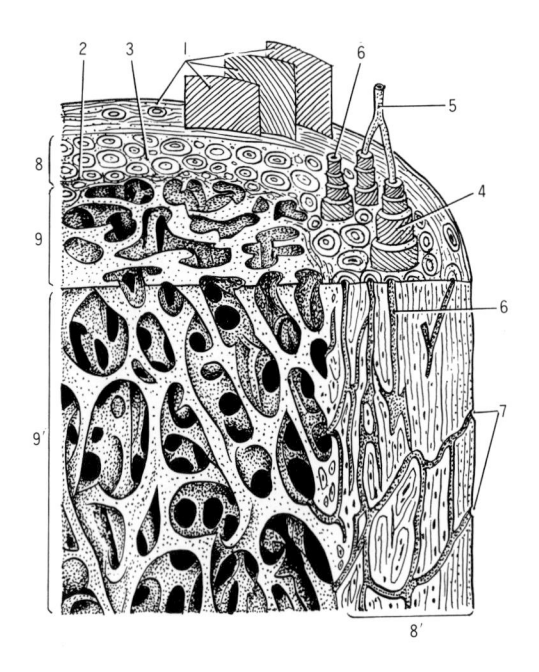

図Ⅳ-4　緻密骨の組織構造
1：外環状層板，2：内環状層板，3：介在層板，4：オステオン層板，5：栄養血管，6：中心管，7：栄養孔，8：緻密骨（横断），8'：同（縦断），9：海綿骨（横断），9'：同（縦断）

　若い動物の骨髄は血液細胞を多く含み，造血機能が盛んで赤色骨髄（red marrow）といわれる．成熟すると造血機能が不活発になり，次第に脂肪細胞が多くなって黄色骨髄（yellow marrow）に変わる．しかし，必要に応じて造血機能が増すこともあり，再活性化されて赤色骨髄にもどる．栄養不良の個体では脂肪細胞が消失してゼラチン様の膠様骨髄（gelatinous marrow）になる．

　短骨と扁平骨の構造は基本的に長骨の構造と同じであるが，次のような特徴が挙げられる．短骨は表面を薄い緻密骨で張りめぐらし，内部はよく発達した海綿骨で構成される．扁平骨は広く薄い2枚の緻密骨からなる外板と内板の間に，薄い海綿骨の板間層が介在している．板間層は短骨の海綿骨が平面的に広がり，いっそう薄くなったものである．

(3) 骨格の区分

　家畜体の支持器官である骨格は次のように区分される．牛の全骨格を図Ⅳ-5 に示す．
　　軸性骨格………………頭蓋，脊柱

胸部骨格‥‥‥‥‥‥‥‥肋骨，胸骨
付属（属性）骨格‥‥‥‥前肢骨，後肢骨

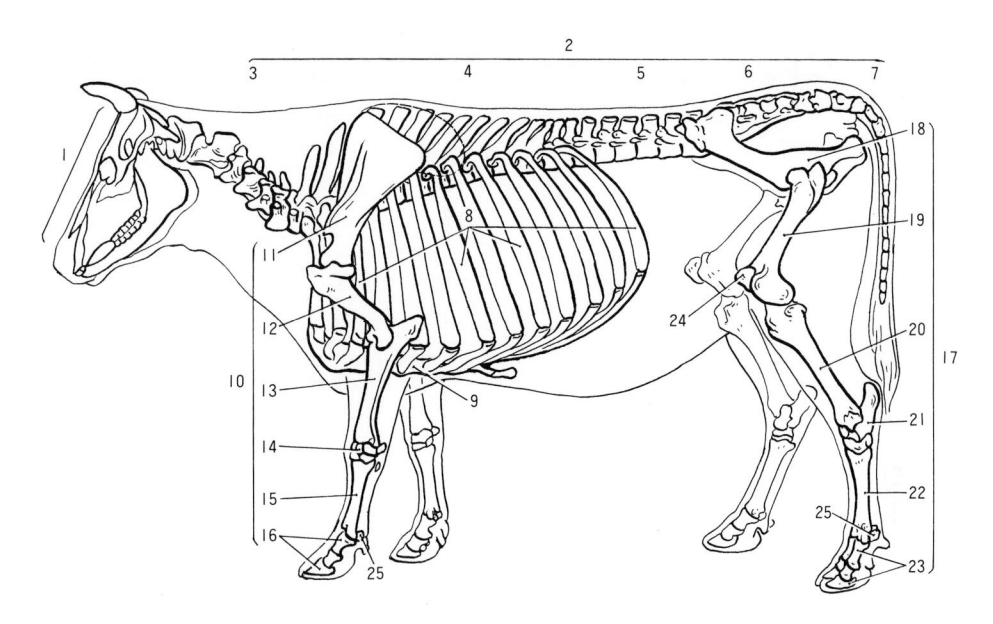

図IV-5　牛の全骨格
1：頭蓋，2：脊柱，3：頸椎，4：胸椎，5：腰椎，6：仙骨，7：尾椎，8：肋骨，9：胸骨，10：前肢骨，11：肩甲骨，12：上腕骨，13：前腕骨（橈骨＋尺骨），14：手根骨，15：中手骨，16：指骨，17：後肢骨，18：寛骨（腸骨＋恥骨＋坐骨），19：大腿骨，20：下腿骨（脛骨＋腓骨），21：足根骨，22：中足骨，23：趾骨，24：膝蓋骨，25：種子骨

1）頭　　　　蓋

　広義の頭蓋は喉頭部の軟骨をも含めて頭部を構成するものすべてを総称するが，狭義の頭蓋は基本的に18種類の骨の組合せから構成される．しかし，蝶形骨がヒトや豚を除いて2つの骨（前蝶形骨と底蝶形骨）に分かれたり，逆に隣接骨との癒合によって減ったりして構成骨の数は動物の種類によってかなり相異する．また，頭蓋は古くから神経頭蓋と内臓頭蓋の2つに区分されていたが，現在では前者を単に頭蓋（cranium），後者を顔面（face）と呼んでいる．頭蓋と顔面にはそれぞれ次の構成骨が含まれる．
　頭蓋……後頭骨，前蝶形骨，底蝶形骨，翼状骨，側頭骨，頭頂骨，頭頂間骨，前頭骨，篩骨，鋤骨．
　顔面……鼻骨，涙骨，上顎骨，腹鼻甲介骨，切歯骨，吻鼻骨(豚のみ)，口蓋骨，頬骨，下顎骨，舌骨装置．
　頭蓋の成立を系統発生学的にみると，下等な脊椎動物では原始頭蓋(primordial cranium)がみられ，その頭蓋はすべて軟骨性骨で構成される．原始頭蓋は個体発生の段階でも認められ，胎

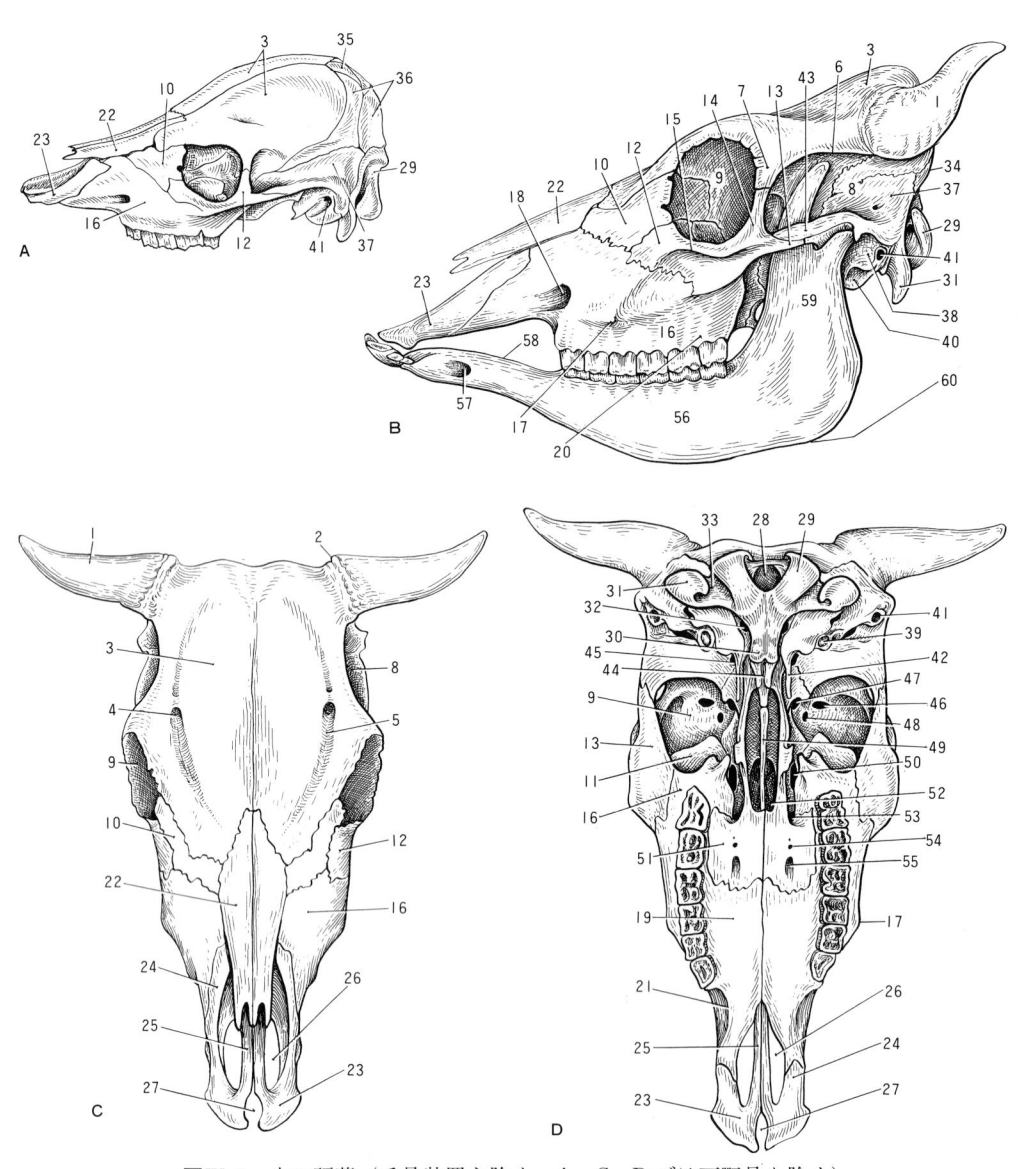

図IV-6 牛の頭蓋（舌骨装置を除く．A, C, Dでは下顎骨も除く）

A：新生牛（左前外側面），B：成牛（左側面），C：同（背面），D：同（底面），1：（前頭骨）角突起，2：角突起頸，3：前頭骨，4：眼窩上孔，5：眼窩上溝，6：側頭線，7：前頭骨頬骨突起，8：側頭窩，9：眼窩，10：涙骨，11：涙胞，12：頬骨，13：（頬骨）側頭突起，14：（頬骨）前頭突起，15：顔稜，16：上顎骨，17：顔結節，18：眼窩下孔，19：（上顎骨）口蓋突起，20：（上顎骨）歯槽突起，21：（上顎骨）槽間縁，22：鼻骨，23：切歯骨，24：（切歯骨）鼻突起，25：（切歯骨）口蓋突起，26：口蓋裂，27：切歯間裂，28：大（後頭）孔，29：後頭顆，30：筋結節，31：頸静脈突起，32：頸静脈孔，33：腹顆窩，34：項線，35：頭頂間骨，36：頭頂稜，37：側頭骨，38：（側頭骨）岩様部，39：茎状突起，40：（側頭骨）鼓室部，41：外耳孔，42：（側頭骨）筋突起，43：（側頭骨）頬骨突起，44：底蝶形骨，45：卵円孔，46：眼窩正円孔，47：視神経管，48：篩骨孔，49：鋤骨，50：蝶口蓋孔，51：口蓋骨水平板，52：後鼻孔，53：後口蓋孔，54：小口蓋孔，55：大口蓋孔，56：下顎骨，57：頤（オトガイ）孔，58：（下顎骨）槽間縁，59：下顎枝，60：顔面血管切痕

IV. 運動器官

子期には頭蓋上壁などが閉鎖不完全な状態で発生し泉門（fonticulus）が認められるが，成長に伴って原始頭蓋の間隙が膜性骨でふさがれ軟骨性骨と骨結合して境界が不明瞭となる．

頭蓋や顔面の外形は家畜の種類によって多様であり，また同じ動物でも年齢や品種によって大きく変化する．牛の頭蓋を図IV-6に示す．一般的に牛の顔面は比較的短広で角錘型であるのに対し，馬の顔面は全体的に細長である．犬の頭蓋は変異に富み，長頭種と短頭種でその様相は著しく異なる．頭蓋は大脳を容れる頭蓋腔を持つが，大脳皮質の発達とともにその頭蓋腔の占める容積が大きくなるので，頭蓋の外形変化に伴って動物進化の段階を系統的にたどることができる．

2）脊　　柱

脊柱（vertebral column）は頭蓋後方の第1頸椎から尾椎後端まで多くの椎骨の可動的な関節結合によってつくられたもので，体幹背壁の支柱となる．また，姿勢保持や体幹の屈伸運動にも関与し，その内部の脊柱管には脊髄を容れてそれを保護する．

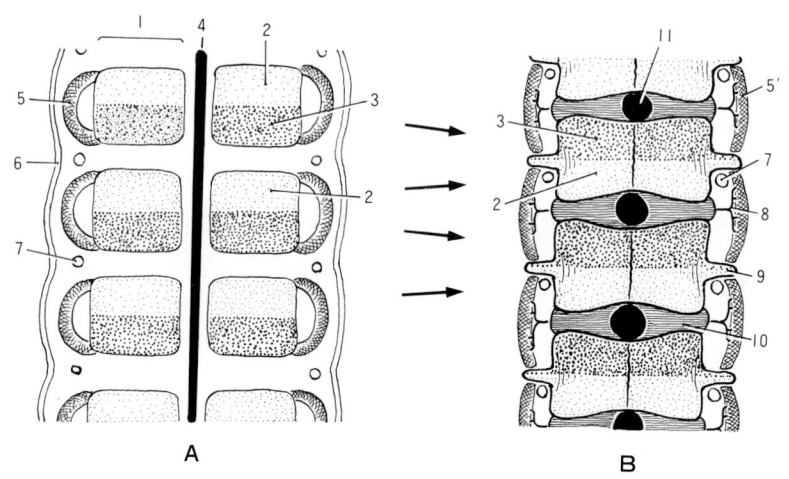

図IV-7　椎骨の成立
A：体節的配列，B：間体節的配列，1：体節，2：椎板の前半，3：同，後半，4：脊索，5：筋板，5'：椎骨を結ぶ骨格筋，6：外胚葉，7：節間動脈（間体節的），8：脊髄神経（体節的），9：横突起，10：椎間円板，11：髄核

椎骨の発生は図IV-7に示すように中胚葉起原の間葉細胞が脊索の周りに集まり，椎板を形成することから始まり，それが前後に2分して隣接椎板との間に間体節的に合体して椎骨がつくられる．一方，その外側にある筋板からは体節的に骨格筋が発生し，隣接または複数の椎骨間を結んで体軸筋が生じ，脊柱の運動器官として発達する．間体節的につくられた椎骨には，関節突起を初め骨格筋付着のためのいろいろの突起が形成される．結局，成長した椎骨は基本的に図IV-8に示すような構造を持つようになる．

一般に椎骨は中央部の椎体を土台にして背側に神経弓，腹側に血管弓の3つの要素からなる．

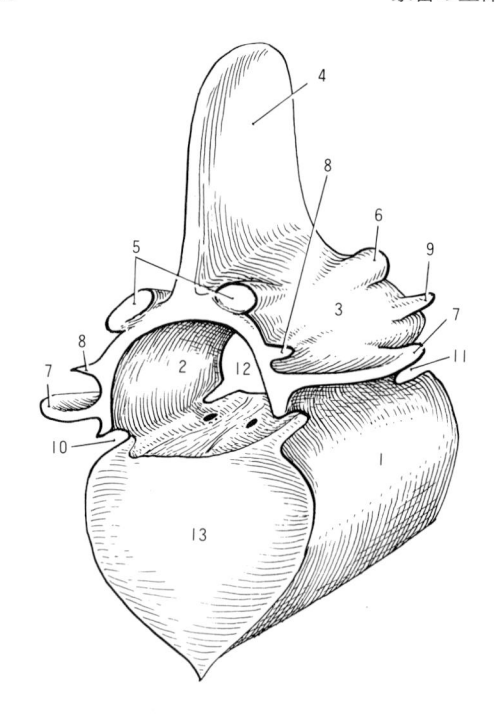

図IV-8 椎骨の一般形態
1：椎体，2：神経弓，3：椎弓板，4：棘突起，5：前関節突起，6：後関節突起，7：横突起，8：乳頭突起，9：副突起，10：前椎切痕，11：後椎切痕，12：椎孔，13：椎頭

　神経弓は脊髄を収容する椎孔の背および側壁をなすもので，椎弓板と椎弓根に分けられる．両側の椎弓板は背側正中位で合体し，さらにその結合部から背方に棘突起を出す．棘突起は胸椎で特によく発達して強力な脊柱起立筋を付着させる．神経弓の前，後縁からはそれぞれ前，後関節突起を出し，隣接椎骨と関節する．椎弓根外側には横突起が発達する．横突起は肋骨との関係が深いが，腰椎で特によく発達する．胸椎や腰椎ではしばしば前関節突起と横突起の間に乳頭突起，後関節突起と横突起の間に副突起が生ずる．椎弓根を側面から見ると，前後にそれぞれ切痕がみられ，隣接椎骨と共同して椎間孔をつくる．椎間孔からは末梢神経が出入する．

　椎体は椎骨の主体となるもので，前端を椎頭，後端を椎窩と称し，家畜では一般に両端平坦形で隣接椎骨と関節する．しかし，有蹄類家畜の頚椎では顕著な後凹形であり，下級脊椎動物では前凹形や両凹形の関節結合様式もみられる．椎頭と椎窩の間には弾性軟骨からなる椎間円板が介在し，その中心には脊索の遺残である髄核がみられる．

　血管弓は椎体腹側で左右から弓状に突起が伸びて大動脈を囲み，その突起が腹側正中位で合体してつくられる．この血管弓は下級な脊椎動物でよく発達するが，牛でも第2～3尾椎で認められる．他の家畜では退化傾向が強く，尾椎椎体腹側の左右に一対の血管突起として遺残する場合が多い．

　脊柱を構成する椎骨は部位によって次のように区分される．

　頚椎（cervical vertebrae，略記号；C）

　胸椎（thoracic vertebrae，略記号；T）

　腰椎（lumbar vertebrae，略記号；L）

IV. 運動器官　　　　　　　　　　　　　　　　59

仙骨（sacrum，略記号；S）

尾椎（caudal vertebrae，略記号；Cy）

　仙骨は複数の仙椎が結合して1つの骨になったもので，その中でも前位2個の仙椎によって寛骨との関節面をつくるのが特徴である．

　各種動物の椎骨数は一般に次のような椎骨式（vertebral formula）を用いて表示する．

馬：C 7 T 18(17～19) L 5～6(7) S 5(4,6,7) Cy 15～19

牛：C 7 T 13 L 6 S 5 Cy 18～20

めん羊：C 7 T 13 L 6(7) S 4 Cy 3～24

山羊：C 7 T 13 L 6(7) S 5 Cy 12～16

豚：C 7 T 14～15(13,16) L 6(5,7) S 4 Cy 20～23

犬：C 7 T 13 L 7(6) S 3 Cy 16～23

ウサギ：C 7 T 12 L 7 S 4 Cy 15～16

ヒト：C 7 T 12 L 5 S 5 Cy 3～6

鶏：C 14 T 7 L 12 S 2 Cy 7

　哺乳類の頸椎数は原則として7個で，動物分類学上の特徴の1つに挙げられるが，鳥類の頸椎の数は不定で一般に頸長の個体ほど数が多い．第1頸椎と第2頸椎は特異な形を持ち，前者を環椎（atlas），後者を軸椎（axis）といっている．頭の運動は軸椎を軸として行われる．

　豚の胸，腰椎数には変異が多い．育種改良された胴長の品種では胸，腰椎数が増加し，それに伴って産肉量の増大が認められる．

　脊柱は体重の平衡を保つために次のような弯曲をつくる（図IV-9）．

頭部弯曲（capital contour）

頸胸弯曲（cervicothoracic contour）

腰部弯曲（lumbar contour）

仙尾弯曲（sacrocaudal contour）

　脊柱背側で棘突起の最も高い部位はキ甲（withers）で，牛では第3胸椎，馬では第4(5)胸椎の棘突起がその部位に相当する．同部位は家畜審査上，体高測定の基準点となる．胸または

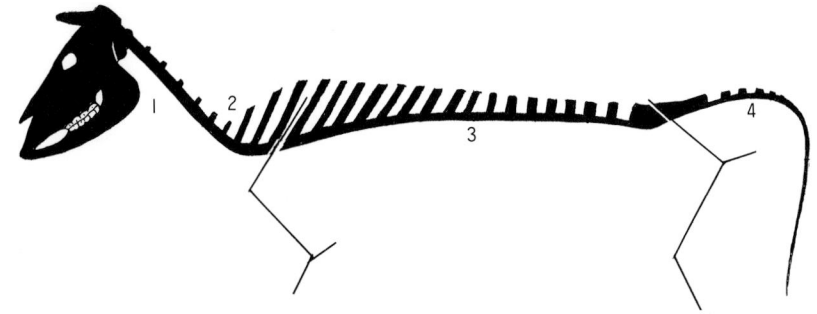

図IV-9　牛の脊柱弯曲
1：頭部弯曲，2：頸胸弯曲，3：腰部弯曲，4：仙尾弯曲

腰部で棘突起が垂直方向を示す最初の椎骨を特に対傾椎骨（anticlinal vertebrum）という．牛では第13胸椎，馬では第16胸椎が対傾椎骨である．

3）肋　　　骨

肋骨（ribs）は脊柱をつくる椎骨と同様に間体節的に発生する有対の軟骨性骨で，家畜では胸椎の部分だけ発達して胸郭（thoracic cage）の側壁を構成する．肋骨の原基は2つの骨化中心から生じ，脊椎部（vertebral part）と胸骨部（sternal part）の2部に分かれるが，前者は骨化して肋硬骨となり後者は肋軟骨の状態に止まる．脊椎部は胸椎，胸骨部は胸骨とそれぞれ関節して胸郭をつくるが，後位肋骨の肋軟骨遠位端はまとまって胸骨に向かう肋骨弓（costal arch）となる．

有対の肋骨が胸骨に達するものを真肋（true ribs），その後位にあって肋骨弓をつくり直接胸骨に達しないものを仮肋（false ribs）といい，犬では最後位肋軟骨，ウサギでは後位2対の肋軟骨がさらに肋骨弓から離れて浮肋（floating ribs）となる．牛では前位8対が真肋で，後位5対が仮肋である．

肋骨は胸郭側壁を支えて肺や心臓を保護するとともに呼吸運動を行う．各肋骨は胸郭の形に応じて彎曲するが，彎曲の程度は中位の肋骨が最大で前，後位に順次減少する．胸椎との関節面は肋骨頭に2つ（前および後肋骨頭関節面），肋骨結節に1つ（肋骨結節関節面）存在する．

4）胸　　　骨

胸骨（sternum）も椎骨や肋骨と同様に間体節的に発生し，数個以上の胸骨片が軟骨板で結合されて1個の胸骨になる．家畜の胸骨は前後に並ぶ分節的構造を示し，1個の胸骨片からなる最前位の胸骨柄（manubrium），5～7個の胸骨片からなる胸骨体（body）と最後位1個の剣状突起（xiphoid）からなる．

胸骨は地上走行や空中飛行の習性に応じて両生類以上で発達したもので，鳥類では特によく発達する．鳥類胸骨の最大の特徴は胸骨稜（crista）がよく発達することであるが，これは哺乳類でも前肢を激しく使うモグラやコウモリで同様に認められる．しかし，鳥類でも地上走行のみを行う平胸類では胸骨稜の発達が悪い．水中生活をする哺乳類では胸骨を欠く場合が多い．

5）前　肢　骨

哺乳類の前肢と後肢は魚類の胸鰭および腹鰭と相同の器官である．一方，個体発生学的に体肢は中胚葉側板の間葉細胞が分裂増殖して肢芽（limb bud）を形成することで始まり，それが伸長してそれぞれの部位で肢骨，筋，腱および血管をつくる．また，前肢の発生が後肢のそれより早く進行し，出生時にも前肢が先に運動器官として機能を発揮するようになる．肢骨の原基は肢芽の中軸部で間葉細胞が集まって軟骨を生じ，続いて骨化点が出現して肢骨ができあがる．骨化は体肢原基の近位から始まって遠位に及ぶ．肢骨は前，後肢とも表IV-1の同一番号で

IV. 運動器官

表IV-1　肢骨の構成

	前肢骨			後肢骨	
	家畜	家禽		家畜	家禽
前肢帯	1. 肩甲骨 2. 鎖骨[1]	1. 肩甲骨 2. 癒合鎖骨[1] 3. 烏口骨	後肢帯	1. 腸骨 　恥骨[2] 3. 坐骨	1. 腸骨 　恥骨[2] 3. 坐骨
自由 前肢骨	4. 上腕骨 5. 前腕骨 　6. 橈骨 　7. 尺骨 8. 手根骨 9. 中手骨 10. 指骨	4. 上腕骨 5. 前腕骨 　6. 橈骨 　7. 尺骨 8.9. 手根中手骨 10. 指骨	自由 後肢骨	4. 大腿骨 5. 下腿骨 　6. 脛骨 　7. 腓骨 8. 足根骨 9. 中足骨 10. 趾骨	4. 大腿骨 5. 下腿骨 　6. 脛骨 　7. 腓骨 8.9. 足根中足骨 10. 趾骨

1) 鎖骨は膜性骨で，後肢帯にはこれに相当するものがない．また，この表には出ていないが，膝蓋骨や種子骨も腱から骨化する膜性骨である．
2) 恥骨は両生類や爬虫類で出現する前烏口骨と相同骨であるが，前烏口骨は哺乳類や鳥類では肩甲骨と癒着するので表中の数字では示されない．

示される相同の骨によって対照的に構成される．

　前肢帯（pectoral girdle）を構成する骨は基本的には肩甲骨（scapula），鎖骨（clavicle）および烏口骨（coracoid）であるが，家畜では肩甲骨だけがよく発達し，鎖骨と烏口骨は退化する．鎖骨は上腕頭筋の中に腱条（鎖骨画）として，烏口骨は肩甲骨関節上結節の内縁に烏口突起としてそれぞれ痕跡を認める．しかし，哺乳類の中でも前肢を自由に動かすヒト，サル，モグラ，コウモリなどでは鎖骨がよく発達し，ウサギでも退化しかかった鎖骨が存在する．

　家畜の肩甲骨は図IV-10に示すようによく発達した幅広い三角形の扁平骨として胸郭側壁に接して存在する．肩甲骨は背柱や胸部骨格とは関節結合せず，前肢帯の強力な骨格筋が体幹と肩甲骨に広く付着することによって保定されている．鳥類の前肢帯は肩甲骨，鎖骨および烏口骨からなり，胸骨とともに前肢帯筋の付着点を提供している．肩甲骨は細くて薄い扁平骨で，家畜のものよりかなり発達が悪い．鎖骨は両側遠位端が合体してV字形の癒合鎖骨（furcula）をつくる．烏口骨はよく発達した棒状の骨で，上腕骨と関節して飛行運動に適応した強靱な骨格をつくっている．自由前肢骨は後肢骨と全く同規骨で組み立てられており，体軸に近い方から第1～第3節に区分される．第1節は上腕骨格，第2節は前腕骨格（橈骨＋尺骨），そして第3節は手骨格（手根骨＋中手骨＋指骨）である．

6) 後　肢　骨

　後肢帯（pelvic girdle）は腸骨（ilium），恥骨（pubis）および坐骨（ischium）からなり，3つの骨が軟骨結合（後に骨化）して左右対称の寛骨（hip bone）をつくる．家畜では両側の寛骨が腹側正中位で線維軟骨結合し，さらに背側では仙骨と関節結合して閉鎖性骨盤（pelvis）を

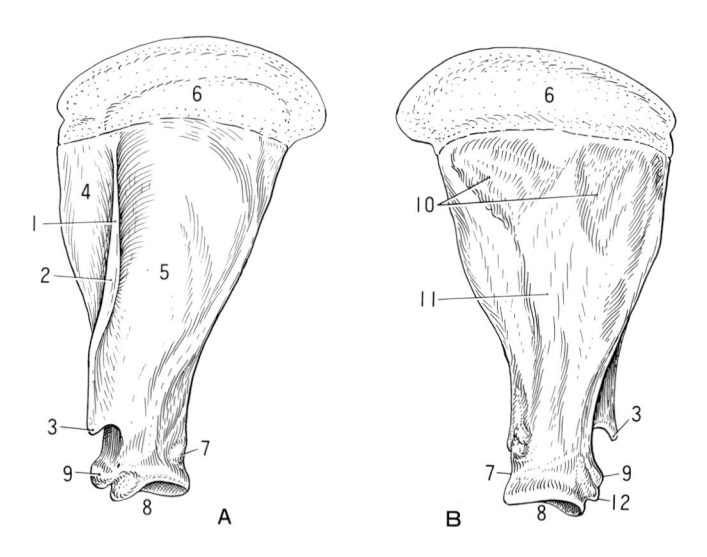

図IV-10 牛の肩甲骨
A：外側面，B：肋骨面，1：肩甲棘，2：肩甲棘結節，3：肩峰，4：棘上窩，5：棘下窩，6：肩甲軟骨，7：肩甲頚，8：関節窩，9：関節上結節，10：鋸筋面，11：肩甲下窩，12：烏口突起

つくる（図IV-11）。骨盤の発達には性差がみられる。一般に雌の骨盤は妊娠，分娩のために雄よりも広い骨盤腔を持ち，骨盤の出入口も大きく傾斜角度に違いがみられる。

　寛骨には殿筋を初めとする強大な後肢帯筋が付着しており，そのための突起や筋線がよく発

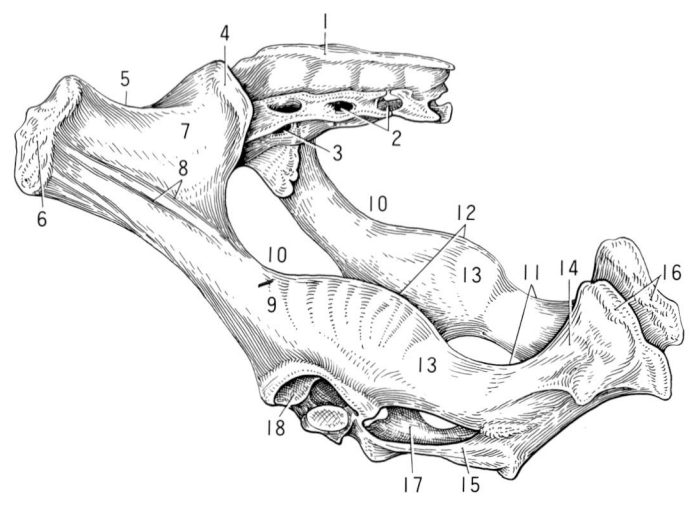

図IV-11 牛の骨盤
1：正中仙骨稜，2：背側仙骨孔，3：腹側仙骨孔，4：仙結節，5：腸骨稜，6：寛結節，7：腸骨翼，8：殿筋線，9：腸骨体，10：大坐骨切痕，11：小坐骨切痕，12：坐骨棘，13：坐骨体，14：坐骨板，15：坐骨枝，16：坐骨結節，17：閉鎖孔，18：寛骨臼窩

達している．特に腸骨前方では広く板状に発達した腸骨翼がみられ，その外縁には稜，粗面，結節などが発達して後肢運動のための骨格筋に付着面を与えている．寛骨を構成する前記3骨は寛骨臼（acetabulum）で会合して大腿骨と関節する．

　鳥類の後肢帯は左右の寛骨が背側で複合仙骨と結合して堅固な腰部骨格をつくり，腹側正中位では恥骨，坐骨とも会合しない開放性骨盤をつくる．

　自由後肢骨は前肢骨と同様に第1～第3節に区分され，第1節は大腿骨格，第2節は下腿骨格（脛骨＋腓骨），そして第3節は足骨格（足根骨＋中足骨＋趾骨）である．

（4）歩　行　様　式

　前，後肢の軸は進化の過程で体幹を地面から持ち上げ，歩行するために体軸から直角方向に転位して伸長し，前肢は回外的に，後肢は回内的に回転する．しかし，前肢が肢端で再び回内的に前方へ回転する結果，前，後肢の肢軸が一致するようになる．前肢の回転は上腕骨の捻れや橈骨と尺骨の位置関係に現れている．

　哺乳類の歩行様式には図IV-12に示すような3つの型がある．

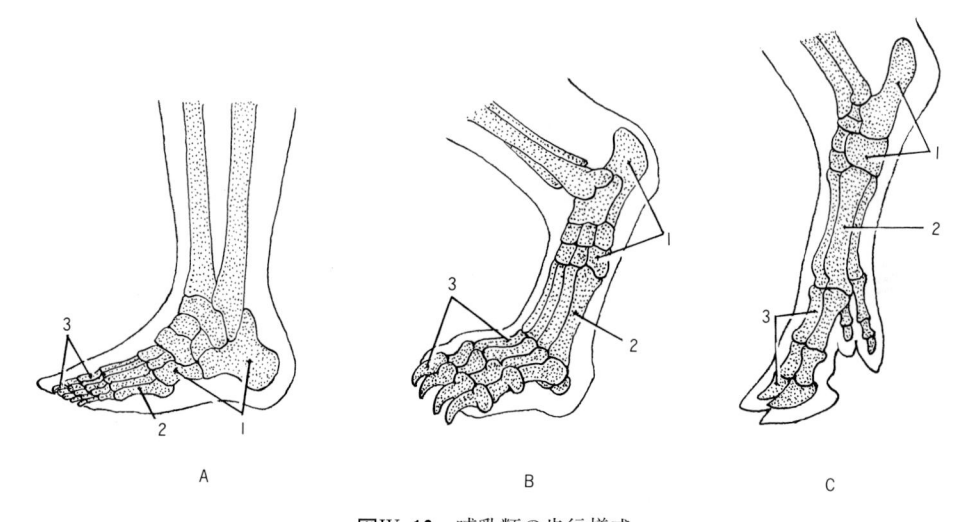

図IV-12　哺乳類の歩行様式
A：蹠行型，B：趾行型，C：蹄行型，1：足根骨，2：中足骨，3：趾骨

　蹠行型：体重を支えるために第3節の構成骨がすべて着地し，肢端の着地面積を広げる型（ヒト，サル，クマ，ウサギの後肢）．

　趾行型：敏速に走ったり自在に方向転換をするために適応し，第3節の趾（指）骨だけを着地させて踵（カカト＝足根骨）と蹠（アシウラ＝中足骨）を地面から浮かせる型（犬，猫の四肢，ウサギの前肢）．

　蹄行型：疾走に適応して第3節の趾（指）骨先端（末節骨）だけを着地させる型（牛，馬，豚，

山羊).

　有用な家畜（有蹄類）の歩行様式はすべて蹄行型である．元来，これらの動物は行動半径が広く，草を求めて遠く移動するとともに外敵から逃れるための速力を身につけている一方，敏速な方向転換が難しい欠点を持っている．一般に有蹄類では走行を容易にするため第1節と第2節骨格を起立させて振子運動を活発にする．また，速力を得るためには第1節を短く太く，第

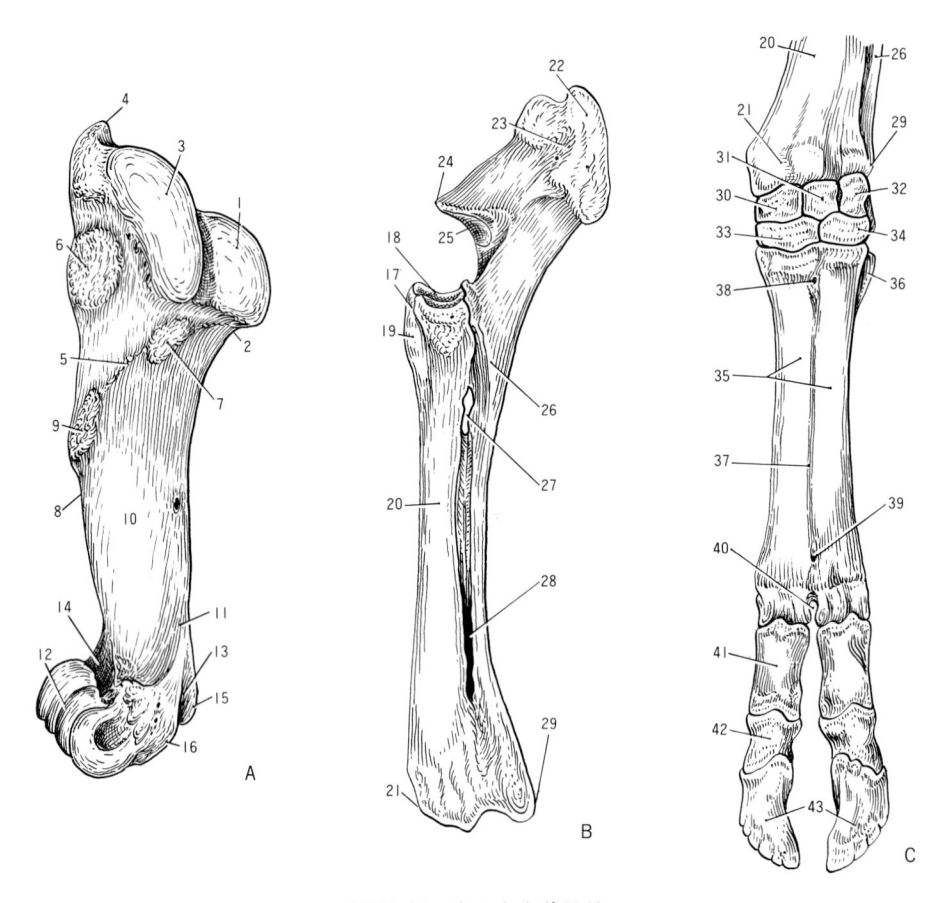

図IV-13　牛の自由前肢骨

A：上腕骨（左，外側面），B：前腕骨（左，外側面），C：肢端骨格（左，背側面），1：上腕骨頭，2：上腕骨頸，3：大結節前部，4：同，後部，5：大結節稜，6：棘下筋面，7：小円筋粗面，8：上腕骨稜，9：三角筋粗面，10：上腕筋溝，11：外側顆上稜，12：上腕骨滑車，13：肘頭窩，14：鉤突窩，15：内側上顆，16：外側上顆，17：橈骨頭，18：橈骨頭窩，19：橈骨粗面，20：橈骨（体），21：茎状突起（内側），22：尺骨肘頭，23：肘頭隆起，24：肘突起，25：滑車切痕，26：尺骨（体），27：近位前腕骨間隙，28：遠位前腕骨間隙，29：茎状突起（尺骨頭），30：橈側手根骨（舟状骨），31：中間手根骨（月状骨），32：尺側手根骨（三角骨），33：第二，三手根骨（小菱形有頭骨），34：第四手根骨（有鉤骨），35：第三・四中手骨（管骨），36：第五中手骨，37：背側縦溝，38：近位中手管，39：遠位中手管，40：滑車間切痕，41：基節骨（繋骨），42：中節骨（冠骨），43：末節骨（蹄骨）

IV. 運 動 器 官

2節以下を長くし，さらに第3節を構成する3つの趾（指）骨も起立して運動を効果的にし，加速という大目的に向かって進化した結果が現在の有蹄類の体型になったものと推察される．その過程には指数の減少がみられ，体幹を支える肢軸の違いから奇蹄類と偶蹄類が生ずることになる．

　肢骨には姿勢保持や運動に関与する強力な骨格筋を付着させるために種々の突起や粗面が発達する．牛の主要な自由前，後肢骨の外部形態を図IV-13, 14に示す．

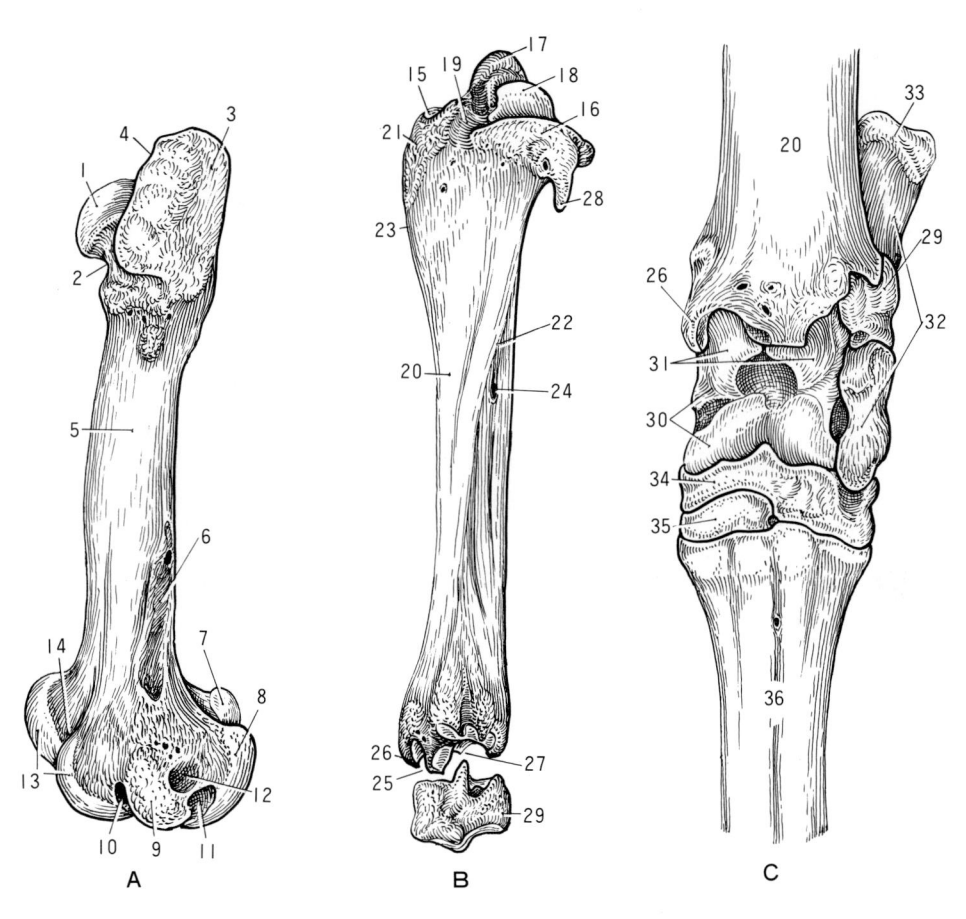

図IV-14　牛の自由後肢骨
A：大腿骨（左，外側面），B：下腿骨（左，外側面），C：足根骨（左，背側面），1：大腿骨頭，2：大腿骨頚，3：大転子，4：転子切痕，5：大腿骨（体），6：顆上窩，7：内側顆，8：外側顆，9：外側上顆，10：伸筋窩，11：膝窩筋窩，12：靱帯付着点，13：大腿骨滑車，14：滑車溝，15：（脛骨）内側顆，16：外側顆，17：内側顆間結節，18：外側顆間結節，19：伸筋溝，20：脛骨（体），21：脛骨粗面，22：膝窩筋線，23：前縁，24：栄養孔，25：脛骨螺旋，26：内果，27：果骨との関節面，28：腓骨，29：果骨，30：距骨，31：距骨滑車，32：踵骨，33：踵骨隆起，34：中心第四足根骨（角状立方骨），35：第二・三足根骨（中間外側楔状骨），36：第三・四中足骨

3. 関　　　節

(1) 骨の連結方法

　骨はお互いに連結して骨格を組み立てる．その連結の方法には不動結合(synarthrosis)と可動結合（diarthrosis）の2つがあり，両者を合わせて広義の関節(articulation) という．
　不動結合には線維性関節（fibrous articulation）と軟骨性関節（cartilaginous articulation）の2種類があり，可動結合には滑膜性関節（synovial articulation）がある．

1) 線維性関節

　結合組織によって連結される関節で，運動は著しく制限される．その代表的な例は頭蓋にみられる縫合(sutura)で，幼若個体では縫合関節部でさかんに成長し運動も可能であるが，老齢化とともに骨化して不動結合となる．肢骨間にみられる靱帯結合（syndesmosis）や歯根と歯槽間にみられる釘植（gomphosis）も同様に線維性関節である．

2) 軟骨性関節

　軟骨組織によって連結されるもので，長骨の骨端軟骨結合（synchondrosis）もその一例である．この関節は老齢化とともに骨結合（synostosis）することが多いが，椎骨間，下顎骨間，舌骨間あるいは骨盤腹側の坐骨間関節では終生骨化せず，結合組織と軟骨組織が組み合わさった線維軟骨結合（symphysis）を維持する．

3) 滑膜性関節

　複数の骨が滑液を含んだ関節腔を介して連結する可動的な関節で，運動範囲が広い．この滑膜性関節を一般に狭義の関節(joint)といっている．この関節には形態的にも機能的にも多くの種類がある．

(2) 関節（狭義）の分類

　可動的な関節はまず参加する骨の数によって単関節（2骨間）と複関節（3骨以上）に分けられ，さらに運動軸の数によって次のように分類される．
　　一軸性関節（mono-axial joint）
　　二軸性関節（di-axial joint）
　　三軸性関節（tri-axial joint）
また，関節の形態によって次のように分類される．

平面関節 (plane joint)
球〔臼状〕関節 (spheroidal joint)
楕円関節 (ellipsoidal joint)
蝶番関節 (hinge joint, ginglymus)
顆状関節 (condylar joint)
車軸関節 (pivot joint)
鞍関節 (saddle joint)

(3) 関節の構造

　関節の基本的な構造を図IV-15に示す．滑膜性関節は関節腔 (joint cavity) を介して関節頭 (convex) と関節窩 (concave) が対面し，両骨端は関節軟骨 (articular cartilage) によっておおわれている．関節頭をおおう軟骨は中央部で厚くなるが，関節窩をおおう軟骨は周辺部で厚い．関節軟骨には血管も神経も分布せず，栄養は主として滑液や周辺の組織液から拡散によって補給される．大きな関節では関節窩の縁から軟骨がせり出して関節唇 (glenoid lips) をつくり，運動面を拡大している．

図IV-15　関節の基本構造（股関節，半模式図）
1：関節腔，2：関節頭，3：関節窩，4：関節軟骨，5：関節唇，6：関節包（線維膜），7：滑膜，8：関節頭靱帯，9：骨膜

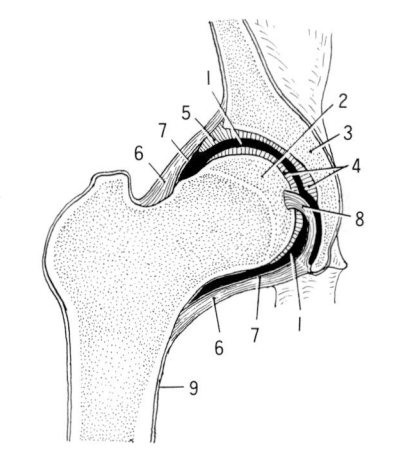

　関節の外表面には関節包 (joint capsule) が発達するが，関節包の構造は外層の強靱な線維膜 (fibrous membrane) と内層の滑液を含む滑膜 (synovial membrane) に区別される．線維膜は骨膜と連続し靱帯や腱に移行する．滑膜は血管，神経に富み，しばしばヒダをつくって関節半月 (menisci) や関節円板 (discs) になったり，関節外に膨出して筋や腱の下で滑液包をつくる．関節包の内外には靱帯 (ligament) が発達して関節を補強する．

(4) 体各部での骨の連結

　軸性骨格の中で，頭蓋を構成する骨の連結はほとんど縫合による不動結合であるが，一部に軟骨結合がみられる．また，側頭骨と舌骨間の関節や下顎間関節も終生骨化せず，線維軟骨で連結される．顎関節は可動結合（鞍関節）で，よく発達した関節包，靱帯がみられる．

　脊柱と胸郭の関節は，まず頭蓋と第1頚椎間の環椎後頭関節から始まり，環軸関節，椎間関節，肋椎関節，胸肋関節などがその主要なもので，いずれもよく発達した関節包や靱帯で補強されている．椎間関節（平面関節）は各椎骨の関節突起によってつくられるが，隣接する2椎体間には図IV-16に示すような線維軟骨からなる椎間円板（intervertebrate discs）が介在する．椎間円板の中央部には脊索の遺残である髄核（nucleus pulposus）があり，その周縁を結合組織性の線維輪（anulus fibrosus）が囲んでいる．脊柱背側では項靱帯（nuchal ligament）がよく発達する．項靱帯は項索と2枚の項板からなり，後方は棘上靱帯となって棘突起遊離端を連結する．

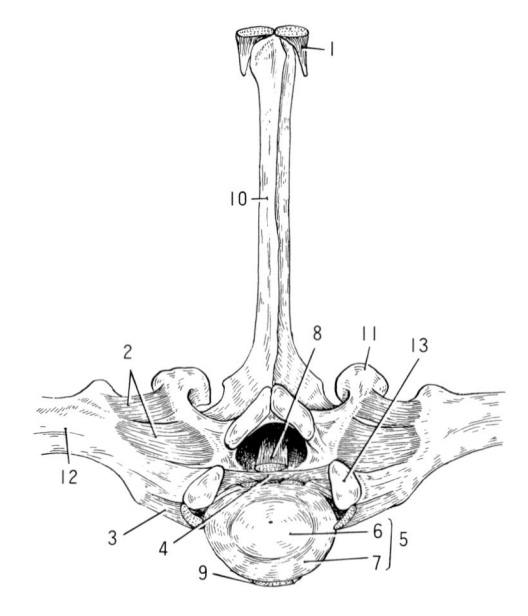

図IV-16 肋骨と胸椎の連結（牛の第6胸椎前面）
1：棘上靱帯，2：肋横突靱帯，3：放射状肋骨靱帯，4：肋骨頭間靱帯，5：椎間円板，6：髄核，7：線維輪，8：背側縦靱帯，9：腹側縦靱帯，10：棘突起，11：横突起，12：肋骨，13：肋骨頭

　付属（属性）骨格をつくる関節の多くは前，後肢で相同的に構成されるが，後肢特有の関節に仙腸関節と骨盤結合がある．また，この部位には骨盤を補強するために強大な靱帯も発達す

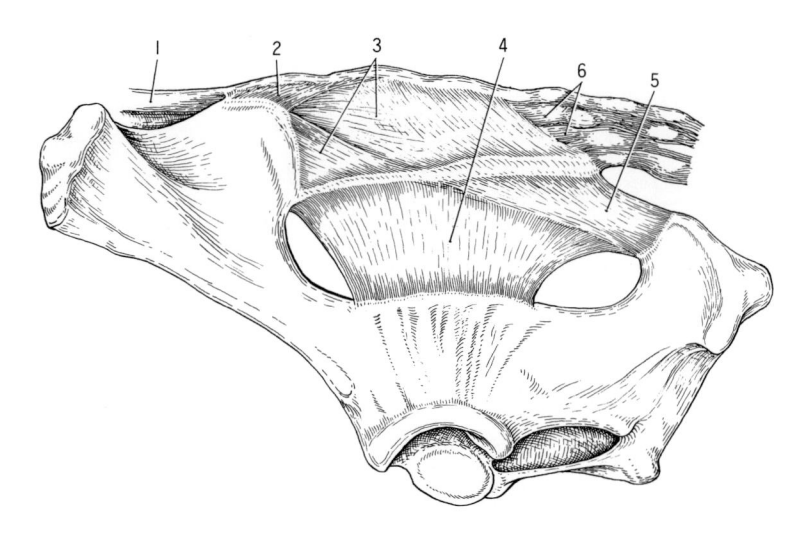

図IV-17 牛の骨盤の靱帯（外側面）
1：棘上靱帯，2：背側仙腸靱帯索状部，3：同，膜部，4：広仙結節靱帯仙棘部，5：同，仙結節部，6：背側仙尾筋

る（図IV-17）．

　前肢と後肢で相同的な関節は，肩関節と股関節，肘関節と膝関節，橈尺関節と脛腓関節，手の関節と足の関節である．いずれの関節にも多くの靱帯が付着し関節を保定している．その代表的な例として，牛の膝関節の靱帯を図IV-18に示す．

4．筋

　筋は収縮するために特別に分化した細胞が集まって組織を構成したもので，体の移動や内臓の運動を起こす能動的な運動器官である．

(1) 筋 の 分 類

　筋には骨格筋（skeletal muscle），心筋（cardiac muscle）および平滑筋（smooth muscle）の3種類があり，それぞれ次のような特徴を有する．

1) 骨 格 筋

　軸性骨格に付着して主に脊柱の運動に関係する体軸筋と，付属骨格に付着して主に体の移動を行う肢筋群に大別され，両者とも脳脊髄神経支配下にあって随意的に運動する．前者は中胚葉体節の筋板と側板から発生し，後者は筋板下端の筋芽細胞から発生する．

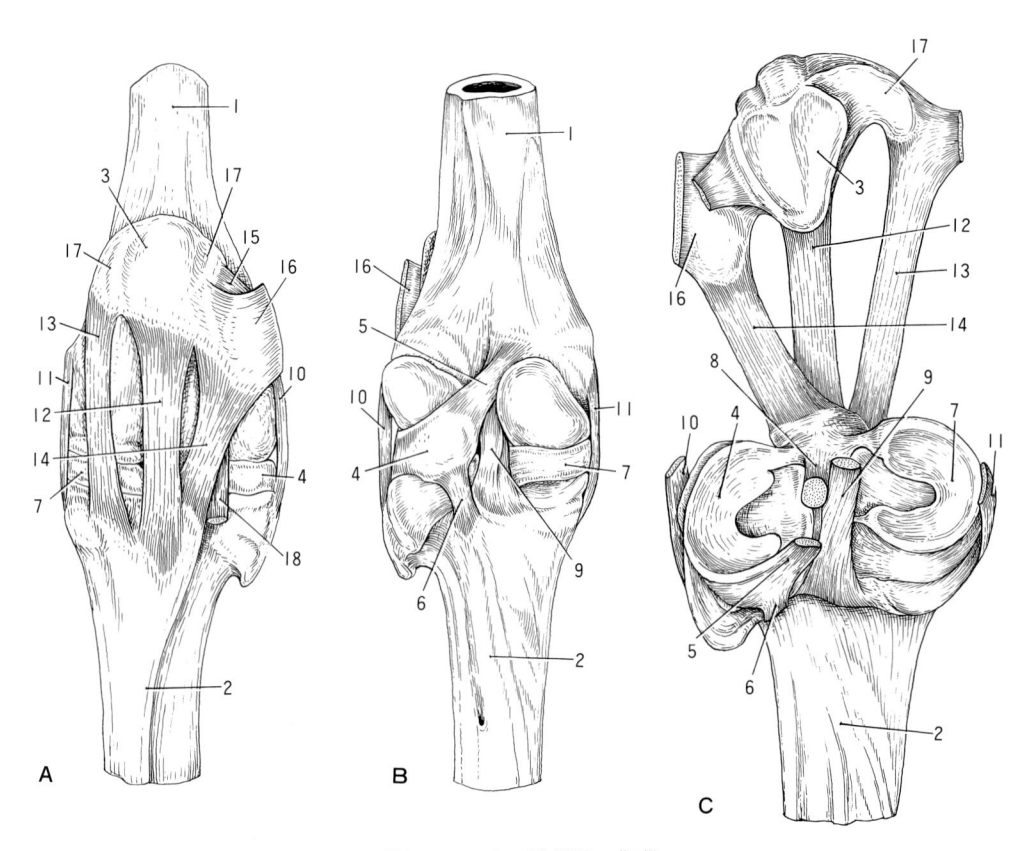

図IV-18 牛の膝関節の靱帯
A：前面，B：後面，C：後面（大腿骨を除く），1：大腿骨，2：脛骨，3：膝蓋骨，4：外側半月，5：半月大腿靱帯，6：半月脛骨靱帯，7：内側半月，8：前十字靱帯，9：後十字靱帯，10：外側側副靱帯，11：内側側副靱帯，12：中間膝蓋靱帯，13：内側膝蓋靱帯，14：外側膝蓋靱帯，15：外側大腿膝蓋靱帯，16：大腿四頭筋腱，17：膝蓋旁（線維）軟骨，18：長趾伸筋腱

2）心　　　筋

心臓を構成する筋組織で，間葉性筋芽細胞から発生する．筋線維に横紋を有するが，自律神経支配下にあって運動は不随意的である．

3）平　滑　筋

内臓管や血管の壁を構成する筋組織で，間葉性筋芽細胞から発生する．筋線維の配列は不規則で横紋がみられず，自律神経支配を受けて不随意的に運動する．

　系統解剖学では筋学は骨格筋だけを取り扱う．畜産業で食肉に供する筋はすべてこの骨格筋

で精肉といわれ，その量は屠体重量の約半量を占める．

(2) 筋の基本形と命名法

筋は直径 10～100 μm の多数の筋細胞が集まって筋組織をつくり，5～10 cm あるいはそれ以上の長さの筋束になって両端は腱に移行する．中央部は筋膜におおわれた筋腹をつくり，両端は筋頭（起始）と筋尾（終止）となってそれぞれ腱膜でおおわれている．筋の原型は紡錘状であるが，腱や腱膜との結合状態，筋の作用や形などを基準にして次のような命名法が用いられる．

1) 腱や腱膜との結合状態による命名（図IV-19）

帯状筋，紡錘状筋，半羽状筋，羽状筋，多羽状筋，方形筋，三角状筋，扁平筋，二腹筋，多腹筋，二頭筋，三頭筋，四頭筋，鋸筋，多裂筋

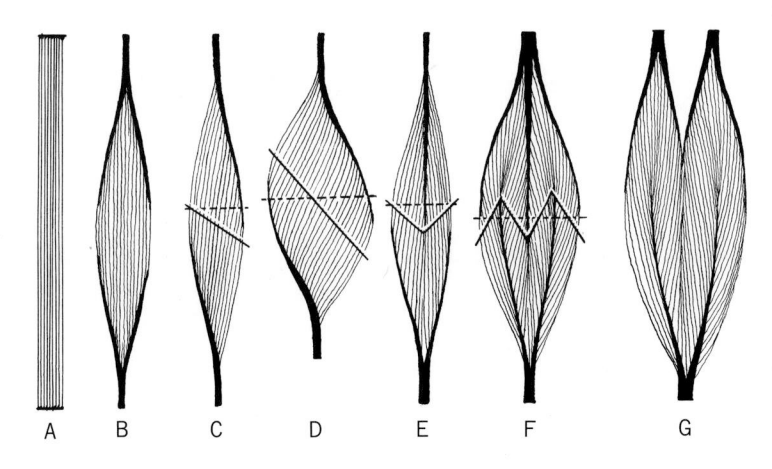

図IV-19 腱または腱膜の結合状態による筋の命名（模式図）
A：帯状筋，B：紡錘状筋，C：半羽状筋（伸張時），D：同（収縮時），E：羽状筋，F：多羽状筋，G：二頭筋，点線：解剖学的横断面，実線：生理学的横断面

2) 筋の作用による命名

屈筋，伸筋，内転筋，外転筋，回内筋，回外筋，散大筋，括約筋，張筋，下制筋，挙筋，前引筋，後引筋

3) 筋の形による命名

長筋，最長筋，短筋，広筋，最広筋，円筋，輪筋，三角筋，菱形筋，梨状筋，僧帽筋
筋の収縮力は筋束の横断面積に比例して腱の長さに反比例する．筋束の横断面には図IV-19

に示すように解剖学的横断面と生理学的横断面があり，収縮力は生理学的横断面が大きい筋ほど強くなる．

筋束をおおう筋膜は結合組織からなり，最表層の筋上膜から筋組織内部に向かって筋周膜や筋内膜を出して支質をつくるが，その量や分布状態は同時に脂肪組織の介入や腱膜の結合状態とともに肉質の判定上重要な決定要因となる．

家畜には約250種類の骨格筋が存在する．牛体の表層にみられる骨格筋を図IV-20に示す．骨格筋はほとんど骨に付着するが，少数の筋は皮膚や関節包に付着する．

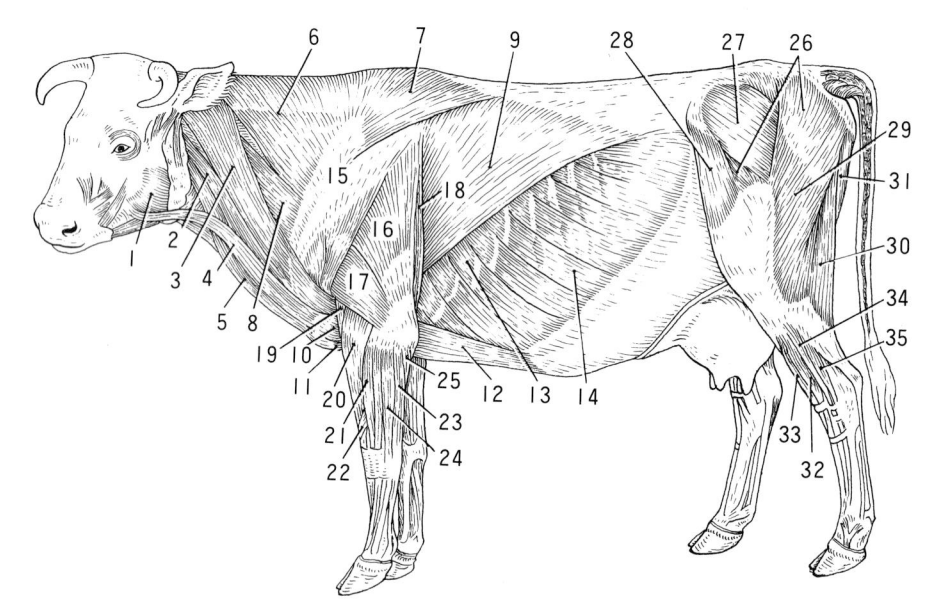

図IV-20　牛の体表の筋

1：咬筋，2：鎖骨頭筋乳突部，3：同，後頭部，4：胸骨頭筋下顎部，5：同，乳突部，6：僧帽筋頚部，7：同，胸部，8：肩甲横突筋，9：広背筋，10：浅胸筋（下行胸筋），11：同（横行胸筋），12：深胸筋，13：胸腹鋸筋，14：外腹斜筋，15：三角筋，16：上腕三頭筋長頭，17：同，外側頭，18：前腕筋膜張筋，19：上腕筋，20：橈側手根伸筋，21：総指伸筋，22：斜手根伸筋，23：尺側手根伸筋，24：外側指伸筋，25：深指屈筋尺骨頭，26：浅殿筋，27：中殿筋，28：大腿筋膜張筋，29：大腿二頭筋前枝，30：同，後枝，31：半腱様筋，32：長趾伸筋，33：第三腓骨筋，34：長腓骨筋，35：外側趾伸筋

（3）体軸筋と肢筋

骨格筋の発生はまず各体節ごとに筋節ができ，脊柱に沿って規則正しい層板状配列をする．その基本的な配列は魚類でみられる．魚肉は前後に並ぶ筋節の間に結合組織性の筋板中隔が介在し，さらに胴から尾端にかけて各筋節の中央部を結んで水平筋板中隔が脊柱に沿って走る．

家畜でも各椎骨の横突起を結んで水平筋板中隔ができ，体軸筋はそれより上位の軸上筋

(epaxial muscle) と下位の軸下筋 (hypaxial muscle) に大別される．機能的には両側の体軸筋が同時に運動して脊柱を起立させたり跳躍運動や姿勢保持の原動力になる．また，交互に収縮することによってムチ運動を起こす．牛の体軸筋を図IV-21に示す．

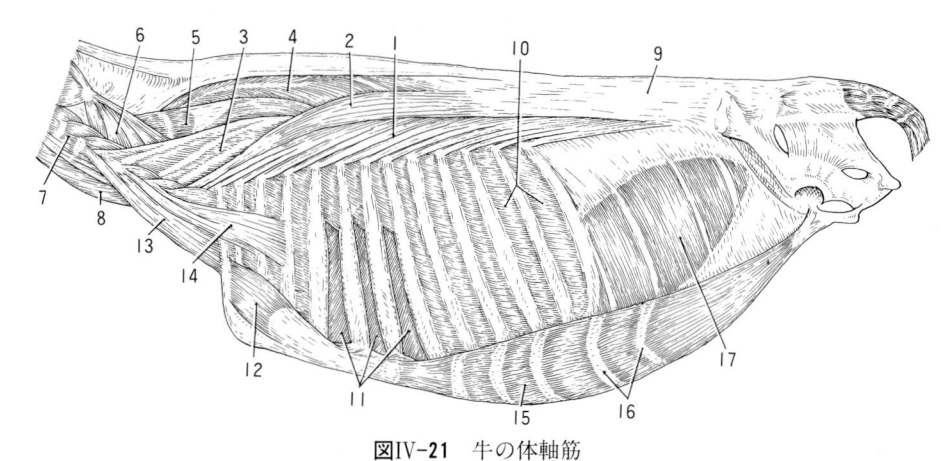

図IV-21 牛の体軸筋
1：胸腸肋筋，2：胸最長筋，3：頸最長筋，4：胸棘筋，5：頸半棘筋，6：頸多裂筋，7：横突間筋，8：頸長筋，9：胸腰筋膜，10：外肋間筋，11：内肋間筋，12：胸直筋，13：腹斜角筋，14：背斜角筋，15：腹直筋，16：腱画，17：腹横筋

1) 軸 上 筋

この筋系は基本的に脊柱を伸ばす機能を持っており，脊髄神経背枝の神経支配を受ける．家畜の軸上筋は外側部の腸肋筋系，中央部の最長筋系，内側部の棘および半棘筋系の3筋群に分けられる．食肉上，枝肉の格付で審査の対象となるロース芯は最長筋系に属する胸最長筋の横断である．

2) 軸 下 筋

この筋系は脊柱を曲げる役割を持ち，脊髄神経腹枝の神経支配を受ける．この軸下筋系も外側筋，背内側筋，腹側筋の3筋群に分けられ，特に背内側筋群は頸部や尾部の椎体腹側で短い筋束が隣接あるいは数個の椎体間を結んでよく発達する．外側筋群は胸郭や腹壁を取り囲む筋で，機能的には主として呼吸作用に関係する．腹側筋群の中で興味深い筋の1つに腹直筋がある．同筋は腹壁正中位で白線に沿ってみられる左右一対の多腹筋で，多くの原始的筋節が温存されており，筋板中隔も腱膜が広がった腱画として各筋腹間に残っている（図IV-21）．

3) 肢　　　筋

肢筋は発生初期の筋節末端から筋芽細胞が遊離して増殖し，肢芽となって出現するもので，系統発生学的には魚類の胸びれを運動させる筋が前肢筋に，腹びれを運動させる筋が後肢筋に発達する．食用に供する魚肉はほとんど体軸筋からなるが，家畜では体軸筋より肢筋の方が利用

する精肉量としては多い．

　家畜の前肢帯筋と後肢帯筋はともに強大な筋となって自由肢骨を体幹に付着させているが，食肉のうえでも前，後肢帯筋量の枝肉量に占める割合は非常に大きく質的にも上等の筋を含んでいる．一例を挙げれば後肢帯筋の中の腰筋群は最高級のヒレ肉として利用され，その中心となる筋は大腰筋である．

　自由前，後肢の筋はそれぞれ背，腹の2グループに分けられ，機能的には伸筋群と屈筋群に大別される．また，関節の運動の面からは協力筋，拮抗筋，抗重力筋，姿勢保持に働く筋を分類することも可能である．家畜の前進運動はまず後肢筋の収縮が原動力となって後肢に推進力が生じ，それが直接仙腸関節を介して脊柱に及び体幹を前方へ推進させる．一方，前肢は体幹の移動に伴って前進しながら着地するが，前肢帯筋の緩衝作用によって大地からの反動を軽減し前進運動をより効果的にする．したがって，前，後肢の運動筋を比較した場合，伸筋群は後肢でよく発達し，屈筋群は前肢で発達する傾向が強い．

(4) 抗 重 力 筋

　家畜は全体重を前，後肢で支えて姿勢を保持している．体重を支える場所は関節で，前肢で

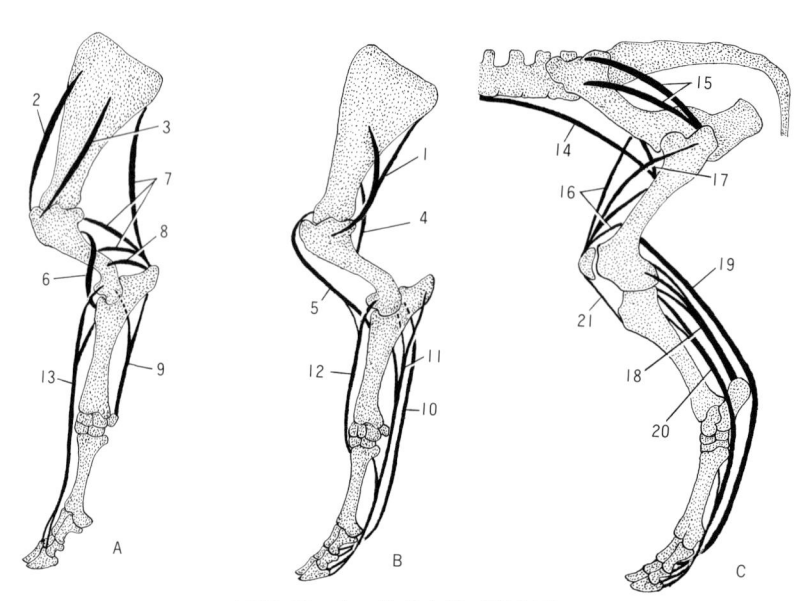

図Ⅳ-22　牛の抗重力筋（模式図）
A,B：前肢，C：後肢，1：三角筋，2：棘上筋，3：棘下筋，4：小円筋，5：上腕二頭筋，6：上腕筋，7：上腕三頭筋，8：肘筋，9：尺側手根屈筋，10：浅指屈筋，11：深指屈筋，12：橈側手根伸筋，13：総指伸筋，14：腸腰筋，15：殿筋，16：大腿四頭筋，17：恥骨筋，18：下腿三頭筋，19：浅趾屈筋，20：深趾屈筋，21：膝蓋靱帯

は肩関節と肘関節，後肢では股関節と膝関節がその主要な部位である．これらの関節では一定の角度で中間位固定を保ち続ける必要があり，機能的に相反する2つの拮抗筋群が持続的に緊張しながら静止している．牛の抗重力筋を図IV-22に示す．

1) 前肢の抗重力筋

肩関節を伸ばす筋には上腕二頭筋，棘上筋，棘下筋があり，屈する筋としては上腕三頭筋，三角筋，小円筋，烏口腕筋がある．これらの筋はいずれも腱質を多く含むのが特徴で，収縮のためのエネルギーを少なくして疲労しないように工夫している．肘関節を伸ばす筋としては，上腕三頭筋を初め肘筋，前腕筋膜張筋があり，屈する筋には上腕二頭筋，上腕筋，橈側手根伸筋がある．この他に手関節や指関節を運動させる筋も協力して抗重力的に働いている．

2) 後肢の抗重力筋

大家畜の股関節では骨盤軸と大腿骨軸との間で約90度の傾斜角度を保ちながら姿勢を保持している．この姿勢保持には腸腰筋と恥骨筋が屈筋として，殿筋が伸筋としてそれぞれ拮抗的に働いている．さらにこれらの筋は抗重力以外に前進，跳躍など本来の体重移動にも重要な働きをしている．

膝関節はその構成に膝蓋骨も加わって複合関節となり股関節よりさらに大きな角度(135〜145度)で保定され，同時に本来の屈伸運動も行われている．この関節を伸ばす筋は大腿四頭筋で，それに拮抗する筋は下腿三頭筋と浅趾屈筋である．

(5) 赤色筋と白色筋

骨格筋細胞は他の細胞と同様に豊富な細胞小器官と副形質を持っている．特に収縮機能の本源である筋原線維がよく発達しており，それが運動神経からの刺激を受けて収縮することによって運動を起こす．

下等な脊椎動物の骨格筋は支配する運動神経線維の相違で生理学的に遅筋と速筋に分けられ，それらは肉眼で識別される赤色筋と白色筋にほぼ一致する．しかし，鳥類や哺乳類の赤色筋と白色筋は一義的に決まるものではなく，筋収縮のエネルギー供給に関連してそれぞれ複雑な構造と機能を持っている．概説すれば赤色筋は持続的な活動を長時間行い，生理学的に疲労しにくい筋で，その細胞内にはミトコンドリアを多く含むのが特徴である．したがって，運動のためのエネルギー生産には酸化的解糖経路をたどって脂肪酸や乳酸を利用し得る．それに対して白色筋は急激な運動を行って生理的には疲労しやすい筋であり，その細胞内にはグリコーゲンを多く含みミトコンドリアは少ないのが特徴である．したがって，白色筋は嫌気的解糖経路を利用してエネルギーを生産し，短時間に急激な運動を行うのに適している．

畜肉としての赤色筋と白色筋は外観上色調の差を基準にして便宜的に区別されているもの

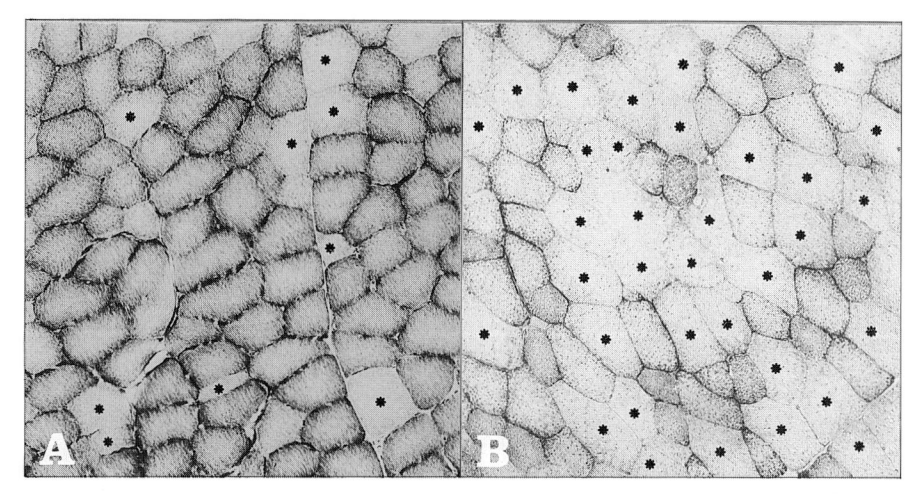

図IV-23 牛の腸骨筋（A）と胸最長筋（B）の組織像．NADH dehydrogenase 反応，×50．
白色筋線維（✱印）の占有率が AB 間で異なる．

で，両筋の違いは同じ筋束に含まれる赤色筋線維と白色筋線維の量的占有率によって大きく影響される．両筋線維の占有率は家畜の品種によっても異なることから，牛や豚では肉質改善を目的として改良が試みられている．しかし，同じ個体でも姿勢保持を行ったり長時間運動する筋には赤色筋線維が多く，短時間に急激な運動を行う筋には白色筋線維が多いことや，同一筋でも骨に近い深層の筋線維には赤色筋線維，体表面に近い浅層の筋線維には白色筋線維が多い傾向がある．例えば，牛の骨格筋で後軀深部に位置する腸骨筋(ヒレ肉の一部)，姿勢保持に働く大腿四頭筋の中でも深層にある中間広筋，上腕三頭筋の内側頭は典型的な赤色筋として挙げられる一方，白色筋は中軀から後軀にかけての胸最長筋(ロース肉の一部)，大腿外側の浅層にある大腿二頭筋や半腱様筋などがその例として挙げられる．また，運動や飼養状態の違いによっても両筋線維の占有率は変化する．牛の腸骨筋と胸最長筋の組織像を図IV-23 に示す．

V. 内　　　　臓

1. 消化器の構造と機能

　消化器（digestive organs）は体内に取り入れた飼料を咀嚼や分解など物理的・化学的処理を施して消化し，その中から体の成長や活動に必要な栄養物を吸収して不必要な残滓を排泄する作用を持っている．消化器系はそのような機能を行う器官の集まりで，消化管とその付属器官よりなる．また，消化管は食塊を通す長い管で，入口の方から口腔，咽頭，食道，胃，小腸，大腸に区分する．付属器官には口唇，歯，舌，唾液腺，肝臓，膵臓などがある．

(1) 口　　　腔

　口腔（oral cavity）は採取した飼料を収容し，唾液を混ぜ，歯を使って咀嚼するための広い腔所で，切歯骨，上顎骨，口蓋骨，下顎骨などで形づくられ，内面の壁は粘膜でおおわれる．入口は口唇，背側は口蓋，両側は頬，底部の大部分は舌で占有され，後方は少し狭くなって咽頭に続く．口を閉じたとき，口腔は歯列で境界されて内側の固有口腔と外側の前庭に分かれる．さらに前庭は口唇との間にできる隙間を唇前庭，左右の頬との間を頬前庭という（図Ⅴ-1）．

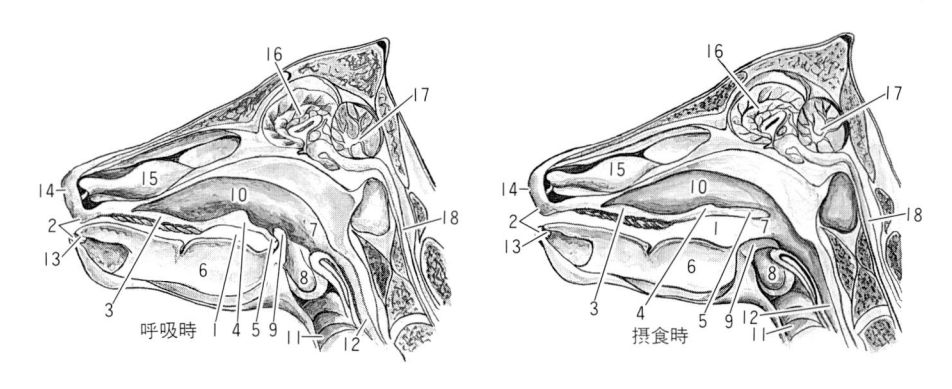

図Ⅴ-1　牛の頭部の矢状断面（左：呼吸時，右：摂食時）
1：口腔，2：口唇，3：硬口蓋，4：軟口蓋，5：口蓋帆，6：舌，7：咽頭，8：喉頭，9：喉頭蓋，10：鼻腔，11：気管，12：食道，13：切歯，14：鼻鏡，15：腹鼻甲介，16：大脳，17：小脳，18：脊髄
喉頭蓋(9)は挙上して気道を開けているが，食物が通過する際は反転して気道を塞ぎ，嚥下を容易にする

1) 口唇，口蓋，頬

　口腔の入口を形成する口唇（lip）は，筋肉性の柔らかい器官で，哺乳や採食のために発達した哺乳動物に特有の器官である．背側を上唇，腹側を下唇といい，両者は左右の口角で互いに移行（唇交連）する．口蓋は前方の硬口蓋と後方の軟口蓋に区分する．硬口蓋（hard palate）は粘膜上皮が角化し，しかも筋層がなくて粘膜が直接骨に接着するため，盤状の固い組織になっている．正中線に左右の原基の結合の跡を示す溝（正中縫線）があり，それと直角に十数枚の口蓋ヒダが発達する．軟口蓋（soft palate）は柔軟な筋膜性の隔壁で口蓋ヒダはみられない．軟口蓋の最後尾は遊離端となって口蓋帆をつくる．頬（cheek）は口腔の両側壁を構成し，筋層は厚くて伸縮性に富むので，採食時に口腔を拡大することに役立っている．牛では頬の一部に多数の角化した乳頭が密生する（図Ⅴ-2）．

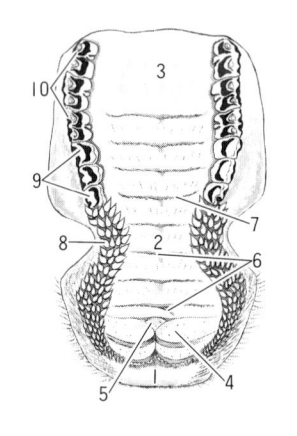

図Ⅴ-2　牛の口蓋
1：口唇，2：硬口蓋，3：軟口蓋，4：歯床板，5：切歯乳頭，6：口蓋縫線，7：口蓋ヒダ，8：頬粘膜の乳頭，9：前臼歯，10：後臼歯

2) 歯

　口腔には飼料の採取や咀嚼を助けるために数十本の歯（teeth）が発生する（図Ⅴ-3，図Ⅴ-4）．歯は上下の切歯骨や顎骨にある深い凹み，歯槽の中におさまり，膜（歯根膜）や盛り上がった筋肉（歯肉）で保定され，口腔の前方より側方にかけて歯列をつくる．歯の形は種類によって異なるが，歯槽に入っている根本の部分を歯根，表面に出ている部分を歯冠といい，両者の間のやや細くなったところは歯頚で歯肉で囲まれる．また，歯の内部には腔所があり，常に歯髄で満たされているので歯髄腔と称している．歯列を構成する歯を前方より切歯（J），犬歯（C），前臼歯（P）および後臼歯（M）に区別する（図Ⅴ-5）．切歯（incisor）は口腔の入口にあるので門歯ともいい，歯根は1本で丸くて細長い．歯冠はエナメル質におおわれて堅く，先端は薄くて鋭くなっているので食物を噛み切るのに適している．犬歯（canine）は稜柱形あるいは円錐形で歯頚のくびれはなく，歯根より歯冠に伸びる．先端は鋭くなって外側へ弯曲する．したがって上下の歯は先端で咬合せず側面で接触する．犬歯は食性や性によって形や大きさが著しく異なり，食肉類家畜で発達し，草食類家畜では貧弱である．また，一般に雄で大きく肉など固い物を噛

V. 内　臓

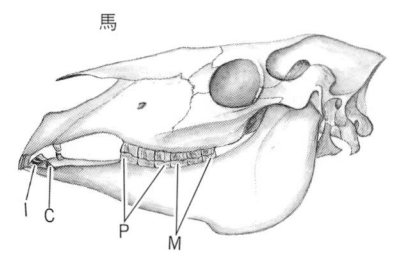

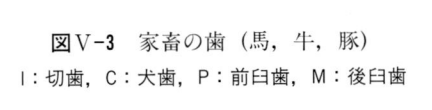

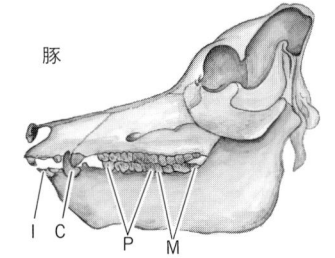

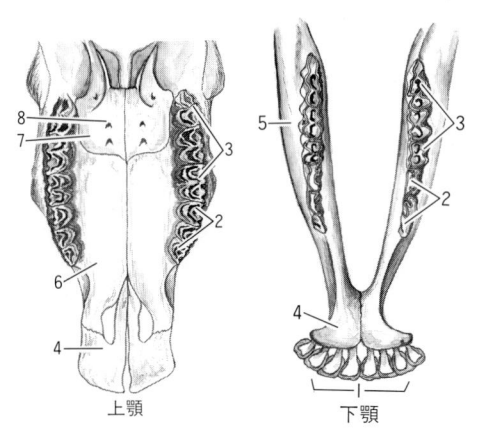

図V-3　家畜の歯（馬，牛，豚）
I：切歯，C：犬歯，P：前臼歯，M：後臼歯

図V-4　牛の歯（上顎および下顎）
1：切歯，2：前臼歯，3：後臼歯，4：切歯骨，5：下顎骨，6：上顎骨，7：口蓋骨，8：口蓋孔

図V-5　家畜の歯の比較（Ellenberger, 1943, Nikelら, 1979およびTrautmannら, 1949を改変）
A：豚の臼歯（断面），B：馬の切歯，C：馬の後臼歯（咬合面），D：豚の後臼歯，E：犬の前臼歯，F：馬の後臼歯，1：歯髄腔，2：象牙質，3：エナメル質，4：セメント質，5：歯肉，6：黒窩，7：歯冠，8：歯頸，9：歯根

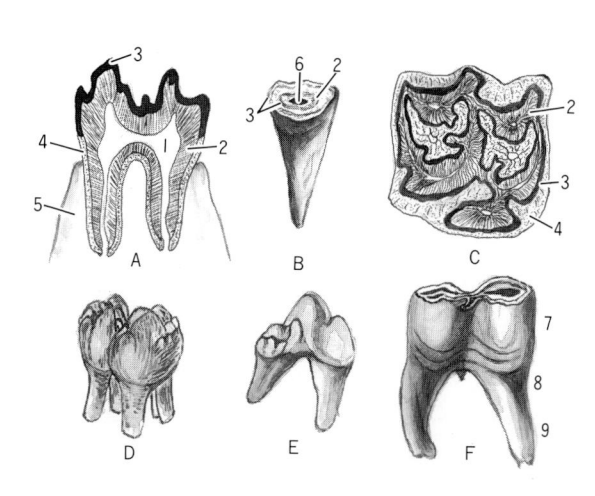

み切るのに役立つ．前および後臼歯（premolar and molar teeth）は大型で臼のような形をし，歯根も数本に分かれる．咬合面は広くて堅牢なヒダがあり，線維質の多い食物を粉砕，咀嚼するのに好都合な歯である．歯の数は，通常歯式（dental formula）で示す．下顎にある歯数を分母に，上顎にある歯数を分子に記して一側の数を書き表す．哺乳動物の基本数はJ 4/4，C 1/1，P 4/4，M 3/3 (4-1-4-3/4-1-4-3)で総数は48本であるが，下記のようにいずれの家畜でも若干減少している．

　　　雄馬　　3-1-3-3/3-1-3-3（40本）
　　　牝馬　　3-0-3-3/3-0-3-3（36本）
　　　牛　　　0-0-3-3/4-0-3-3（32本）
　　　豚　　　3-1-4-3/3-1-4-3（44本）
　　　犬　　　3-1-4-2/3-1-4-3（42本）

なお，切歯，犬歯，前臼歯は二代性歯で，最初に乳歯が生え，ある期間経過後，永久歯に生え換わる．後臼歯は一代性歯で最初から永久歯が生える．霊長類では歯は連続して生えているが，家畜では切歯と犬歯，犬歯と臼歯の間に隙間（歯槽間縁）がある．特に反芻類家畜や牝馬では犬歯がないので歯槽間縁はきわめて広い．草食の家畜では飼料中に含まれる植物線維を磨砕する必要があり，そのため臼歯がよく発達する．臼歯の咬合面には特有のエナメル質のヒダがあり，上下の運動に加えて，水平にも歯を動かして長時間かけて線維物を咀嚼する．肉食の家畜では肉を引き裂くために犬歯が大きく発達し，その先端は鋭く尖っている．また，臼歯の咬合面も凹凸が顕著である．雑食性の豚では犬歯が大きく，前臼歯も肉食型を示している．それに反して，後臼歯は咬合面が広く，明らかに草食性の歯型である．歯は発生や換歯の時期ならびに磨耗の度合いが一定しているので，家畜の年齢を推定するのに利用される．

　歯の組織構造は内側から歯髄，象牙質，エナメル質，セメント質よりなる．①歯髄（dental pulp）：歯の中央部にみられる歯髄腔を埋める赤色骨髄に似たジェリー状の特殊な結合組織．すなわち，疎網状に配列する膠原線維や歯髄細胞などの有形成分の間に多量の多糖類基質が蓄積する．歯髄は歯に栄養を供給する重要な組織で血管や神経の分布も顕著で，特に成長している歯では相対的に歯髄腔は広く歯髄も豊富である．歯髄腔の末端は狭くて管状になり（歯根尖孔），そこを通じて血管や神経が出入りする．②象牙質（dentin）：黄乳白色で歯の主要部分を占め，象牙細胞の突起であるトームズ線維を収容する多数の象牙細管と，その間を埋める基質からなる．直径40～50μmの象牙細管は歯髄腔面より外側に放射線状に配列する．基質は80％の無機質と20％の有機質よりなる．無機質は主として水酸化アパタイトで，有機質はコラーゲンである．③エナメル質（enamel）：動物体の中で最も硬い乳白色をした組織である．完成した歯では発生中にみられたエナメル細胞は消失し，ほとんどが無機質である．エナメル質の組織は，象牙質との接合面から表面に伸びる直径6～8μmのエナメル小柱とその間に存在する水酸化アパタイトの結晶よりなる．④セメント質（cementum）：淡黄色の骨に似た構造で，硬い基質中にはセメント細胞を収容する小腔と突起を入れるセメント細管がある．

3）舌

舌（tongue）は筋肉性の器官で表面は粘膜でおおわれる．家畜の舌は柔軟で可動性に富んでいるので，飼料の採取，咀嚼，嚥下運動などにおいて重要な役割を果している．舌は下顎骨の間にあって口腔底の大部分を占め，前方は切歯，後方は咽頭に及んでいる．一般に舌の先端遊離部を舌尖，基部の舌骨に付着する部分を舌根，両者の間の広い範囲を舌体，背側の口蓋に面する部分を舌背と呼んでいる．特に馬や反芻類家畜では舌背が厚く盛り上がり舌隆起をつくる（図V-6）．犬では舌背面の中央に浅い溝（舌正中溝）がある．舌の表面は平坦でなく，大小さまざまな形の乳頭が発達する（図V-7）．舌乳頭は飼料との接触面を広くし，摩擦を大きくして咀嚼を助ける．大型の乳頭の粘膜上皮には味蕾が存在し味覚を司っている．舌乳頭はその形や大きさによって葉状乳頭，有郭乳頭，茸状乳頭，糸状乳頭などに分類する．葉状乳頭は最も大きな乳頭で，馬では口蓋舌弓付近に左右各1個存在する．反芻類家畜では認めない．有郭乳頭は円形の大型乳頭で周囲に溝がある．馬や豚では2個，牛14～34個，犬4～16個で舌背に分布する．茸状乳頭はやや小型の乳頭ですべての家畜に多数みられ，特に舌尖や舌背の側縁に多い．糸状乳頭は小型で舌の全域に存在する．舌の粘膜は重層扁平上皮で場所により味蕾を含む．味蕾は味覚の終末装置で，薄い膜に包まれた20～30 μm の円形の細胞集団である．味蕾を形成する細胞には味細胞（taste cells）とそれを保定する支持細胞がある．味細胞は遊離面に味毛（taste hair）を備え，それによって採取した飼料の味質を感じ神経に連絡する．粘膜の下は豊富な横紋筋の筋層で，筋線維の間には腺や脂肪の沈着をみる．舌筋は舌固有筋と舌以外の部位に起こって舌内に終わる舌外筋よりなる．

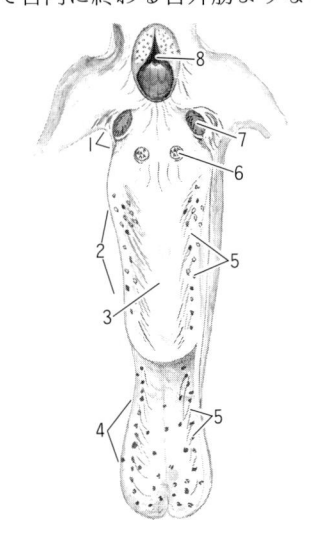

図V-6　馬の舌
1：舌根，2：舌体，3：舌隆起，4：舌尖，5：茸状乳頭，6：有郭乳頭，7：葉状乳頭，8：喉頭

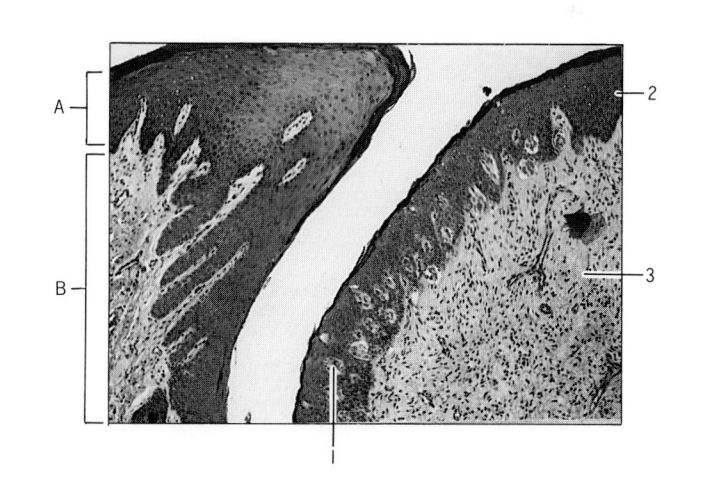

図V-7　舌乳頭（牛）
A：粘膜上皮，B：粘膜固有層，1：味蕾，2：重層扁平上皮，3：結合組織

4) 口　腔　腺

口腔内には，口腔に付属する大小の腺（口腔腺，oral glands）から絶えず唾液が分泌されており，その分泌は採取した飼料が口腔内に入ると急に盛んになる．唾液（saliva）はミューシン，糖化酵素，ミネラルなどを含んだ粘稠性のある物質で，飼料に湿り気を与え，咀嚼や消化を助けて嚥下を容易にする．口腔腺を小口腔腺と大口腔腺に分ける．小口腔腺は口腔の内面に広がる粘膜に存在する腺で，口唇腺，頬腺，口蓋腺，舌腺などがある．いずれも腺体は小さく主に粘液を分泌する．大口腔腺は口腔より離れたところに独立した大きな腺体があり，つくられた唾液は導管によって口腔に運ばれる．耳下腺，下顎腺，舌下腺，頬骨腺，眼窩下腺などの腺で，通常，唾液腺（salivary glands）と呼ばれている．各家畜における唾液腺の位置や形態は表Ｖ

表 V-1　家畜の唾液腺の構造

	位置，色調，形態	家畜による相違	腺の種類	排出管
耳下腺 parotid gland	耳の前腹部で椎骨と下顎骨の間に位置する黄褐色の葉状の腺体	馬：長方形で大きい 牛：楔形 豚：三角形で色調淡い 犬：三角形で小さい	馬：漿液腺 牛：〃 豚：〃 犬：〃	耳下腺管 腺の前縁より出て血管切痕を迂回（犬を除く）して第2臼歯付近の粘膜に開口
下顎腺 mandibular gland	耳下腺の腹方で下顎骨の後内側に位置する茶褐色の長楕円形をした腺体	馬：耳下腺より小さい 牛：耳下腺より大きい 豚：耳下腺より小さい 犬：耳下腺より大きい	馬：混合腺 牛：〃 豚：〃 犬：〃	下顎腺管 舌腹に沿って走り舌下小丘に開口
舌下腺 sublingual glands 　単孔舌下腺 　多孔舌下腺	舌下ヒダに沿って分布する細長い黄赤色の腺体	馬やウサギでは単孔舌下腺を欠く	馬：混合腺 牛，豚，犬：粘液腺と混合腺	大（単孔）舌下腺管は下顎腺管と並んで開口 小（多孔）舌下腺管は多数みられ舌下ヒダに並んで開口
頬骨腺 zygomatic gland	眼窩縁に位置 球状の腺体	犬のみ存在	犬：混合腺	1本の頬骨腺大管と3〜4本の頬骨腺小管がある 上顎最後臼歯付近の粘膜に開口
眼窩下腺 infra orbital gland	眼窩の前方に位置 灰黄色の腺体	ウサギのみ存在	ウサギ：粘液腺	眼窩下腺管 上顎第3前臼歯付近の粘膜に開口

単孔舌下腺：monostomatic sublingual gland, 多孔舌下腺：polystomatic sublingual gland

-1および図V-8に示す通りである．いずれの唾液腺も膠原線維に富む被膜で包まれ，その結合組織は血管や神経を伴って内部に入り，実質を大小の葉に分けるとともに腺の間質を形成する．腺の形態は管状胞状複合腺で分泌部と導管部よりなる．①分泌部（終末部）（secretory portion）あるいは腺房（acinus）：腺腔を取り囲んで腺細胞が胞状をなして配列する．分泌細胞には漿液細胞と粘液細胞の2種類がある．漿液細胞（serous cells）は狭い部分を腺腔に向けたピラミッド形で，常に分泌顆粒を豊富に含み，色素によく染まるのでいくぶん暗調に見える．核は円形で大きく細胞の中央に位置している．粘液細胞（mucous cells）は長方形で分泌顆粒が微細なため明るく見える．核が扁平で基底側に偏在しているのが特徴である．腺房が漿液細胞より構

V. 内 臓

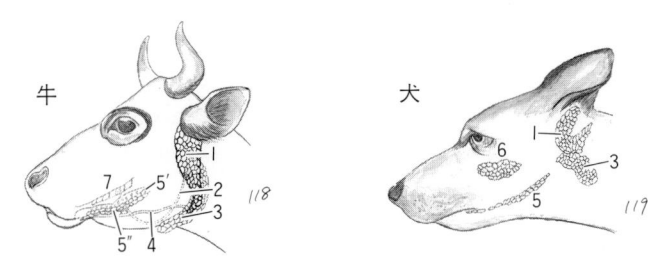

図V-8 唾液腺の分布（牛，犬）
1：耳下腺，2：耳下腺管，3：下顎腺，4：下顎腺管，5：舌下腺（5′：単孔舌下腺，5″：多孔舌下腺），6：頬骨腺，7：臼歯

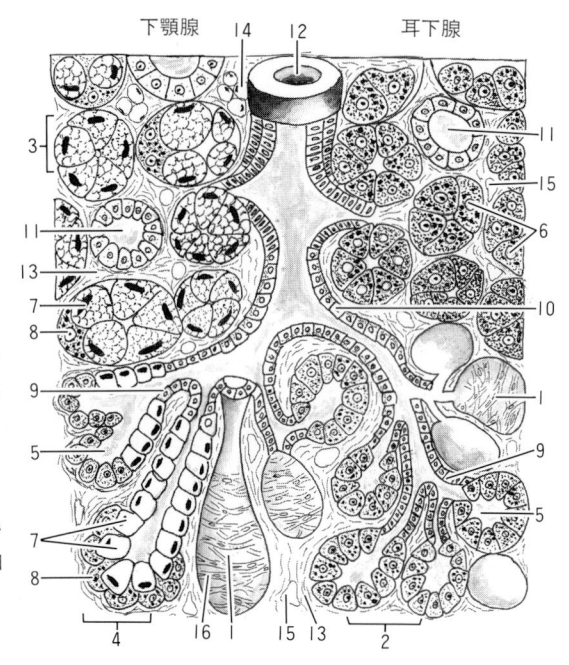

図V-9 耳下腺（右側）および下顎腺（左側）組織の模式図（Trautmanら，1949を参考にして描く）
1：分泌部，2：漿液腺，3：粘液腺，4：混合腺，5：腺腔，6：漿液細胞，7：粘液細胞，8：半月，9：介在部，10：線条部，11：小葉内導管，12：太い導管，13：間質，14：脂肪，15：血管，16：篭細胞

成される場合を漿液腺(serous glands)，粘液細胞よりなる場合を粘液腺(mucous glands)，両者が混在する場合を混合腺（mix glands）と呼んでいる．なお，同一腺房に2種類の細胞が存在するときは，粘液細胞が腺腔側に漿液細胞が基底側に位置するのが普通である．その際，漿液細胞は粘液細胞に圧迫されて半月状の形態を示す(半月，demilune)．腺房の周囲には篭細胞(basket cells) といわれる扁平な紡錘形の小さな細胞が存在する．この細胞は筋上皮系の細胞で収縮機能を具えている．多数の突起をもって互いに連結することによって腺房を網篭のように取り囲み，その収縮によって細胞からの分泌物の排出を助けるものと考えられている．②導管系（duct system）：末端の方から介在部（導管），線条部（導管），導管に区分する．介在部(intercalated portion)は分泌部に接続する導管系の最初の部分で，管腔は狭く管壁は単層の扁平上皮よりなる．線条部（striated portion）は上皮細胞に基底線条がみられることからその名がつけられている．基底線条は電子顕微鏡で観察すると基底側の細胞膜が複雑に陥入して細

の表面積を増加させる一方，多数のミトコンドリアが陥凹に沿って配列するもので，導管内を通過する唾液の中から必要な物質の再吸収が行われていることを示している．事実，腺房でつくられた唾液(一次唾液)の水分やミネラルの含有量は線条部を通過中に修飾される．なお，分泌部，介在部，線条部を合わせて腺節（adenomeres）と呼び，唾液腺の形態的ならびに機能的単位とみなしている．線条部に続く小葉内導管（intralobular ducts）は，小葉の中隔を流れる小葉間導管（interlobular ducts）に合流し，さらに小葉外導管（extralobular ducts）を経て最後には1～数本の大きな排出管（excretory ducts）にまとまって腺体を出る．管腔を取り囲む上皮は，管の拡大とともに厚くなり単層から重層上皮に，上皮細胞も立方形から丈の高い円柱形に変わる．間質の血管は細かく枝分かれして腺節を取り囲むが，特に腺房や線条部では毛細血管網をつくる．耳下腺から骨や歯のカルシウム代謝に関係する物質，パロチンが抽出され，唾液腺ホルモンと呼ばれている．また，雄マウスの下顎腺から交感神経系のニューロンの発育と分化に必須の蛋白質，神経成長因子（NGF）が抽出され，免疫組織学的方法でもその存在が証明されている（図V-9）．

(2) 咽　　　頭

咽頭（pharynx）は口腔と食道との間にある腔所であるが，前背方で鼻腔，後腹方で喉頭にも連絡するので，食管と気道との共通の腔所でもある．また，両方の管はここで交差する．喉頭の入口には基底から喉頭蓋と呼ばれる粘膜ヒダが発達する（図V-10）．喉頭蓋（epiglotis）は前下方に垂れているが，嚥下の際は反転して喉頭腔を閉鎖する．そのため食塊や水分は気道に入ることなく，その上を通過して食道に進入することができる（図V-1参照）．

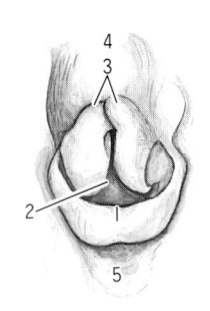

図V-10　牛の咽頭
1：喉頭蓋，2：喉頭入口，3：小角軟骨，4：食道，5：舌根

(3) 食　　　道

食道（esophagus）は食物を咽頭から胃に送るための拡張性に富んだ長い管で，頸部，胸部，腹部の3部に区分する．食道は気管と平行して走り，当初は気管の背側に位置しているが，頸部の後半から気管の左側に沿い胸腔に入る．胸部で再び気管の背側に戻り，気管の分岐部の後方で気管から離れ，横隔膜の食道裂孔を通って胃の噴門に連絡する．腹部は胃が横隔膜のすぐ後方にあるのできわめて短い．食道壁は典型的な内臓管の組織学的構造を示す．すなわち，内側より粘膜，粘膜下組織，筋層および外膜の4つの主な層からなっている（図V-12）．

V. 内　　　臓

1) 粘　　　膜

粘膜（mucous membrane）は多数の縦ヒダをつくり内腔に突出するので，食物が通らないとき管腔は比較的狭い．粘膜を次の各層に細分する．①上皮（epithelium）：重層扁平上皮よりなる．表面の角化の程度は家畜の種類により異なり，犬は非角化性であるが，馬，反芻類家畜，豚

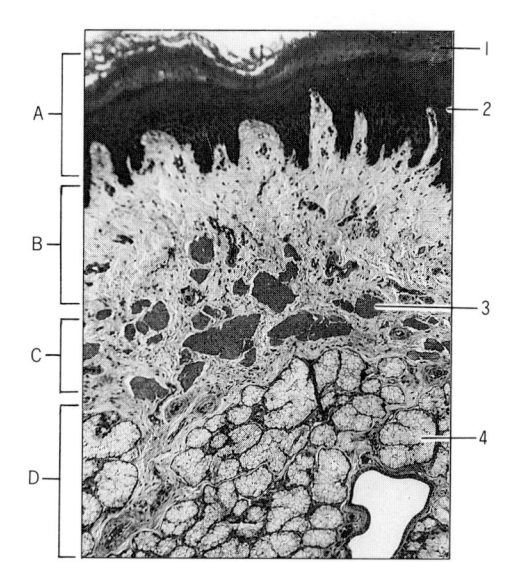

図V-11　食道の粘膜（豚）
A：粘膜上皮，B：粘膜固有層，C：粘膜筋板，D：粘膜下組織，1：角質層，2：有棘層，3：筋肉，4：食道腺

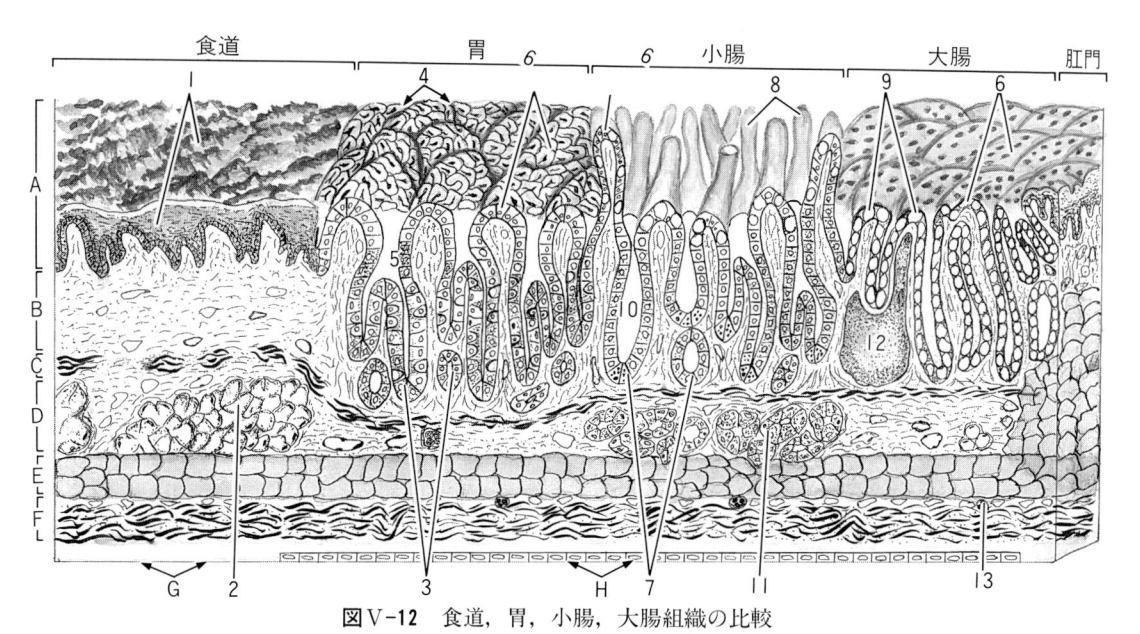

図V-12　食道，胃，小腸，大腸組織の比較
A：粘膜上皮，B：粘膜固有層，C：粘膜筋板，D：粘膜下組織，E：輪走筋層，F：縦走筋層，G：外膜，H：漿膜，1：重層扁平上皮，2：食道腺，3：胃腺，4：胃小区，5：胃小窩，6：単層円柱上皮，7：腸腺，8：腸絨毛，9：杯細胞，10：腸陰窩，11：十二指腸腺，12：リンパ小節，13：筋層間神経叢

では角化し，特に牛では高度に角化している．②粘膜固有層 (lamina propria)：細密な結合組織の線維網よりなり，ところどころで小さなリンパ結節を認める．上皮との境界では乳頭が発達する．③粘膜筋板 (lamina muscularis mucosae)：縦走する平滑筋線維よりなる．筋線維束は，一般に頚部では少なく断続的で，胃に近くなるに従い筋量が増して連続的な筋板となる．特に豚で顕著に発達する．粘膜と次の粘膜下組織は筋板をもって境界としているが，筋板がないところでは固有層より明瞭な境がなくて粘膜下組織に移行する（図V-11）．

2) 粘 膜 下 組 織

粘膜下組織 (submucosa) は主として縦走する比較的粗大な結合組織線維を交える疎性結合組織層で，太い血管，リンパ管，神経叢および腺を含む．かなり多量の弾性線維を有し，よく発達した隙間の多いこの層の存在は，筋の運動による食道壁の伸縮性，それに伴う粘膜ヒダの形成や移動性を十分に可能なものにしている．食道腺は少量の漿液性半月を混じえた粘液腺である．犬では食道の全域にみられるが，豚では前半部に，馬や反芻類家畜では咽頭と食道の連絡部のみに分布する．

3) 筋　　　　層

食道筋はきわめてよく発達し層も厚い．筋線維は反芻類家畜や犬では全長横紋筋であるが，馬では心臓の基底近くで平滑筋に代わる．豚では中部 1/3 のところで横紋筋と平滑筋が混在し，徐々に平滑筋に移行する．筋層 (muscle layer) は基本的には線維が管を取り囲んで走る内層（輪走筋層）と管に平行して走る外層（縦走筋層）の2層よりなる．しかし，食道は長いので部位によっては，内層の内側にさらに縦走する筋層があって3層を示す場合や走向が不明瞭で斜走したり，螺旋状に走っているところもある．輪走筋層は胃に近づくに従い厚くなる．

4) 外　　　　膜

外膜 (adventitia) は弾性線維に富む結合組織よりなる．ただ縦隔膜や胃横隔間膜と結合するところでは単層扁平上皮の漿膜 (serous membrane) でおおわれる．

(4) 胃

胃 (stomach) は食道と小腸の間にあって食道より送られてきた食物を貯留し，消化するための大きな嚢状の器官で，横隔膜や肝臓の後方に位置する．馬，豚，犬などは1個の嚢よりなる単胃であるが，反芻類家畜では4個の嚢よりなる複胃である．

1) 単　　　　胃

胃は一般に正中軸よりやや左寄りに位置している．胃の入口を噴門 (cardia)，出口を幽門

V. 内　　臓

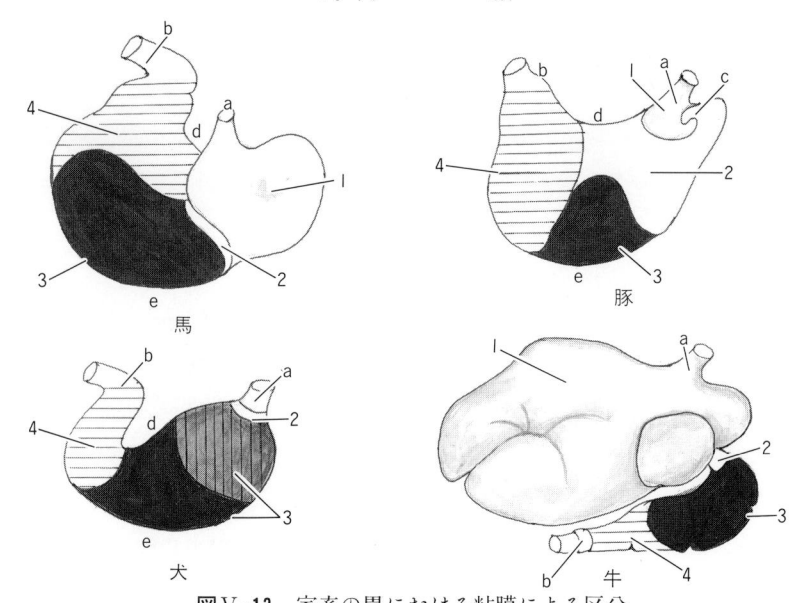

図V-13　家畜の胃における粘膜による区分
1：無腺部，2：噴門部，3：胃底部，4：幽門部，a：噴門，b：幽門，c：胃憩室，d：小弯，e：大弯

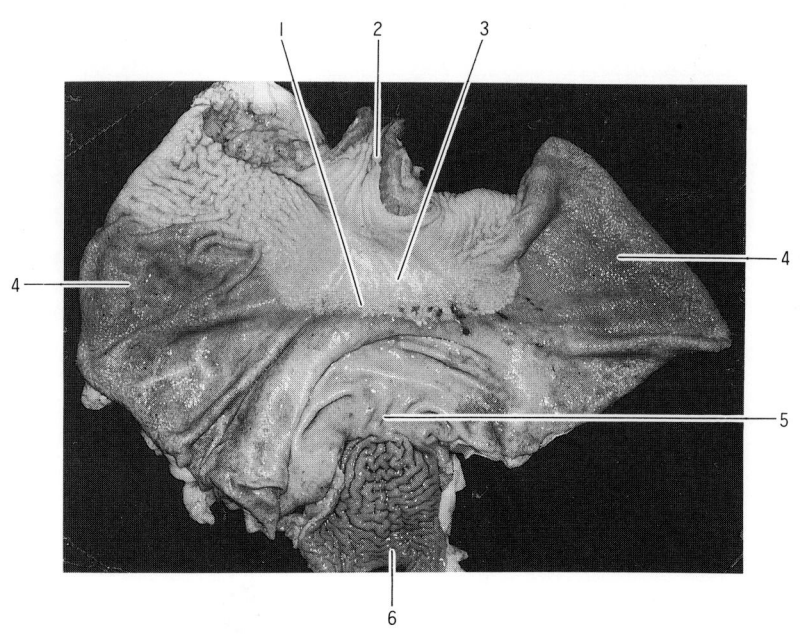

図V-14　馬の胃の粘膜表面（切開したもの）
1：噴門部，2：噴門，3：無腺部，4：胃底部，5：幽門部，6：幽門

(pylorus)，その間を胃体，特にその腹側部を胃底という．胃はU字形に弯曲しており，噴門と幽門でつくる内側の狭い弯曲を小弯，外側の広い弯曲を大弯と呼んでいる．胃の内壁は粘膜でおおわれているが，粘膜に存在する胃腺の有無や各種の腺の分布範囲によって，内壁を無腺部（前胃部）と噴門部，胃底部，幽門部の腺部に区分する（図V-13）．馬の胃は体の割に小さく，

噴門と幽門が接近しているので小弯が狭くて深く陥入し，角切痕をつくっている．無腺部は広く全体の約2/5を占める．無腺部の上皮は白色を呈し，赤褐色の腺部と肉眼でもはっきりと区別することができる．なお，両者の境界には鋸歯状のヒダが発達する．噴門部は甚だ狭く，胃底部と幽門部が残りの部分をそれぞれ分け合う形になっている（図Ⅴ-14）．豚では無腺部が噴門口より漏斗状に広がっていることと噴門部がきわめて広いことが特徴である．犬ではヒトと同様にすべて腺部よりなる．噴門部は狭く幽門部は比較的広い．胃底部は広くて前半部と後半部でやや色調を異にしている．前半部は粘膜が厚くて褐色味を帯び，後半部は薄くて暗赤色である．

　胃壁の組織は粘膜，粘膜下組織，筋層および漿膜よりなる．無腺部の粘膜上皮は食道より連続する重層扁平上皮であるが，粘膜固有層にも粘膜下組織にも腺は存在しない．腺部に入ると重層扁平上皮は急に単層円柱上皮に変わる．腺部の粘膜表面は浅い溝によって小さな区画（胃小区）に分かれる．胃小区内には多数の小さな窪み（胃小窩，gastric pits）があり，その底に胃腺が開口する．粘膜の表面をおおう丈の高い上皮細胞は，粘膜を保護する粘液様物質を分泌するので表層粘液細胞の名がある．粘膜固有層は密性の結合組織よりなり多数の胃腺やリンパ結節を認める．腺は粘膜上皮が固有層内に深く陥入し，その上皮が分泌機能を行うように分化したもので，胃小窩に続くやや細くなった部分を腺頚，腺の主体をなす中央部の広い範囲を腺体，最下部を腺底と呼ぶ．胃腺には噴門腺，胃底腺，幽門腺の3種類があり，いずれも分岐管状腺である（図Ⅴ-22）．腺は消化液を生産する外分泌細胞を主に，その間に散在する数種類の内分泌細胞を含む．噴門の近くに存在する噴門腺（cardiac glands）は，他の腺に比べて胃小窩が浅く腺底はコイル状に迂曲する．腺腔は比較的広く，構成細胞は大部分が粘液細胞である．胃底腺部の粘膜固有層はほとんど腺で占められ，腺の間は血管を含む少量の結合組織があるに過ぎない．胃底腺（fundic glands）には消化液を分泌する細胞として主細胞，頚部粘液細胞，壁細胞の3種類が認められるが，それらの細胞の特徴や機能などについては表Ⅴ-2および図Ⅴ-23

表Ⅴ-2　胃底腺にみられる主な細胞型

種類	形態的特徴	分布	機能
主細胞 chief cells	立方形，円柱形 分泌顆粒は大型 基底腺条をみる	腺全域，特に腺底に多い	ペプシノーゲンの生産
壁細胞 parietal cells	卵円形で大きい 分泌顆粒は小型 細胞内細管をみる	腺全域に散在	胃酸の分泌
頚部粘液細胞（副細胞） mucous neck cells	長方形，分泌顆粒は微細，核は扁平で基底に偏在	腺頚	粘液物の分泌

に示す．幽門腺（pyloric glands）は胃小窩が深く腺体はより多く分岐する．粘液細胞が主であるが，内分泌細胞が多いのも1つの特徴である．粘膜筋板は平滑筋線維よりなりよく発達する．

骨片などを食する食肉類家畜では，腺の盲端と粘膜筋板との間に結合組織の強靭な2重の層(顆粒層と緻密層)ができ，粘膜を保護している．粘膜下組織は疎性な結合組織で，比較的大きな血管や神経を含む．筋層は平滑筋で内側の薄い斜走筋，中間の厚い輪走筋，外層の縦走筋の3層よりなる．筋層は胃底部よりも噴門部および幽門部で厚く，噴門や幽門では輪走筋がよく発達し，その伸縮によって自動的に食物の出入りを調節する．筋層の間には神経叢がみられる．外層にあたる漿膜は単層の扁平上皮とそれを支持する疎性結合組織の漿膜下組織で筋層をおおう．

2) 複　　　　胃

反芻類家畜の胃ははなはだ大きく，その容積は腹腔容積の3/4を占める（図V-15）．第一胃

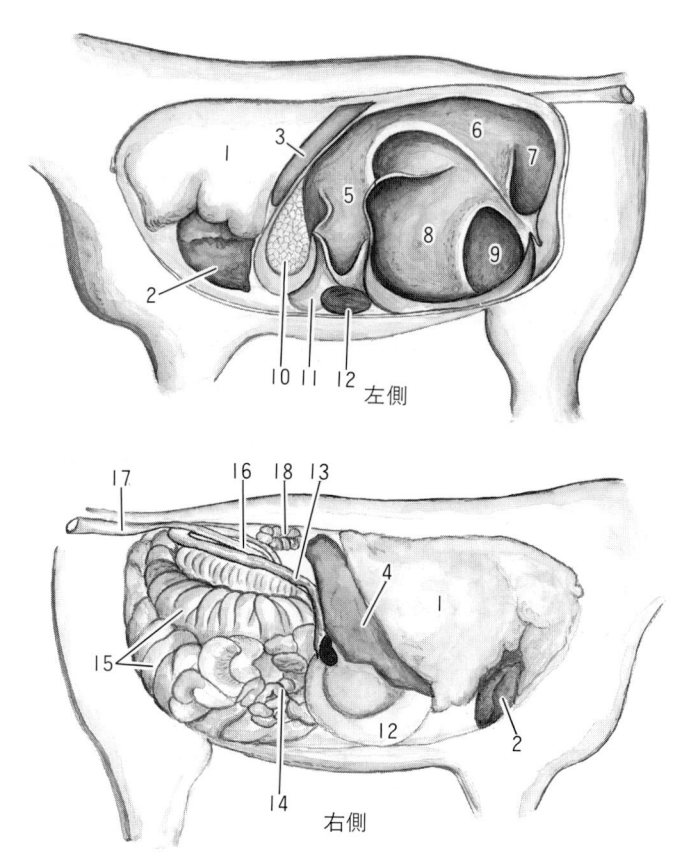

図V-15　牛の胸部および腹部（上：左側，下：右側）
1：肺，2：心臓，3：横隔膜，4：肝臓，5：第一胃前囊，6：同背囊，7：同後背盲囊，8：同腹囊，9：同後腹盲囊，10：第二胃，11：第三胃，12：第四胃，13：十二指腸，14：空回腸，15：結腸，16：小結腸，17：直腸，18：腎臓

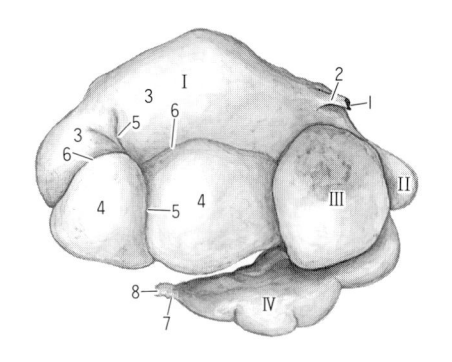

図V-16 牛 の 胃
I：第一胃，II：第二胃，III：第三胃，IV：第四胃，1：食道，2：噴門，3：背嚢，4：腹嚢，5：縦溝，6：冠状溝，7：幽門，8：十二指腸

(瘤胃)，第二胃（蜂巣胃），第三胃（重弁胃）は無腺部で，第四胃（腺胃）は腺部である（図V-16）．

a．第 一 胃

第一胃(rumen)は腹腔の左半分と右下半部の前半分を占める膨大な嚢で，前後に走る縦溝によって背嚢と腹嚢に，さらに縦溝と直角に交わる冠状溝によって前嚢と後嚢に分ける．内腔の粘膜には無数の葉状および円錐状の乳頭が叢生し，成牛では飼料に由来する鉄が沈着して黒褐色を呈する．また，縦溝や冠状溝に相当するところは筋層が発達し，縦筋柱や副筋柱をつくる．この部では乳頭は少なく蒼白である（図V-17）．

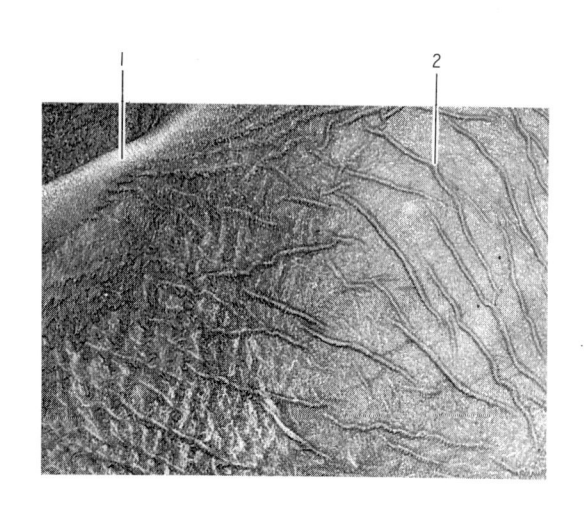

図V-17 第一胃の粘膜表面（牛）
1：筋柱，2：粘膜ヒダ

b．第 二 胃

第二胃(reticulum)は小球状で第一胃の前位，横隔膜や肝臓に接して存在する．背側にある広い卵円状の第一・二胃口をもって第一胃と，腹側にある裂隙状の狭い第二・三胃口をもって第三胃と連絡する．内壁は粘膜ヒダが発達し，そのヒダによって全体が四角ないし六角形の小区画（第二胃小室）に分けられて蜂の巣のように見える．さらに胃小室の内面には不規則なヒ

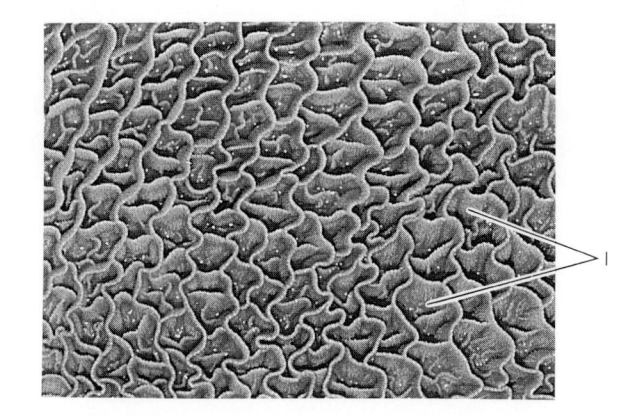

図V-18　第二胃の粘膜表面（牛）
1：胃小室

ダ（第二胃壁）や小乳頭が存在する（図V-18）．

c．第 三 胃

第三胃（omasum）は卵円状で第四胃の背側に位置する．第一・二胃口縁から第二・三胃口にわたって螺旋状に走る2列の粘膜ヒダがあり，それによって牛では長さ約10 cmの溝（第二胃溝）ができる．この溝は食物が通過するときに両側のヒダが接触して管となり，食道から直接第三胃に通じる道となる．第四胃とは腹側にある第三・四胃口で連絡するが，この部分には分界弁と呼ばれる括約筋が発達し(第三胃溝)，第三胃から第四胃への食物の流れを調節する．第三胃の内腔では背壁から葉状のひだ（第三胃葉）が発達し，その表面には無数の乳頭が密生する．葉は大きさにより大，中，小，最小葉に区別し，大葉の間に中葉，中葉の間に小葉，小葉の間に最小葉がある．葉の数は大体一定し，大葉の数は牛12～14枚，山羊10～11枚，めん羊9～10枚である（図V-19）．

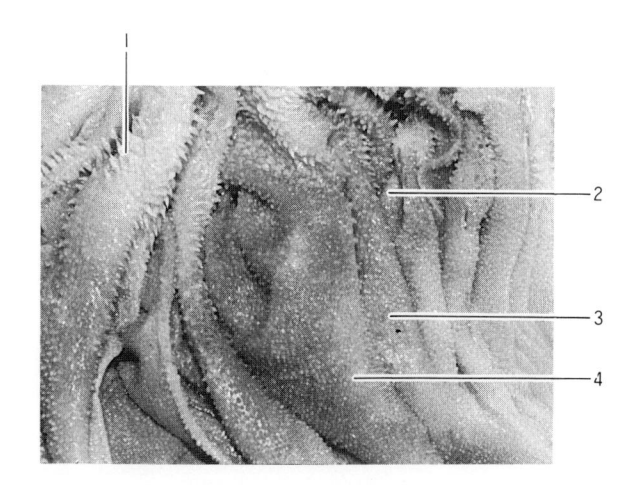

図V-19　第三胃の粘膜表面（牛）
1：乳頭，2：小葉，3：中葉，4：大葉

d．第　四　胃

　第四胃（abomasum）は長梨形で胃の前腹部を占める．第三胃とは狭い結合部，十二指腸とは幽門をもって連結する．粘膜は滑沢柔軟で幽門に向かっていくつかの螺旋状のヒダが発達する．噴門部は狭くて淡色，胃底部は赤褐色，幽門部は黄色を呈する（図Ⅴ-20）．

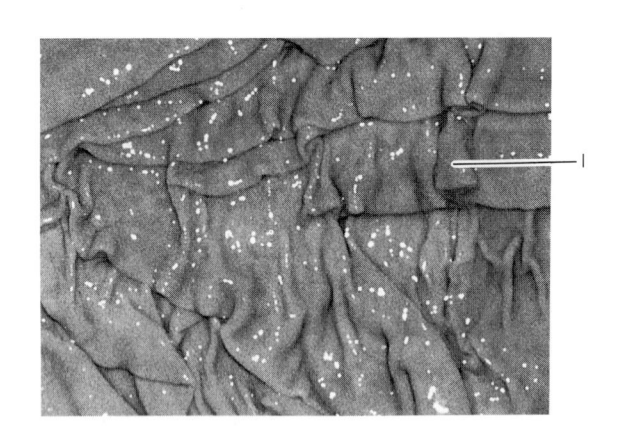

図Ⅴ-20　第四胃の粘膜表面（牛）
　1：粘膜ヒダ

　牛の胃の容積は160〜235 *l*，そのうち第一胃80％，第二胃5％，第三胃7〜8％，第四胃7〜8％である．第一胃と第二胃は連絡口が広いので胃の運動に際し，内容物が相互に移動する．第一胃および第二胃は膨大な量の食物を収容し，強力な撹拌運動によって食塊を破砕する．また長時間の滞留の間に微生物が多量に繁殖し，それらによる粗線維の発酵，消化，各種のガスや低級脂肪酸（VFA）の生成と吸収が行われる．飼料中の粗大粒子は胃嚢の中にある接触受容器を刺激して，再び口腔に戻されて反芻される．第三胃では発達した胃葉や乳頭による内容物のしわけがなされて水分やVFAが吸収されたあと，内容物は第四胃に送られる．第四胃では胃腺か

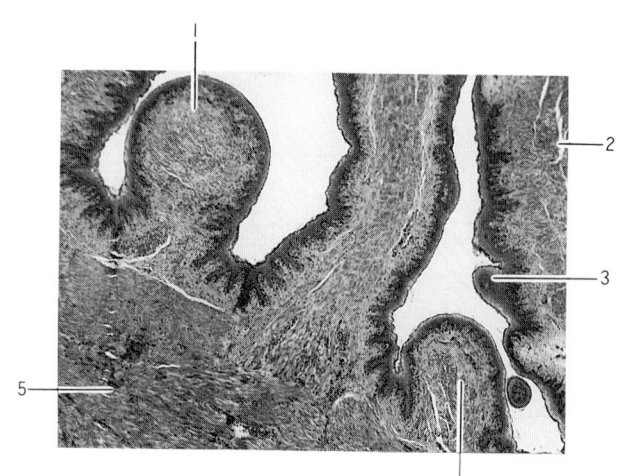

図Ⅴ-21　第三胃の粘膜（牛）
　1：乳頭，2：血管，3：粘膜上皮，4：粘膜固有層，5：筋層

ら消化液が分泌され，無腺部での攪拌や微生物による消化に化学的消化が加わる．

　草食類家畜では植物線維の消化に比較的長い時間がかかるので，採取した食物を収容する広い場所を必要とする．その点反芻類家畜では大きな容量を持つ第一～第三胃があってその役目を果している．馬や豚の単胃でも，粘膜面をみるとかなり広い無腺部があり，胃の面積の拡大をはかっていることがわかる．胃壁の組織は，基本的には単胃と同様に粘膜，粘膜下織，筋層

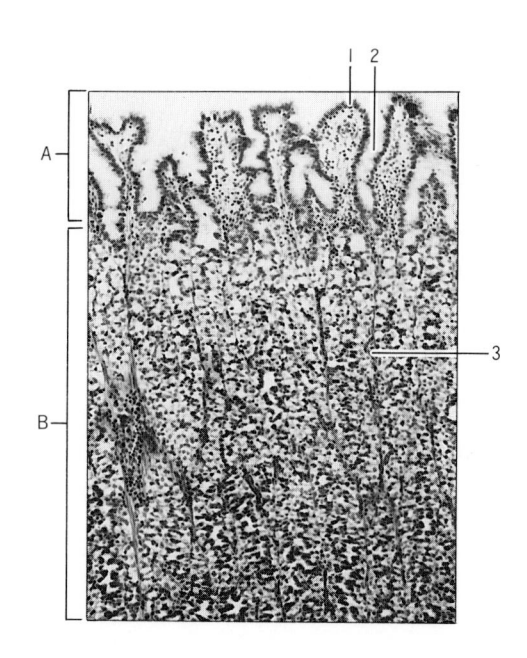

図V-22　胃の粘膜（豚）
A：粘膜上皮，B：粘膜固有層，1：単層円柱上皮，2：胃小窩，3：胃腺

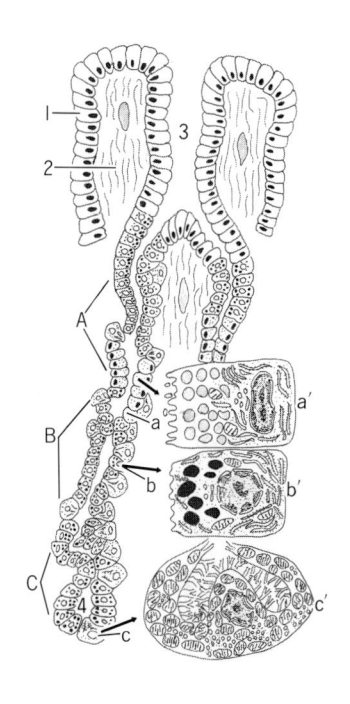

図V-23　胃底腺の組織模式図
A：胃腺頚部，B：胃腺体部，C：胃腺底部，1：粘膜上皮，2：粘膜固有層，3：胃小窩，4：腺腔，a：頚部粘液細胞（a′：電顕像），b：主細胞（b′：電顕像），c：壁細胞（c′：電顕像）

および漿膜よりなり，第一〜第三胃は単胃の無腺部に，第四胃は腺部に似ている．ただ，筋層は内側の輪走筋と外側の縦走筋の2層である（図Ⅴ-21）．

(5) 腸

1) 肉眼的構造

腸(intestine)は胃に続く長い食管で，肛門を通じて外界と交通する．胃より送られてきた食塊は，腸管の収縮運動（蠕動など）でこねられながらゆっくり後方へ移動する．その過程で腸液，胆汁，膵液など各種の消化液の作用を受けてび状化した内容物は，管内壁表面に広く展開する吸収上皮に接触することによって，その中の栄養分や水分は吸収され，残渣は固形化し，老廃物として排泄される．腸管の長さは一般に食性と関係し，草食類家畜は体長に比して長く，食肉類家畜では短い．馬は牛に比較して胃が小さい代わりに腸がきわめて大きい．腸は小腸(small intestine)と大腸(large intestine)に大別し，さらに小腸は十二指腸，空腸，回腸に，大腸は盲腸，結腸，直腸に細分する．十二指腸は粘膜下組織に十二指腸腺が存在する範囲であるが，空腸と回腸は肉眼的にも，顕微鏡的にも境界が不明瞭で，家畜においては空回腸として取り扱う場合が多い（表Ⅴ-3）．

表Ⅴ-3　家畜における腸管の長さと管径

	馬		牛		豚		犬	
	長さ(m)	管径(cm)	長さ(m)	管径(cm)	長さ(m)	管径(cm)	長さ(m)	管径(cm)
小腸	19.0〜30.0	7〜10	27.0〜49.2	5.0	15.0〜21.0	4.0	1.8〜4.8	2.5
十二指腸	1.3〜1.5		1.0〜1.2		0.7〜1.0		0.2〜0.6	
空回腸	17.7〜28.5		26.0〜48.0		14.3〜20.0		1.6〜4.2	
大腸	6.0〜9.0		6.5〜14.0	7.5	3.5〜4.0	5.0	0.3〜0.9	
盲腸	0.8〜1.3		0.5〜0.7		0.3〜0.4		0.1〜0.3	
結腸直腸	5.2〜7.7	7.5〜25	6.0〜13.3		3.2〜3.6		0.2〜0.6	
全腸	25.0〜39.0		33.5〜63.2		18.5〜25.0		2.1〜5.7	

(Frandson, 1970，および星野忠彦，1990より部分引用)

a．十二指腸

十二指腸(duodenum)は牛では第10肋骨遠位端付近で幽門に続いて始まり，肝臓に沿ってその背方に進み，肝門のところでS字状に弯曲し背壁に達する．そこで十二指腸曲をつくり後方にのび，骨盤腔入口付近で腹側に反転して前方に向かい，第1腰椎付近で空腸に続く．

b．空回腸

空回腸(jejunum and ileum)は腸間膜に懸垂される著しく長い管である．牛では腹腔の腹側を結腸円盤に沿って多数の小屈曲をつくりながら後方に進み，膀胱の前で，回盲結口によって盲腸に移行する．

c. 盲　　腸

　馬の盲腸（caecum）はきわめてよく発達し，長さ約1m，内容積16〜68 *l* にも及ぶ膨大なものである（図V-26）．骨盤腔の入口より前腹側に伸び，先端（盲腸尖）は胸骨の剣状軟骨に達する．表面には外壁が等間隔で膨らんだ膨起や4条の靱帯様の帯（盲腸ヒモ）をみる．これに反して牛の盲腸は約60 cmで後方に伸びる．表面平滑で膨起や盲腸ヒモはない（図V-27）．

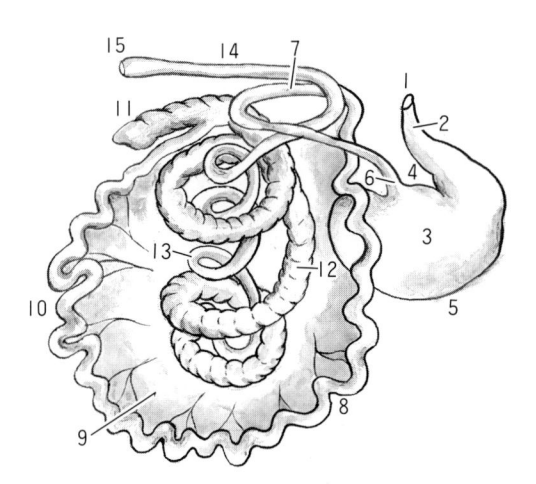

図V-24 豚の胃腸管の走行を示す図（Nikelら1979を参考にして描く）
1：食道，2：噴門，3：胃体，4：小弯，5：大弯，6：幽門，7：十二指腸，8：空腸，9：腸間膜，10：回腸，11：盲腸，12：結腸（求心回），13：結腸（遠心回），14：直腸，15：肛門

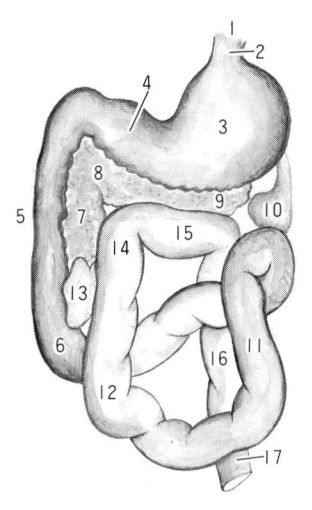

図V-25 犬の胃腸管の走行を示す図
1：食道，2：噴門，3：胃，4：幽門，5：十二指腸，6：十二指腸骨盤曲，7：膵右葉，8：膵体，9：膵左葉，10：脾臓，11：空腸，12：回腸，13：盲腸，14：上行結腸，15：横行結腸，16：下行結腸，17：直腸

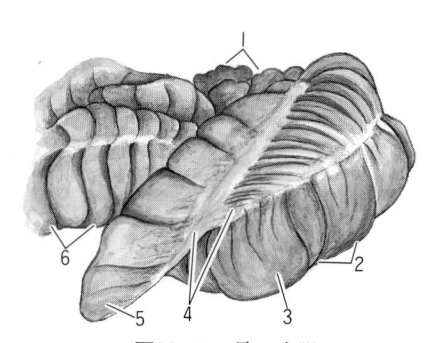

図V-26 馬の盲腸
1：回腸，2：盲腸体，3：膨起，4：盲腸ヒモ，5：盲腸尖，6：結腸

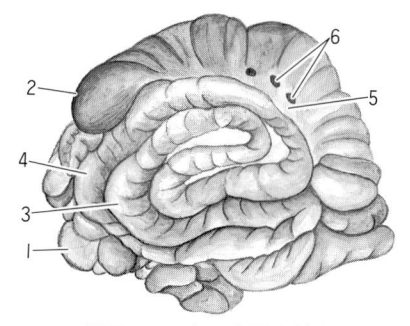

図V-27 牛の盲腸と結腸
1：回腸，2：盲腸，3：結腸（求心回），4：結腸（遠心回），5：腸間膜，6：リンパ小節

d. 結　　腸

　結腸（colon）は家畜の種類によって形態を異にしている．犬はヒトに似て，その走行は馬蹄形を示している（図V-25）．回盲結腸口に始まる結腸は右側を上行結腸と呼び，前方で十二指

腸曲をつくって横行結腸となる．さらに下行結腸と続いて直腸に連絡する．馬の結腸は管径の大きい大結腸と，それに続く細い小結腸に区分する．大結腸の走行は犬と同様に馬蹄形であるが，背腹2重になっている．最初は左腹側結腸で右側に移って右腹側結腸となり，骨盤曲をつくって背側に反転し，右背側結腸となって前方に進み，左背側結腸の後半部で胃状膨大部を形成したあと，急に細くなり小結腸となる．小結腸は脊柱下に達したところで，脊椎と平行して後方に走り，途中，結腸膨大部をつくり直腸に移行する．馬の結腸は盲腸と同様に膨大で，最も広い胃状膨大部付近では直径25 cmにも達する．膨起も腸ヒモもよく発達する．牛の結腸は円盤状を示す（円盤結腸）．腹腔の後背部で盲腸に続き，前背側から時計の針と同じ方向（近心回）に2～3回転して中心部に達したあと逆回転して遠心ワナをつくり，背後方に走り骨盤付近でS字結腸を形成して直腸に移行する．牛の結腸は馬に比べると管径も最大7.5 cm程度で細く，膨起や腸ヒモもみられない．豚の結腸も牛と同様に回転するが，中心部が腹側の方へ伸び螺旋状を呈するので円錐結腸と呼んでいる（図V-24）．

e．直　　腸

直腸（rectum）は骨盤腔の背側をまっすぐ後方に走り，肛門（anus）に達する．

2）顕微鏡的構造

腸壁の組織は胃と同様に粘膜，粘膜下組織，筋層，漿膜の4層よりなるが，栄養の吸収と消化液の分泌という2重の働きをしているので，構造もそれに対応していくつかの特徴を有している．すなわち，腸粘膜は内容物との接触面を拡大するため，輪状ヒダ（circular fold），腸絨毛（intestine villi）および微絨毛（microvilli）が発達する．

a．小　　腸

粘膜はところどころで輪状ヒダをつくり腸腔内に突出する．ヒダは反芻類家畜においては常在するが，他の家畜では弛緩時のみにみられ拡張時には消失する．さらに，粘膜表面には全域にわたって指状に突出する腸絨毛が存在する．腸絨毛の発達の程度は動物種で異なり，食肉類家畜で長く（約600 μm），草食類家畜では短くて太い（約360 μm）．粘膜上皮は単層円柱上皮で，吸収細胞を主体に粘液を分泌する杯細胞（goblet cells）を混じえる．吸収細胞の遊離縁には規則正しく配列する微絨毛がある．微絨毛は光学顕微鏡では小皮縁（cuticular border），または刷子縁（brush border）と呼ばれ，吸収面を数十倍も拡げている．腸絨毛の基部では，粘膜上皮が粘膜固有層内に陥入して管状のくぼみ（腸陰窩, crypts）をつくり腸腺（リーベルキューン腺, intestinal glands of Lieberkühn）を形成する．腸腺を構成する細胞は主に消化液を分泌する円柱形の陰窩細胞であるが，パネート細胞（Paneth cells）や各種の内分泌細胞を含む．パネート細胞は腺底に位置し大型な顆粒を持つ特殊な細胞であるが，その機能については未だ明らかでない．粘膜固有層は密性の結合組織で血管，リンパ管，神経が豊富に分布する．特に絨毛の先端部では毛細血管網や大きなリンパ管（中心乳び管）をみる．上皮細胞によって吸収された各種の栄養分のうち，脂肪成分は乳び状となって乳び管に入る．粘膜筋板は薄い平滑筋

V. 内　　　臓　　　　　　　　　　97

の筋層であるが，犬でよく発達する．筋線維の一部は絨毛の先端まで伸びて，毛細血管網や中心乳び管の周囲に分布し，その収縮によって取り込まれた栄養物を移動するのに貢献している．粘膜下組織は疎性結合組織よりなる．十二指腸では十二指腸腺（ブルンナー腺 duodenal glands of Brunner）が存在する．この腺は管状胞状腺で，その排出導管は腸陰窩の基部に開口する．腺体は馬および豚では漿液性，反芻類家畜や犬では粘液腺である．十二指腸腺の分泌物は種々の消化酵素のほか，被蓋上皮を物理的および化学的傷害から保護する物質を含む．小腸には孤立リンパ結節や集合リンパ結節（パイエル板）など大小のリンパ結節が粘膜固有層や粘膜下組織に存在する．集合リンパ結節は回腸に多く，牛ではきわめて大きい．粘膜下組織には大小の血

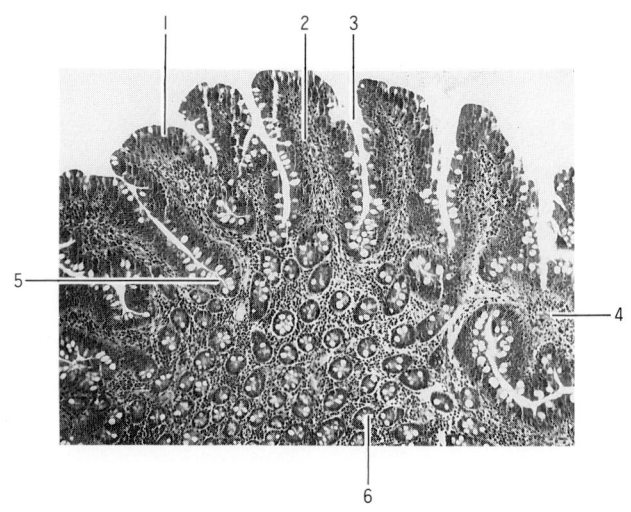

図Ⅴ-28　十二指腸の粘膜（豚）
1：粘膜上皮，2：腸絨毛，3：腸陰窩，4：粘膜固有層，5：腸腺，6：十二指腸腺

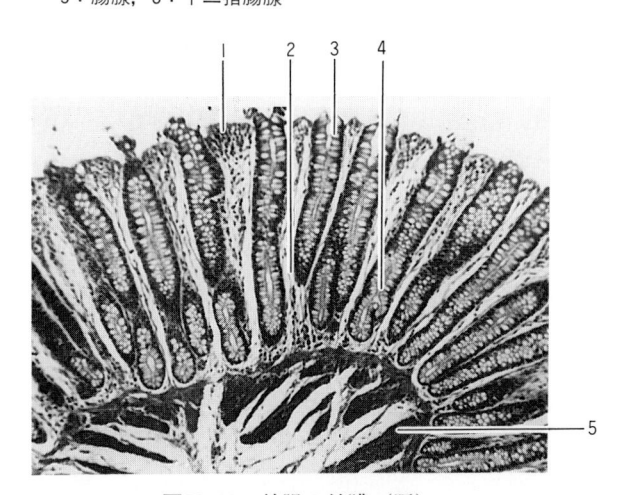

図Ⅴ-29　結腸の粘膜（豚）
1：粘膜上皮，2：粘膜固有層，3：杯細胞，4：腸腺，5：筋層

管やリンパ管それに神経が広く分布するが，静脈は絨毛からの血液を受けて静脈網を形成する．神経は副交感神経よりなる粘膜下神経叢（マイスネル神経叢）をつくり，その線維は絨毛に達する．筋層は内側の輪走筋層と外側の縦走筋層よりなり，いずれも平滑筋である．2つの筋層の間には筋層間神経叢（アウエルバッハ神経叢）が存在する．漿膜は腹膜に由来する中皮の単層扁平上皮におおわれた薄い疎性結合組織である．

b. 大　腸

　基本的には小腸と同じ組織構造であるが，大腸は水分の吸収，粘液の分泌，さらに草食類家畜ではセルローズの分解などを主要な機能としているのでいくつかの点で小腸と異なった特徴を持っている．すなわち，内腔面縦走ヒダはみられるが，輪走ヒダは欠如している．また，粘膜に絨毛が存在しないので表面は平滑である．吸収細胞にみられる刷小縁は小腸のものより丈が低い．一般に陰窩は深く腸腺はよく発達している．杯細胞は吸収細胞や陰窩細胞の間にきわめて多数存在する．しかし，パネート細胞はみられない．盲腸においてはリンパ小節が多く，特に反芻類家畜，豚，犬では回盲開口部の周囲に，馬では盲端に集中している．結腸では特に陰窩が深く，部位によっては粘膜筋板を貫通して粘膜下組織にまで達している．結腸ヒモは多量の弾性線維を含む平滑筋の筋帯である．直腸は粘膜表面の凹凸が少なく，杯細胞が著しく多くなる．筋層はきわめて厚く，牛や馬においては直腸壁は結腸壁よりも厚い．犬においては孤立リンパ結節が多くみられるのが特徴である．直腸粘膜の単層円柱上皮は肛門において突然非角化性の重層扁平上皮に変わる．豚や犬では肛門腺が発達し，粘液や脂質を多く含む分泌物を産出する．肛門では輪走筋層が著明に発達して，横紋筋よりなる肛門括約筋が形成され，その収縮によって糞の排泄が行われる．

　腸の運動には次の3通りがある．①分節運動：一定の間隔をおいての部分的収縮．主に輪走筋による収縮で，内容物はあまり移動せず，いくつかの分節に分けてこねられる．②振子運動：縦走筋によるもので腸管の走向に平行した伸縮．腸管を太くしたり，細くしたりしての内容物の攪拌で他の運動よりも微弱．③蠕動：内容物を後方に移動させるための収縮波で縦走筋と輪走筋の双方の活動による．筋の運動は粘膜下組織や筋層に存在する神経叢から出る神経線維に支配される．粘膜下神経叢は粘膜の絨毛や粘膜筋板に，筋層間神経叢は輪走筋層と縦走筋層と縦走筋層に働く．

3）消化管ホルモン

　胃および腸は消化液のほか，腺や筋層の活動を刺激したり，抑制したりする生理活性物質を生産分泌する．それらの分泌物は直接血流中に放出されるので消化管ホルモンと呼んでいる．ホルモンを分泌する細胞は外分泌細胞に混じって広範囲に分布しているが，分泌顆粒が基底膜側に蓄積されているのが特徴である（基底顆粒細胞 basal-granulated cells）．免疫組織学的方法によって同定された主な内分泌細胞とその分布や機能は表V-4に示す通りである．なお，内分泌細胞は膵臓にも存在し，消化管に影響をもたらしているので胃腸膵（GEP）内分泌系（gastro

表V-4　消化管ホルモンの種類，産出細胞および作用

ホルモン	産出細胞 種類	産出細胞 分布	作用
ソマトスタチン somatostatin	D細胞	胃，腸，膵臓	分泌細胞のホルモン放出を抑制
腸血管拡張ペプチド VIP	D細胞	胃，小腸，結腸	血管の拡張
ヒスタミン histamine	EC細胞	胃底部	胃液の分泌，血管の拡張
モチリン motilin	EC細胞	空腸	胃，小腸の運動亢進
セロトニン serotonin	EC細胞	小腸，結腸	血管，平滑筋，腺細胞に刺激作用
ガストリン gastrin	G細胞	幽門部	胃腺に作用して塩酸の分泌促進
胃抑制ペプチド GIP	K細胞	十二指腸，空腸	胃酸の分泌抑制
腸管グルカゴン enteroglucagon	L細胞	回腸	血糖上昇作用，インスリンの分泌促進
コレシストキニン CCK	M細胞	十二指腸，空腸，膵臓	膵液の分泌，胆嚢の収縮
ニューロテンシン neurotensin	N細胞	回腸	筋層の収縮
セクレチン secretin	S細胞	十二指腸，空腸	膵液の分泌亢進，胃酸およびガストリン分泌抑制

-entero-pancreatic endocrine system) としてまとめられている．

(6) 肝　　　臓

1) 構　　造

a．肉眼的および顕微鏡的構造

肝臓は前腹部で横隔膜に接し，正中線に対しかなり右寄りに位置している．大きな腺体は，種々の間膜で周囲の組織と連結することによって腹腔内に保定される．すなわち，肝冠状間膜や左右の三角間膜によって後大静脈や横隔膜に，また，肝鎌状間膜によって下腹壁に付着している．肝臓の前面（横隔膜面）はゆるやかに隆起しているが，後面（臓側面）はいろいろな腹腔内臓器が密着するので，ところどころで食道圧痕や腎圧痕などのような凹みができる．中央のやや背側にある凹みは肝門と呼ばれ血管や胆管の出入口である．肝臓は大きな腺体をできるだけ合理的に腹腔内におさめるために切れ込みがあり，4～6枚の肝葉に分かれる．牛では切れ込みは浅いが，左右の葉とその間にある方形葉，さらに背側のよく発達した尾状葉の4葉を区別する．馬では左葉が2葉に分かれて5葉に，豚や犬では右葉も分かれて6葉になる．特に犬では切痕が深く，葉が明瞭である．胆嚢は方形葉と右葉との間にあるが，馬では欠如している．肝臓の色調は一般に暗赤色であるが，若い動物では色が淡く，また，栄養がよくて適当に脂肪を蓄えているものでは赤褐色を呈する（図V-30）．

表V-5　家畜の肝臓および膵臓の重量

	馬	牛	豚	犬
肝臓(kg)	5.0	5.0	1.0～2.0	0.2～1.4
膵臓(g)	350	350	25～60	15～100

(Frandson, 1990 より部分引用)

肝臓は，外層の漿膜と内層の線維膜の2層よりなる被膜におおわれる．被膜の結合組織は肝門より腺体内に入り，実質を多数の多面体をした肝小葉 (hepatic lobules) に分ける．小葉間

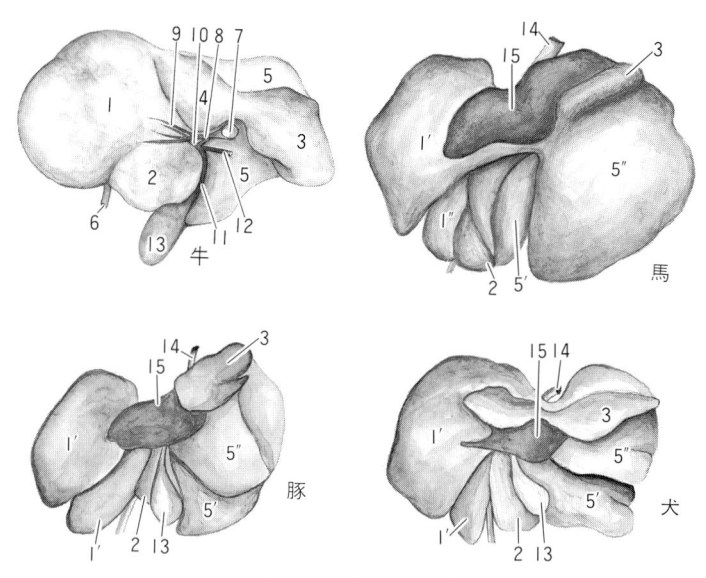

図Ⅴ-30　家畜の肝臓
1：左葉（1'：外左葉，1"：内左葉），2：方形葉，3：尾状葉，4：乳頭突起，5：右葉（5'：内右葉，5"：外右葉），6：肝円索，7：門脈，8：固有肝動脈，9：集合胆管，10：総肝管，11：胆嚢管，12：総胆管，13：胆嚢，14：大静脈，15：肝門

結合組織は肝小葉を鞘のように包むので肝線維鞘，またはグリッソン鞘（Glisson's sheath）と呼んでいる．豚では小葉間結合組織の量が多いので肝小葉が明瞭である（図Ⅴ-31）．肝小葉の中央には中心静脈がある．肝細胞は細網線維に支持されて，1～2列の細胞板をつくり，中心静脈より肝小葉の周辺に向かって放射状に配列する．肝細胞で生産された胆汁を運ぶ毛細胆管（bile capillaries）は，隣接する肝細胞の間にある細い管で，中心静脈の近くで起こり周辺部に向かう．毛細胆管の壁は肝細胞膜で，その微絨毛が胆管腔内に突出する．毛細胆管はグリッソン鞘に入る直前に管腔が拡大し，管壁が単層立方上皮のヘリング管（Hering duct）となり，小葉間胆管に続く．胆汁は管をもって排出されるので，肝臓は一種の外分泌腺とみなし得る．肝細胞板を終末部に例えるとヘリング管以降が導管系となる．しかも肝細胞板はところどころで分岐したり，融合したりするので腺の形態は管状網状腺といえる．各細胞板の間に分布する毛細血管は管腔が広いので，特に洞様毛細血管（sinusoidal capillaries）あるいは類洞（sinusoids）と呼んでいる．グリッソン鞘に到達した門脈や動脈の一部は洞様毛細血管に入り，胆汁の流れと反対の方向に肝細胞と接触しながらゆっくりと流れて中心静脈に注ぐ．電子顕微鏡で見ると肝細胞と洞様毛細血管の間には狭い隙間，ディッセ腔（Disse's space）がある．血管壁は内皮細胞の連続的配列によって構成されているが，壁には小さな孔があって血液の成分が絶えずディッセ腔に出入りする．洞様毛細血管やディッセ腔には内皮細胞のほか，クッペル細胞（Kupffer cells），脂肪摂取細胞（fat storing cells，伊東細胞）などが存在する．クッペル細

V. 内　臓

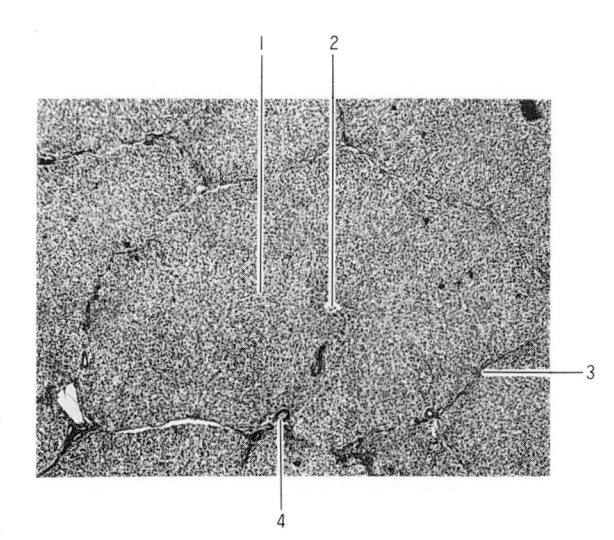

図V-31　肝小葉（豚）
1：肝小葉，2：中心静脈，3：グリッソン鞘，4：肝三つ組

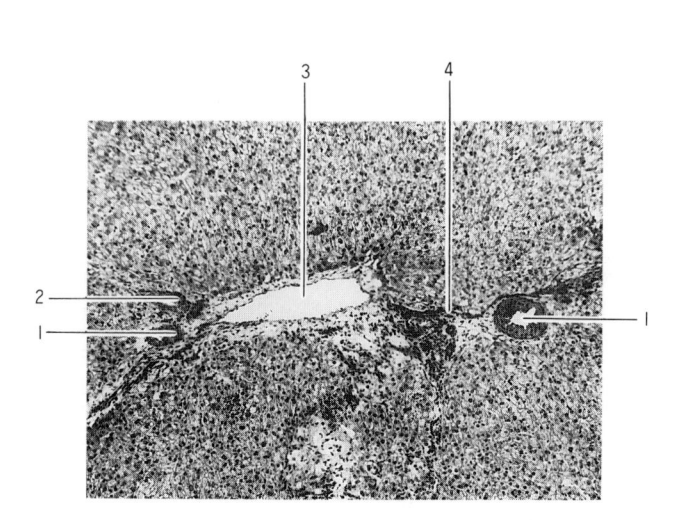

図V-32　肝三つ組（豚）
1：動脈，2：毛細胆管，3：門脈，4：グリッソン鞘

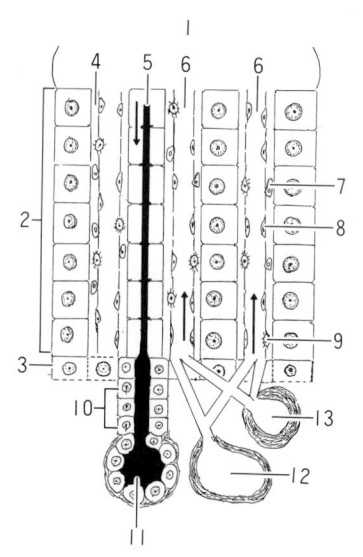

図V-33　肝小葉の模式図
1：中心静脈，2：肝細胞板，3：境界肝細胞板，4：ディッセ腔，5：毛細胆管，6：類洞，7：脂肪摂取細胞，8：内皮細胞，9：クッフェルの星細胞，10：ヘリング管，11：小葉間胆管，12：小葉間静脈（門脈），13：小葉間動脈

胞は細網内皮系に属する細胞で強い食作用がある．また，脂肪摂取細胞は脂肪と同時にビタミンAも貯蔵する能力を持っている．血路と胆路は流れの方向は異なるが，間質中を平行して走り，特に結合組織の豊富な肝小葉のコーナーでは，小葉間動脈，小葉間静脈（間脈）および小葉間胆管の三者が接近してみられるので，その部位を肝三つ組(portal trias)と称している．肝

臓には体循環系と門脈系の2通りの血管が分布する．体循環系は肝臓のいろいろな組織に栄養を供給する栄養血管である．それに対し，門脈は胃，腸などで吸収した栄養物を肝臓に運び，肝細胞内でつくられる各種物質のための素材を提供するもので，いわゆる機能血管である．なお，血管の経路は次の通りである（図V-32, 33）．

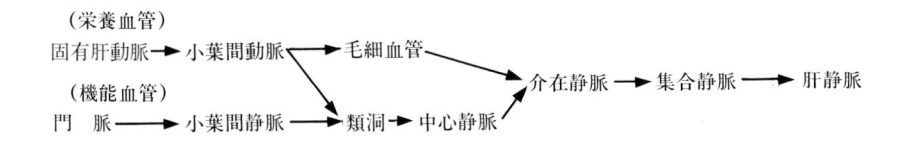

```
（栄養血管）
固有肝動脈 → 小葉間動脈 → 毛細血管 ↘
                                    介在静脈 → 集合静脈 → 肝静脈
（機能血管）                         ↗
門　脈 → 小葉間静脈 → 類洞 → 中心静脈
```

一方，毛細胆管は短いヘリング管，小葉間胆管および集合胆管を経て肝門より肝管となって腺体を出る．肝管は途中胆嚢に立ち寄り，胆嚢管，総胆管と名称を変えて十二指腸に開口する．胆嚢を欠如している馬では，肝臓と十二指腸の間の管を肝腸管と呼んでいる．

肝細胞は立方形をした大型の細胞で中央に明るい球状の核を持つ．ゴルジ装置，ミトコンドリア，小胞体などの細胞小器官もよく発達し，蛋白質，糖質，脂質，無機質などいろいろな物質が含まれる．特にグリコーゲンは多少とも常時蓄積されているのでBestのカルミンやPAS染色を施すと，細胞は赤色や桃色に鮮やかに染まる．また，肥満動物や栄養のよい動物では胞体内に大小の脂肪滴を多量に認める．電子顕微鏡で観察するとディッセ腔に面する細胞膜では微絨毛がよく発達する．小胞体は粗面小胞体，滑面小胞体ともに豊富である．粗面小胞体は細胞質内に散在性の集塊を形成し，主に蛋白質の合成を司る．滑面小胞体は細胞の機能に敏感に反応して増減するが，脂肪の代謝，脂溶性物質の分解解毒，グリコーゲンの分解などを行う．ミトコンドリアは円形で大きく短い管状のクリスタを持っている．ゴルジ装置は核の近くに位置し，リソソームの形成や血中蛋白質の分泌に関与する．

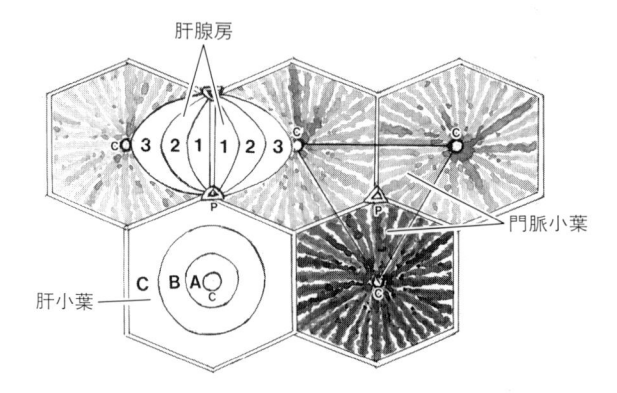

図V-34　形態的肝小葉と機能的肝小葉を示す図(肝小葉，肝腺房，門脈小葉)（伊藤，1987などを参考にして描く）
A：休止帯，B：中間帯，C：機能帯，1：I層（機能帯），2：II層（中間帯），3：III層（休止帯），c：中心静脈，p：肝三つ組

b．形態的単位と機能的単位

肝小葉は肝臓の構造的単位であるが，機能的単位としては血管の分布を中心として考える意見が多い（図V-34）．

i．古典的肝小葉

従来の考え方で，肝小葉の中心部と周辺部とでは，脂肪，グリコーゲンなどの蓄積や有害物質に対する反応が異なることから3つの機能帯に分けている．反応が最も鋭敏な周辺部の1/3を機能帯，最も反応が遅い中心静脈を囲む中心部の1/3を休止帯，両者の間を中間帯としている．

ii．肝腺房（hepatic acinus）

Rappaport(1954)の提唱によるもので，同一の動脈や門脈から血液の供給を受けている区域を機能的単位と考え，グリッソン鞘に近い方から3層に分けている．I層は小葉間の血管に近いので，酸素や栄養物に富んだ血液の供給を受けることができ，抵抗力も強い．細胞は常に多数のミトコンドリアを保持し，最も活動的な層である．III層は小葉間の血管より遠く離れているので酸素や栄養物の少ない血液を受けることになり，最も反応の鈍い層と考える．II層は機能的にI層とIII層の中間的存在である．

iii．門脈小葉（portal lobules）

肝3つ組にある門脈を中心として3個の肝小葉の中心静脈を結んでつくられる三角形を機能的単位とする考え方である．

2）機　　　能

肝臓の機能はきわめて多岐にわたるが，その作用機構は管を通して排出される胆汁の生産と直接脈管を通じて行われる物質代謝（合成・分解・解毒）の2通りである．

a．胆汁の生産

肝細胞でつくられた胆汁は毛細胆管に排出され十二指腸に運ばれる．胆汁中に含まれる胆汁酸と大量の水は，膵液などの各種消化酵素の働きを助けて栄養物の消化・吸収を促進する．

b．物　質　代　謝

①糖代謝：門脈で運ばれてきた炭水化物は肝細胞に取り入れられ，グルコースよりグリコーゲンを生成して貯えられる(glycogenesis)．また，時にはアミノ酸からもグルコースが合成される(glyconeogenesis)．貯えられたグリコーゲンは体の必要に応じて分解(glycolysis)され，血液中に分泌される．②脂質代謝：コレステロール，中性脂肪，脂肪酸などが肝細胞で合成され，いろいろな形で利用される．例えば，コレステロールは胆汁の生成に，蛋白質と結合した脂質はリポ蛋白として細胞膜の合成に，また，余分の脂肪は皮膚や体腔の膜に送られて脂肪組織として貯えられる．③蛋白質代謝：アルブミンなど各種の蛋白質が合成され利用される．フィブリノーゲンやプロトロビンは血液凝固物として重要である．④ビタミン代謝：脂肪摂取細胞によるビタミンAをはじめ，各種のビタミンが摂取され貯蔵される．⑤解毒作用：肝細胞およ

びクッペル細胞は代謝過程で生じた有害物やホルモンを分解し，無毒化したり，その活性を弱めたりする．

(7) 膵　　　臓

　膵臓（pancreas）は淡黄色の充実した腺体で，胃の後方にあって，十二指腸の基部に沿って位置する．腺体は中央部の膵体と左右の葉の3部よりなる．牛および犬ではW字形を呈し，左葉は胃側に右葉は十二指腸側にある．馬や豚では左葉は細長くて十二指腸曲に，右葉は幅広くて脾臓に達している．膵臓から出て十二指腸に注ぐ排出管は，膵管と副膵管の2本あるが，牛や犬では膵管が退化して副膵管のみである（図V-35）．

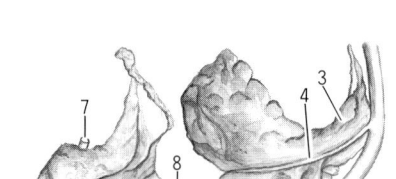

図V-35　牛の膵臓（Sisson, 1953を改変）
1：膵左葉，2：膵体，3：膵右葉，4：副膵管，5：十二指腸，6：胃脾静脈，7：後大静脈，8：門脈

1) 構　　　造

　腺体は葉状構造を示し唾液腺に似ている．しかし，膵臓は消化液とホルモンの生産の2つの機能を持っており，構造的にも外分泌部と内分泌部がある．

a．外分泌部

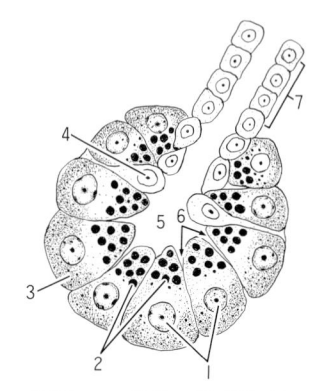

図V-36　膵臓の腺房模式図
1：腺房細胞，2：酵素原顆粒，3：エルガストプラズム，4：腺房中心細胞，5：腺腔，6：細胞間分泌細管，7：介在部導管

　腺体をおおう被膜の結合組織は血管や神経を伴って実質的に入り間質となって実質を小葉に分ける．腺の形態は管状胞状複合腺で，膵液を生産する分泌部（腺房）とそれを排出する導管よりなる．分泌部を構成する漿液型の腺房細胞はピラミッド形で，その細くなった頂部を腺腔に向けて配列する．一般に細胞は大きく，球状の核は基底部に位置する．頂部の細胞質には常時染色性に富む大型の分泌顆粒を認める．それらの顆粒は酵素原顆粒（zymogen granules）と呼ばれ，膵液の前駆物質である．顆粒の蓄積は空腹時に増加し，食物が腸管を通過する際には放出されて減少する．電子顕微鏡で観察すると腺房細胞は，典型的な蛋白質生産細胞の形態を示し，粗面小胞体，ミトコンドリア，ゴルジ装置がよく発達する．腺腔内には腺房細胞のほかに，分泌顆粒を含まない明るい細胞が存在し，腺房中心細胞（centroacinous cells）と呼ばれて

いる．この細胞は導管の細胞が腺腔に進入したものと考えられているが，機能的意義は明らかでない．導管系は峡部（介在部）と導管に区別する．峡部は分泌部と導管を繋ぐ細い管で，管壁の内面をおおう単層の扁平上皮とそれを支持する細網線維を含む結合組織よりなる．唾液腺にみられるような線条部は存在せず，峡部は集まってやや太い小管となり直接小葉間導管に続く．管が太くなるに従い上皮の細胞は扁平から立方形に，小葉間導管では丈の高い円柱形の細胞が並列する．小葉間導管は漸次集合して最後には膵管としてまとまり膵臓を出る（図V-36）．

b．内分泌部

膵臓ホルモンはランゲルハンス島（islet of Langerhans）から分泌される．ランゲルハンス島は，直径50～500 μmの円形または卵円形をした腺体で間質中に点在する（図V-37）．島内では分泌細胞が小集団をなし，その間に洞様の毛細血管が密に分布する．ランゲルハンス島には，次の3種類の細胞があり，それぞれの細胞から分泌されるホルモンは，免疫組織学的方法によってすでに明らかになっている．①A細胞：酸好性の細胞で全細胞の15～20%を占める．通常，島の周辺部に多くみられる．細長いミトコンドリアや少量の粗面小胞体を持ち，電子密度の高い内容物とそれを包む明るい膜よりなる球状の分泌顆粒を含有するのがこの細胞の特徴である．②B細胞：塩基好性の細胞で，特にアルデハイドフクシンに選択的に染まる．島細胞の中で最も多く60～70%を占め，主として島の中央部に存在する．ゴルジ装置や粗面小胞体がよく発達する．円い分泌顆粒は暗調の芯と広い空隙を持つ．芯の形は球状，棒状などさまざまである．③D細胞：渡銀法で識別される有棘の多角形細胞で全細胞の10～15%を占め，島の周辺部に散在する．分泌顆粒は球状で電子密度が低い．

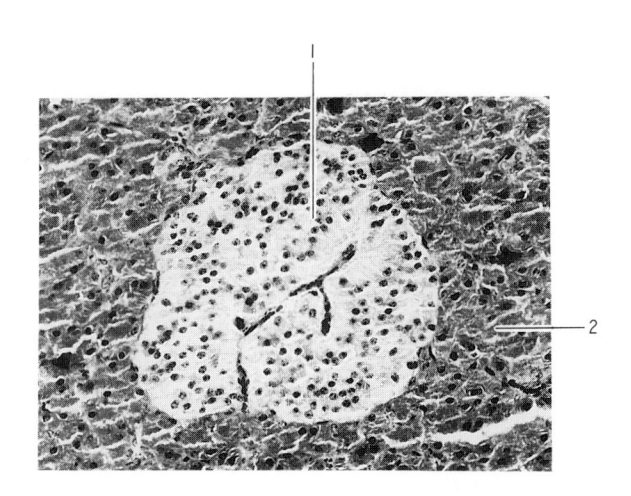

図V-37　ランゲルハンス島（牛）
1：ランゲルハンス島，2：外分泌部

2）機　　　能

膵臓の機能は，外分泌部からの膵液の分泌と内分泌部からの膵臓ホルモン（インスリン，グ

ルカゴンおよびソマトスタチン）の分泌である．

a．膵　　液

無色透明で重炭酸イオン濃度が高いアルカリ性液に，各種の分解酵素を含む消化液である．膵液に含まれる主要な酵素は，プロテアーゼ，アミラーゼ，リパーゼで，十二指腸に送られてきた食び中の蛋白質，脂肪および炭水化物を消化，分解し，それらの分解物の腸からの吸収を容易にする．すなわち，プロテアーゼは，腸内に取り入れられた飼料中の蛋白質をアミノ酸まで分解する．リパーゼは中性脂肪を脂肪酸とグリセリンに加水分解し，アミラーゼは糖質，澱粉およびグリセリンの二糖に分解する作用を持っている．

b．インスリン

インスリン（insulin）は蛋白質性のホルモンで血液中の糖質量を抑え，血糖量を適切な水準に保つ作用がある．すなわち，筋肉をはじめ多くの組織や細胞の活動を盛んにし，活動のエネルギー源である糖を消費させる．一方，肝臓においては，血液中の糖を利用してグリコーゲンの合成を促進する．このような過程で血液中の糖質量を引き下げる．なお，インスリンはB細胞から分泌される．

c．グルカゴン

グルカゴン（glucagon）はインスリンと同様に蛋白質性のホルモンであるが，作用は反対で肝臓におけるグリコーゲンの分解を促進して血糖値を上げる．A細胞から分泌される．

d．ソマトスタチン

ソマトスタチン（somatostatin）は視床下部でつくられて下垂体前葉における成長ホルモンの放出を抑制する物質と同様なもので，D細胞から分泌される．膵臓ではインスリンやグルカゴンの分泌に抑制的に働くものと考えられている．

（8）家禽（鶏）の消化器

家禽の消化器も家畜と同様に消化管とその付属器官に大別する．

1）消　化　管

a．口　　腔

家禽では口唇に代わり嘴が発達する．嘴は上嘴と下嘴に分かれ歯はみられない（図Ⅴ-38）．口腔の背壁を構成する口蓋の粘膜はすべて角化して硬くなり，軟口蓋は存在しない．口蓋逢線に相当する部分には列隙状の後鼻孔があり鼻腔と交通する．舌は口腔底を占有し，先端が細くなった舌尖，厚く角化した舌体，舌を横断する一列に並んだ乳頭群がある舌根に区分する．舌は舌根が舌骨に付着するので，舌骨の動きに応じて主に前後に動くが，舌自体は横紋筋に乏しく運動は不活発である．口腔腺には口角腺，舌腺，口蓋腺，上顎腺，下顎腺などがあり，いずれも小口腔腺で粘液を分泌する．

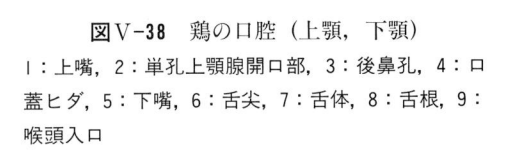

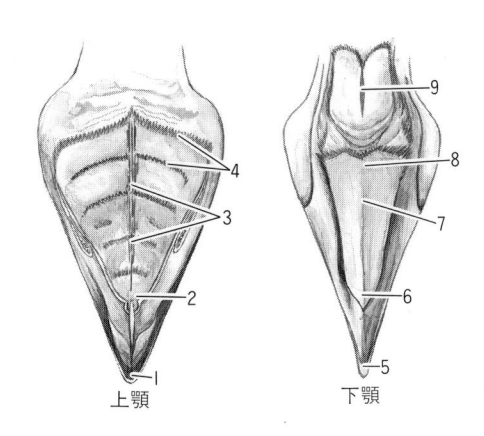

図Ⅴ-38 鶏の口腔（上顎，下顎）
1：上嘴，2：単孔上顎腺開口部，3：後鼻孔，4：口蓋ヒダ，5：下嘴，6：舌尖，7：舌体，8：舌根，9：喉頭入口

b. 咽　　頭

軟口蓋がないので口腔との境界は不明瞭であるが，比較的広い腔所である．喉頭蓋はなく，嚥下の際は喉頭入口にある粘膜ヒダが閉じて喉頭口が締まり，その上を食物が通過する．

c. 食　　道

咽頭と胃との間にある長い管で拡張性に富んでいる．家禽では頸部のところで管壁の一部が袋状に拡大して嗉嚢（crop）をつくる．嗉嚢は鶏ではやや右側に，鳩では両側に一対みられる．鴛や鷲鳥では境界が不明瞭である．嗉嚢は採取した餌を一時的に蓄え，それに粘膜からの分泌物を加えて練り上げるところであるが，鳩ではミルク様の物質（嗉嚢乳，crop milk）を分泌し，親鳥はそれを口移しに雛に与えて哺育する．なお，嗉嚢乳の分泌は下垂体前葉から分泌されるプロラクチンの支配を受ける．

d. 胃

家禽の胃は腺胃と筋胃の2部からなり，両方の結合部は狭窄し中間部と呼んでいる（図Ⅴ-39，図Ⅴ-40）．食道に続く腺胃（glandular stomach）は紡錘状で，肝臓の左右の葉がつくる溝の背側に位置する．胃壁は粘膜，粘膜下組織，筋層および漿膜よりなる．粘膜の表面には多数の乳頭状の小隆起がみられ，その頂点には小さな窪みがある．この小孔は家畜の胃小窩に相当し，粘膜上皮が固有層内に陥入したものでその奥に胃腺が開口する．胃腺は表面に近いところにある浅固有胃腺と奥の方にある深固有胃腺の2つの腺集団に分かれる．なお，浅固有胃腺は管状単一腺，深固有胃腺は分岐管状複合腺である．いずれも家畜の胃底腺にみられる主細胞に似た腺細胞よりなり，塩酸やペプシンなどを含む粘液性の消化液を分泌する．筋胃（gizzard）は筋層が著しく発達した厚い円盤状の胃で，肝臓の後方体腔ではやや左寄りに位置する．背縁に中間部があり，その下方に幽門があって十二指腸に続く．筋胃の内腔は前，後部で内方に膨らみ前背盲嚢と後腹盲嚢をつくる．胃の内壁をおおう粘膜の表面には，脱落した細胞などを混じえた腺の分泌物が堆積し，それに上皮が結合してケラチン様の硬い膜を形成する．通常，膜は胆汁色素で茶褐色を呈するが，その成分はコイリンと呼ばれる糖と蛋白質の複合体で，消化の際の激しい機械的摩擦や化学的刺激による粘膜の損傷を防ぐ働きをしている．粘膜上皮は単層の円

柱上皮で，粘膜固有層に分布する腺は管状単一腺である．粘膜下組織の下方に拡がる筋層は腺胃からの連続であるが，円盤の中心部には筋はなく腱膜だけとなる．中心部より外側筋が両側に伸びて胃を輪状に取り巻き，さらにそれと直角に中間筋が盲嚢を囲むように走る．筋胃は砂胃ともいわれるように採食の際に故意に飲み込んだ数多くの小石が，常時胃内に貯えられている．腺胃から送られてきた食塊は，筋胃における小石を混じえた強力なもみすり運動によって十分にすりつぶされ，消化液の浸透がはかられる．

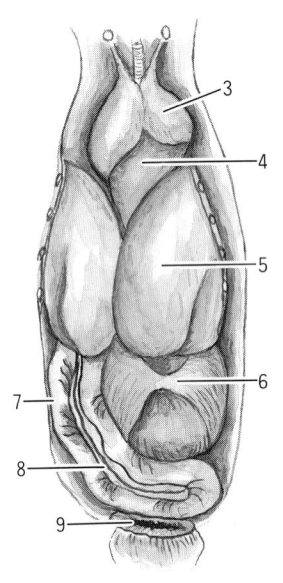

図Ⅴ-39 鶏の内臓（加藤嘉太郎，1988 を改変）
1：気管，2：甲状腺，3：心房，4：心室，5：肝臓，6：筋胃，7：十二指腸，8：膵臓，9：排泄腔

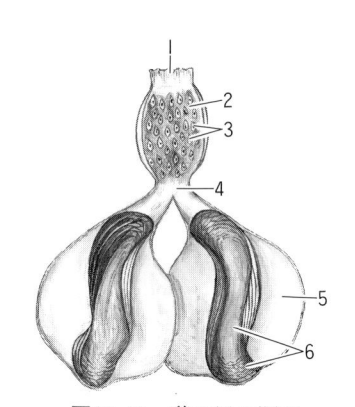

図Ⅴ-40 鶏の胃の断面
1：食道，2：腺胃，3：腺開口部，4：中間帯，5：筋胃，6：筋胃の内腔（粘膜）

e．腸

腸の長さは 160〜200 cm で体長の 5〜6 倍である．家畜と異なり迂曲も少なく太さも小腸と大腸で著しい差はない．小腸の長さは 140 cm 程度で十二指腸と空回腸を区別する．十二指腸は筋胃の幽門部より始まり，筋胃の右壁に沿って下行し，その先端は排泄腔近くに達して反転し，上行部を形成して再び幽門部まで戻り，そこで空回腸に移行する．下行部と上行部でつくる狭い十二指腸ワナの間には膵臓が挟まれたような状態で存在する．空回腸は長い間膜で懸垂され，正中で迂曲したのち十二指腸に沿って走り大腸へ移行する．小腸と大腸との境界は左右に対をなす盲腸があるので明瞭である．盲腸の長さは 16〜18 cm で流れとは反対に小腸の方に向かって走り，先端に行くに従い太くなって盲端で終わる．結腸と直腸は 10 cm 程度で短く両者の境界は明確でない．短い腸間膜に吊され，脊柱の腹位に沿って後方に走り，末端は拡大して尿道や生殖道との共通の排泄腔となる．若い個体では排泄腔の背壁にファブリシウス嚢がある．この嚢は鳥類特有の器官で，粘膜に多数のリンパ結節がみられることからリンパ器官として重要

な意味を持つ．また，腹壁には生殖隆起がある（図Ⅴ-41）．

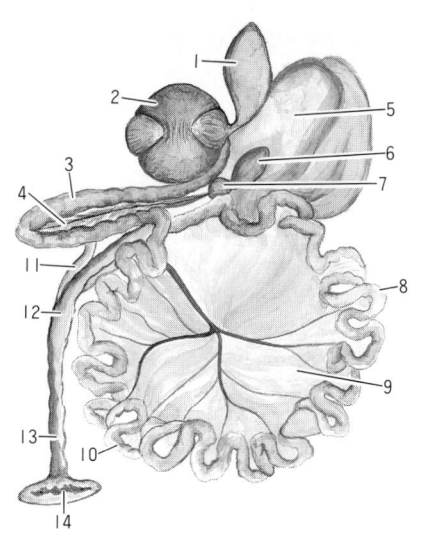

図Ⅴ-41 鶏の消化管の走行を示す図
1：腺胃，2：筋胃，3：十二指腸，4：膵臓，5：肝臓，6：胆嚢，7：脾臓，8：空腸，9：腸間膜，10：回腸，11：盲腸，12：結腸，13：直腸，14：排泄腔

2) 付属器官

a. 肝臓

　体腔の中位に位置する大きな腺体（重さ40～60g）で，前方に心臓，後方に腺胃がある．腺体は中央に深い切痕があって左右の2葉に分かれる．左葉は右葉よりやや小さく，腹縁に切れ込みを持つ．肝臓の色調は，初生雛では卵黄を吸収しているので黄色であるが，漸次赤味を増し成鶏では暗赤色となる．家畜と比べると結合組織が少ないので軟らかくて脆い．肝小葉は境界が不明瞭で中心静脈も明確でない．門脈は，腺胃や筋胃からくる細い左門脈と他の消化管からくる太い右門脈があって，両者は結合枝によって結ばれる．肝細胞の間にある毛細胆管の管腔は比較的広く，実質内の胆路も明瞭である．胆嚢は漏斗状の嚢で右葉の臓側面に位置する．右葉を出る肝管は胆嚢に立ち寄った後，十二指腸の上部に開口するので胆腸管，左葉の肝管は直接十二指腸に連絡するので肝腸管と呼ぶ．

b. 膵臓

　十二指腸ワナに挟まれて腸間膜中に存在する．葉状構造の充実した腺体は，黄赤色を呈し4葉に分ける．すなわち，十二指腸の下行部に沿う部分を背葉，上行部に沿う部分を腹葉に分け，さらに腹葉の臓側面にある葉を第三葉，それより脾臓に伸びる部分を脾葉と呼んでいる．膵臓の

2. 呼吸器の構造と機能

　呼吸器（respiratory organ）は空気中から酸素を血液中に取り入れ，物質代謝の結果生じた炭酸ガスを体外に排出する作用を営む器官である．外界と肺(lung)との間の空気の交換は呼吸運動によって行われ，常に呼吸中枢の支配を受けて自動的に調節されている．呼吸器は外界からの空気の通路である気道と，ガス交換が行われる肺からなり，気道はさらに鼻腔(nasal cavity)，咽頭 (pharynx)，喉頭 (larynx)，気管 (trachea) および気管支 (bronchus) に区別できる(図V-42)．また，気道には呼吸作用とは直接関係のない嗅覚器と発声器が含まれている．

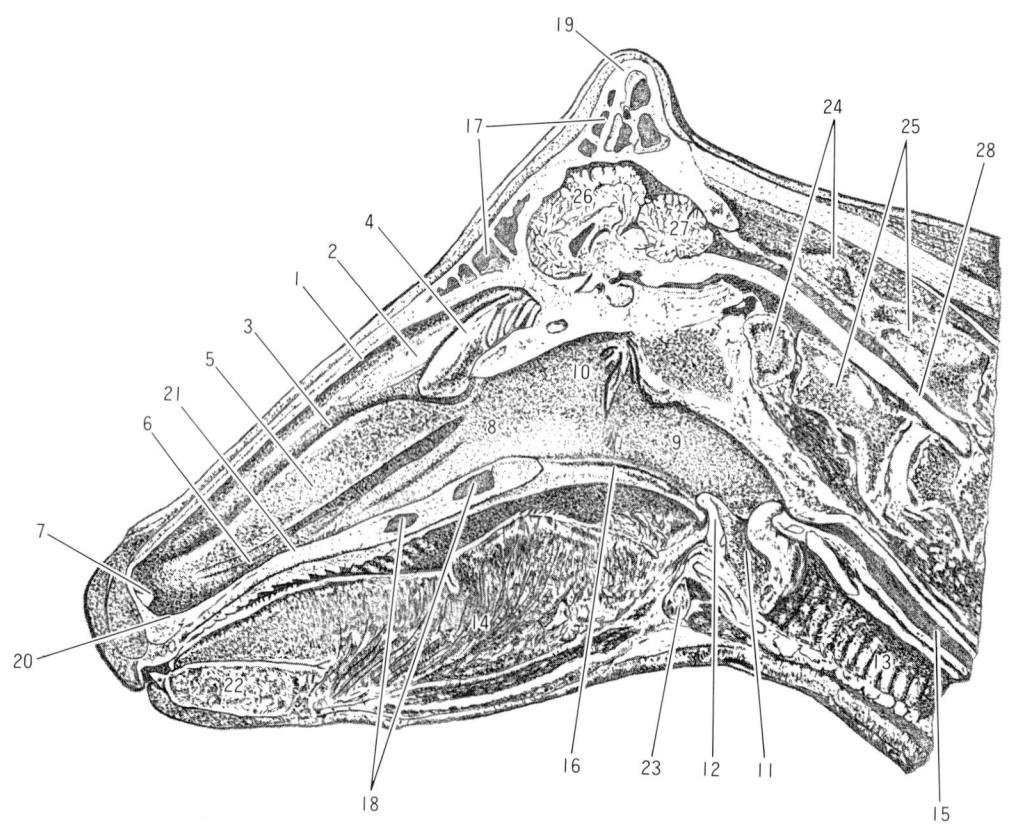

図V-42　牛の頭部の縦断（鼻中隔を除いた矢状断）(Sisson, S. et al., 1953)
1：背鼻道，2：背鼻甲介，3：中鼻道，4：中鼻甲介，5：腹鼻甲介，6：腹鼻道，7：外鼻孔，8：後鼻孔，9：咽頭，10：耳管咽頭口，11：喉頭，12：喉頭蓋，13：気管，14：舌，15：食道，16：軟口蓋，17：前頭洞，18：口蓋洞，19：前頭骨角突起，20：切歯骨，21：上顎骨，22：下顎骨，23：舌骨，24：環椎，25：軸椎，26：大脳半球，27：小脳，28：脊髄

V. 内　　　臓

(1) 鼻　　　腔

1) 外　　　鼻

　顔面でみられる鼻の領域を外鼻という．家畜の鼻はその大部分が鼻腔の背壁に当たる鼻背で，外鼻の側壁と顔面との境界は不明瞭である．また，牛では鼻尖から上唇に至る部分に被毛を欠いて鼻唇平面をつくり，その皮膚面には鼻唇腺が開口して鼻鏡がつくられる．豚の鼻尖は吻鼻骨を含んで堅固な吻鼻となり，吻鼻平面をつくって皮膚が厚く，皮下に腺が発達する．めん羊，山羊および犬では鼻平面をつくり，鼻鏡がみられる．めん羊と山羊の鼻腺は鼻平面の皮下に含まれるが，犬では外側鼻腺や涙腺の分泌物が皮膚面を潤す．反芻類家畜，豚および犬の鼻鏡の皮膚には特有の鼻紋（muzzle print）が現れ，特に牛でよく分類されて個体識別のために用いられる．馬では後述するように鼻軟骨の発達が悪く，拡張可動性に富む軟鼻である．

2) 鼻　軟　骨

　鼻腔は多数の頭蓋骨を基礎に数個の鼻軟骨が加わって形づくられている．

　鼻腔はまず鼻中隔（図V-43,44(7)）によって左右に仕切られる．鼻中隔の軟骨部は鼻中隔軟骨と呼ばれ，背方で鼻骨と前頭骨の内側面に付着し，鼻腔底で鋤骨，後方では篩骨に接する．鼻腔の外側壁は外側鼻軟骨で構成されるが，反芻類家畜，豚および犬では，さらにこの鼻軟骨は前方の遊離端で外側副鼻軟骨と連結して外鼻孔縁の基礎をつくる．馬では外側鼻軟骨がほとんど発達していないから，鼻腔の外側壁は軟骨の基礎がなく，筋膜性で著しく拡張性に富む特有の軟鼻を構成する．また，外側副鼻軟骨を欠き，代わって外鼻孔内縁を基礎づける独特の鼻翼軟骨が鼻中隔軟骨の前端に可動結合しており，このため馬の外鼻孔外縁は自在に形を変えることができる．鼻翼内側ヒダの基礎となる内側副鼻軟骨はすべての家畜でみられるが，ことに馬でよく発達している．

3) 鼻腔の区分と構造

a．区　　　分

　鼻腔は前後に長い腔所で，前方で外鼻孔によって外界と交通し，後方では後鼻孔を通じて咽頭に連絡する（図V-42）．鼻腔は外鼻孔から入った入口付近に当たる鼻前庭と，その奥に続く固有鼻腔に区分される．鼻前庭の内腔面は始めは顔面皮膚の連続からなるが，後方で一般の鼻粘膜に移行する．鼻前庭と固有鼻腔との境界付近には鼻涙管（図V-43,44(9)）が開口し，涙腺の分泌物が鼻腔に排出される．馬では外鼻孔の背側に鼻憩室と呼ばれる特異な盲嚢があり，この部分は軟鼻の主要部をなし，真の鼻腔とは別の区画をつくっている．固有鼻腔は後方の後鼻孔を経て咽頭に連絡する．牛や馬では鼻中隔後端が比較的短く，両側の鼻腔は1つの後鼻孔にまとまって咽頭に続く．犬では左右それぞれ別の後鼻孔で開口し，めん羊や豚のように鼻中隔

の後部が膜部からなるものでは，それが長く伸びて咽頭中隔として咽頭腔に達するほどになっている．

b．構　　造

鼻腔は腔の外側壁から背鼻甲介（図Ⅴ-42(2)，図Ⅴ-43,44(2)），中鼻甲介（図Ⅴ-42(4)）および腹鼻甲介（図Ⅴ-42(5)，図Ⅴ-43,44(4)）が前後に長く巻紙状となって突き出ているから，その内腔は複雑に区画されて狭められている．鼻甲介の鼻腔面はすべて鼻粘膜でおおわれて空気との接触面の拡大が計られ，背鼻甲介と中鼻甲介には嗅膜が含まれている．

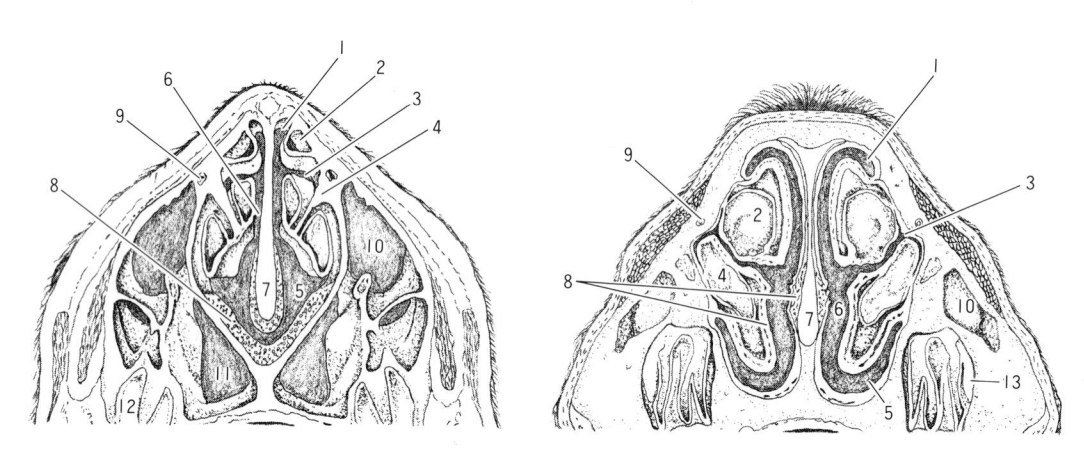

　左：図Ⅴ-43　牛の鼻腔の横断（上顎第三前臼歯の部位）(Dyce,K.M.et al.,1987, 一部改変)
　右：図Ⅴ-44　馬の鼻腔の横断（上顎第四前臼歯の部位）(Dyce,K.M.et al.,1987, 一部改変)
1：背鼻道，2：背鼻甲介，3：中鼻道，4：腹鼻甲介，5：腹鼻道，6：総鼻道，7：鼻中隔，8：鼻粘膜の静脈叢，9：鼻涙管，10：上顎洞，11：口蓋洞，12：上顎第三前臼歯（歯根），13：上顎第四前臼歯（永久歯）

鼻甲介の隆起によってつくられる間隙は，背，中，腹の3鼻道に区別される．背鼻道（図Ⅴ-42(1)，図Ⅴ-43,44(1)）は鼻骨の内側面と背鼻甲介との間隙で，鼻粘膜の嗅部に直接通じる．中鼻道（図Ⅴ-42(3)，図Ⅴ-43,44(3)）は背鼻甲介と腹鼻甲介との間隙で，嗅部とも交通するが，その経路の途中で後述の副鼻腔に連絡する．腹鼻道（図Ⅴ-42(6)，図Ⅴ-43,44(5)）は腹鼻甲介と鼻腔底との間にみられる最も広い間隙で，嗅覚に関係がなく，咽頭に直通する．しかし，これらの3鼻道は鼻中隔側で合して共通の総鼻道（図Ⅴ-43,44(6)）になっているから，厳密な意味の区別ではない．

4) 鼻 粘 膜

鼻粘膜は前庭部，呼吸部および嗅部に区別される．

前庭部　鼻腔の前位部を占め，その上皮は重層扁平上皮からなり，色素に富んでいる．粘膜固有層中には鼻前庭腺を含み，脂腺，汗腺および鼻毛根がみられる．

呼吸部　鼻前庭から移行する固有鼻腔の粘膜で，副鼻腔の内面にも連続し，また血管分布に富み，静脈網がよく発達している（図Ⅴ-43, 44(8)）．粘膜上皮は前庭部に近い部分では重層

円柱上皮であるが，後方に移るにつれて次第に重層線毛円柱上皮となり，これらの上皮層には杯細胞が混在する．粘膜下組織には多数の鼻腺が含まれ，その分泌物は粘膜を湿して鼻腔面の乾燥を防いでいる．

呼吸部の鼻粘膜は，上記のように血管を豊富に含むとともに線毛上皮や鼻腺を具えているから，鼻腔を通過する空気に適当な温度と湿度を与え，また空気中の異物を粘膜面の分泌物に吸着して線毛運動により常時排出している．このような鼻粘膜の作用によって，気道や肺に対する外界からの衝撃が緩和される．

嗅部 背鼻道の後位から中鼻甲介および鼻中隔に及ぶ狭い区域を占め，粘膜中に色素顆粒を含んで，各家畜に特有の色調を帯びている．この部分の鼻粘膜は嗅膜と呼ばれ，呼吸部のそれに比べて著しく厚く，嗅覚を司る．

5) 副 鼻 腔

鼻腔と交通する頭蓋骨の骨洞を副鼻腔 (paranasal sinus) といい，その内腔面は鼻粘膜から連続する薄い粘膜でおおわれている．副鼻腔は洞内に空気を含んでいるから，頭蓋骨の重量を軽減するほかに，断熱効果により頭部内部を温度衝撃から保護するなどの作用を持つものと考えられている．副鼻腔には上顎洞 (図V-43, 44(10))，前頭洞 (図V-42(17))，蝶形骨洞，口蓋洞 (図V-42(18)，図V-43(11))，鼻甲介洞および鼻骨洞の区別があり，それぞれが鼻道に連絡する．

(2) 喉　　頭

喉頭は気管の入口にあって，前方で舌骨と関節し，咽頭腔に開口する（図V-42，図V-45）．喉頭の入口は喉頭口と呼ばれ，食塊が嚥下されてその背方を通過する際には喉頭蓋(epiglottis, 図V-42(12))によって閉じられる．家畜の喉頭は数個の喉頭軟骨が組み合わさってつくられた箱形の器官で，内部の腔所を喉頭腔といい，発声器を含んでいる．各喉頭軟骨は関節面を具えるとともに靱帯や筋を付着させ，可動的に結合している．

1) 喉 頭 軟 骨（図V-45）

家畜の喉頭は次に示すような軟骨で構成されている．

甲状軟骨(1)　　喉頭の側壁および腹壁をつくる板状の軟骨で，喉頭軟骨の中で最も大きく，形はほとんどの家畜で楯形である．この軟骨は内側に声帯を保護しているから（図V-47），発声器と密接な関係にある．

輪状軟骨(2)　　甲状軟骨の後位を占め，第一気管軟骨(11)と輪状気管靱帯(19)で結ばれる．その形は背側部が幅広くなった指輪状で，気管軟骨に似ている．

披裂軟骨(3)　　輪状軟骨の前位を占める三稜形の軟骨で，その一部は甲状軟骨板に挟まれて

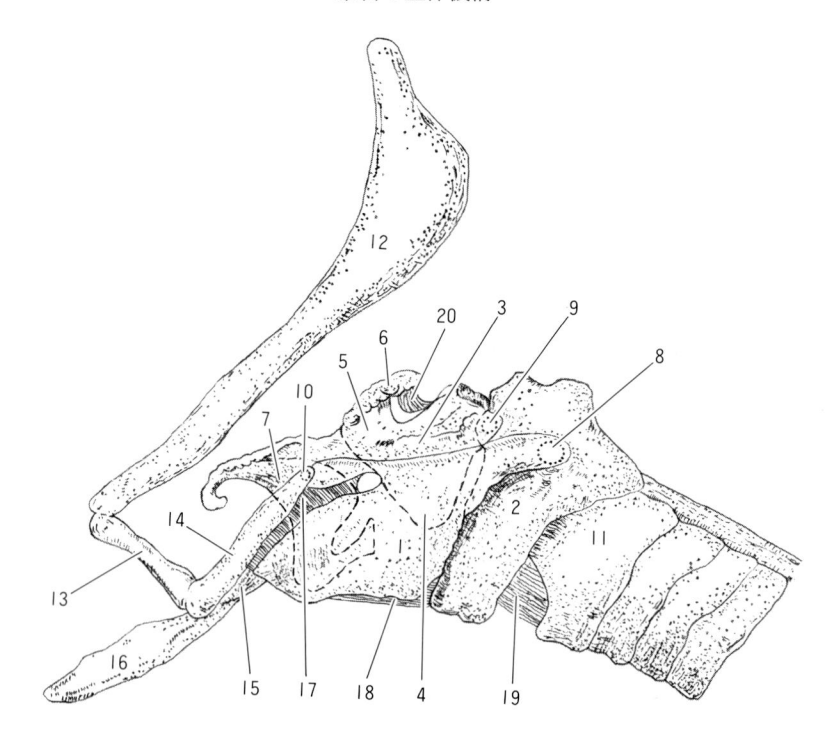

図 V-45 馬の喉頭軟骨 (側面, 点線は喉頭軟骨の輪郭を示す) (Ellenberger, W. et al., 1943, 一部改変)
1：甲状軟骨, 2：輪状軟骨, 3：披裂軟骨, 4：同, 声帯突起, 5：同, 尖, 6：同, 小角突起, 7：喉頭蓋軟骨, 8：輪状甲状関節, 9：輪状披裂関節, 10：甲状舌骨関節, 11：第一気管軟骨, 12：茎状舌骨, 13：角舌骨, 14：甲状舌骨, 15：底舌骨 (舌骨体), 16：同, 舌突起, 17：甲状舌骨靱帯, 18：輪状甲状靱帯, 19：輪状気管靱帯, 20：披裂小角靱帯

左右1対認められる．この軟骨は可動的で，声帯の緊張度を調節して発声機構に重要な役割を果たす．前腹端にみられる小突起は声帯突起(4)と呼ばれ，声帯靱帯を付着させる．前背端の披裂軟骨尖(5)に結合する小軟骨が小角突起(6)で，喉頭口の後縁を形成する．

喉頭蓋軟骨(7) 喉頭口の前縁を占めて甲状軟骨の内側から前背方へ突き出し，喉頭蓋の基礎をつくる．その先端が咽頭の方へ向かい，喉頭口に相対する面がくぼんだ弾性に富む扁平な軟骨である．嚥下反射に際しては，筋収縮によって舌根が後進して喉頭蓋を前方から圧迫すると同時に，喉頭が前上方へ引き上げられ，その結果，喉頭口は喉頭蓋に押しつけられて閉じる．

上記の喉頭軟骨のうち，披裂軟骨の声帯突起と小角突起および喉頭蓋軟骨は弾性軟骨からなるが，その他の軟骨は硝子軟骨で加齢によって骨化する．

2) 喉頭軟骨の連結

a. 喉頭の関節（図V-45）

喉頭軟骨は輪状甲状関節(8)，輪状披裂関節(9)および甲状舌骨関節(10)によって可動的に結合されている．

b. 喉頭の靱帯

喉頭軟骨は各種の靱帯によって相互に結ばれるが，特に発声機構に関係の深いものとしては，声帯粘膜に密着する声帯靱帯や前庭ヒダの基礎をつくる前庭靱帯などがある．

c. 喉頭筋（図V-46）

各喉頭軟骨を結ぶ喉頭固有の筋を喉頭筋と呼び，外，内側の2群に分ける．喉頭の外側に付着する筋としては，背側輪状披裂筋(1)，横披裂筋(2)および輪状甲状筋があり，これらは声門裂(6)の拡大，声帯軟骨間部の閉鎖や声帯の緊張などを司る．一方，喉頭の内側には外側輪状披裂筋(3)，室筋(4)および声帯筋(5)が付着し，いずれも声門裂を狭めるように作用する．

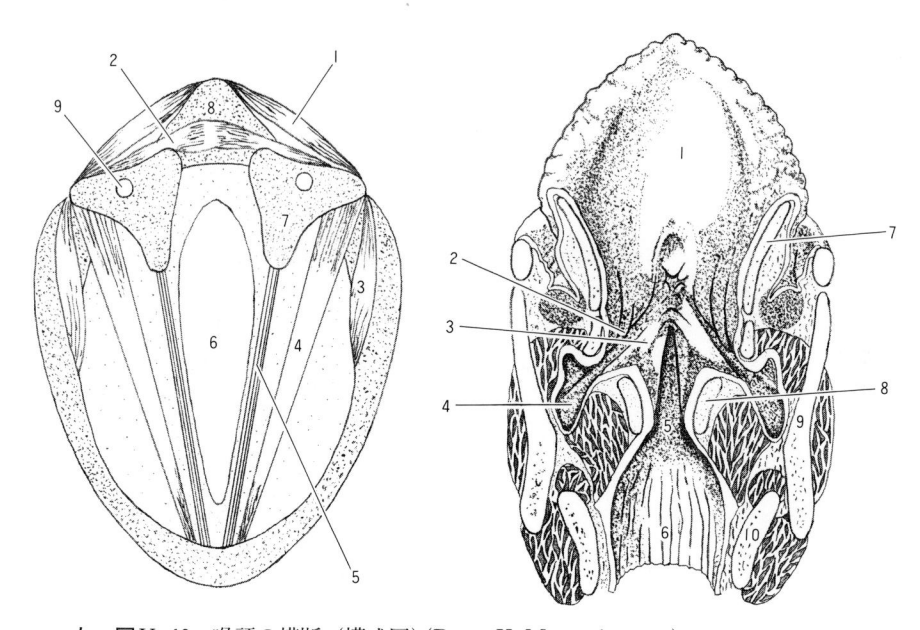

左：図V-46　喉頭の横断（模式図）(Dyce, K.M. et al., 1987)
1：背側輪状披裂筋，2：横披裂筋，3：外側輪状披裂筋，4：室筋，5：声帯筋，6：声門裂，7：披裂軟骨，8：輪状軟骨，9：輪状披裂関節の位置

右：図V-47　馬の喉頭腔（内腔面，背壁を切除）(Dyce, K.M. et al., 1987)
1：喉頭蓋，2：前庭ヒダ，3：声帯ヒダ，4：喉頭室，5：声門裂，6：声門下腔，7：喉頭蓋軟骨，8：披裂軟骨，9：甲状軟骨，10：輪状軟骨

3) 喉頭腔（図V-47）

喉頭腔の入口に当たる喉頭口は，一般に不規則な楕円形をしている．喉頭口の前部は喉頭蓋

軟骨，後部は披裂軟骨とその小角突起を土台にして，喉頭粘膜でおおわれる．

喉頭腔の左右の側壁には，気道とは直角の方向に背腹2対の喉頭粘膜のヒダが発達している．背位にある粘膜ヒダは前庭ヒダ(2)といい，その内部に前庭靱帯と室筋を含むが，発声には直接関係がない．両側の前庭ヒダの間隙を前庭裂という．腹位のヒダが発声器で，声帯ヒダ(3)または声帯と呼ばれ，この部分は軟骨間部と膜間部に区別される．軟骨間部は声帯の後部をつくって披裂軟骨の声帯突起を含んでいるから硬いが，膜間部はその前部にあって声帯靱帯と声帯筋が主体をなし，表面を粘膜でおおわれるから柔軟で弾性に富み，この部分を振動させて発声する．両側の声帯ヒダの間隙を声門裂(5)といい，声帯ヒダと声門裂を合わせて声門 (glottis) と呼ぶ．上記の両粘膜ヒダの間の部分は内腔がくぼんで喉頭室(4)がつくられ，共鳴装置としての機能を果たす．発声は，喉頭筋の作用によって披裂軟骨の位置を移動させて声門裂の開閉を行うとともに声帯を緊張させ，そこへ呼気を強く通過させることで行われる．声帯から鼻腔までの気道や口腔は，すべて共鳴器として利用されて声を増幅する．牛では前庭ヒダがなく，喉頭室は痕跡的である．

喉頭腔は2対の粘膜ヒダによって3つの部分に区別される．すなわち，喉頭口から前庭ヒダまでの部分が喉頭前庭で，これに続く前庭ヒダと声帯ヒダとの間の部分が中間喉頭腔，さらに声帯ヒダから下方の気管までの部分が声門下腔(6)である．牛では前庭ヒダを欠いているから，喉頭腔は声帯ヒダにより上，下の2部に区分される．

喉頭粘膜の上皮は前庭部では重層扁平上皮からなっているが，それより後方では多列線毛上皮に変わる．粘膜固有層には喉頭腺が多数含まれ，分泌物で粘膜面を湿潤させる．粘膜固有層および粘膜下組織は弾性線維に富み，リンパ小節がよく発達する．

(3) 気管と気管支

1) 気　　　管

気管(図V-42(13))は喉頭に続く管状の器官で，その位置によって頸部と胸部に分けられる．頸部は頸椎の腹位を下降して胸郭前口に至るまでの部分をいい，始め背位に食道(図V-42(15))を乗せるが，やがて食道が気管の左側に偏るから，頸長筋の腹側に直接接触して走るようになる．気管の頸部は胸郭前口を通過して胸腔内に入ると胸部となり，再び食道を背位に乗せ，縦隔の中を走って大動脈弓の右側で心底背位に当たる部位において左右の気管支に分かれる．この部分を気管分岐部と呼び，およそ第四～六肋骨の位置に当たる．

気管の全長は牛で60～70 cm，馬で75～80 cm，豚で15～20 cmである．

2) 気管の構造（図V-48）

気管は輪状の気管軟骨（3）を基礎にして形づくられ，各軟骨輪は一定の間隔で管状に並び，それらの間は弾性に富んだ線維膜や靱帯で結ばれている．このような構造であるから，気管は

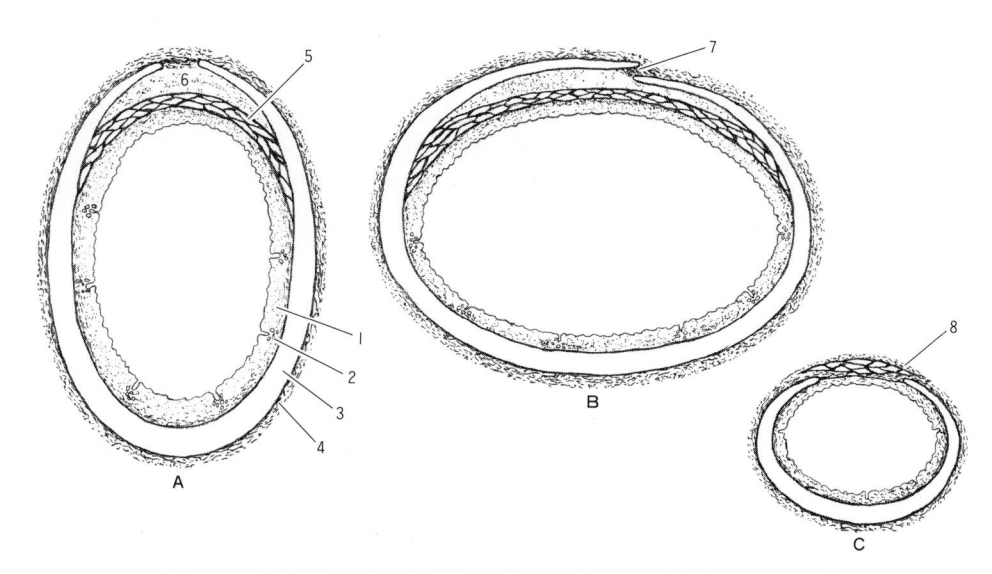

図Ⅴ-48　家畜の気管軟骨輪の形態（横断）(Dyce,K.M.et al.,1987)
A：牛，B：馬，C：犬
1：気管粘膜，2：気管腺，3：気管軟骨，4：外膜，5：気管横筋，6：粘膜下組織，7：横膜，8：膜性壁

管腔が常に開放された状態に保たれる．

　気管軟骨輪は，反芻類家畜(A)で縦長の楕円形，馬(B)や犬(C)では横長の楕円形，豚では円形で，いずれも背壁の一部が欠けていて，不完全な輪状をしている．反芻類家畜の軟骨輪は遊離端が彎曲して向かい合い，軟骨の欠けた間隙は結合組織で埋められる．馬の軟骨輪は気管頚部では遊離端が重なり合うが，胸部ものは端が離れて向かい合い，両端が結合組織性の横膜(7)で結ばれる．豚でも馬の気管頚部と同じように輪の遊離端が重なり合う．犬ではC字形をなし，輪の欠損部は結合組織からなる膜性壁(8)でおおわれる．そのほか，気管粘膜(1)に接して気管輪の背位を横断する気管横筋(5)があり，この筋は牛，馬および豚では輪の内壁を結ぶが，犬では膜性壁に含まれて輪の外部に認められる．

　気管軟骨輪の数は牛と馬で50〜60個，豚で32〜35個，犬で40〜45個ある．気管軟骨は硝子軟骨で，加齢によってしばしば骨化する．豚では隣接する軟骨輪の一部または全部が癒着することがある．

　気管粘膜の上皮は杯細胞が混在した線毛円柱上皮からなり，固有層には弾性線維が発達し，気管腺(2)が多数みられる．粘膜下組織(6)は軟骨輪の背部内側の間隙を埋めて脂肪組織に富む．

3) 気　管　支

　気管支は気管分岐部から左右の肺門に至るまでの短い部分で，それぞれ左および右気管支という．反芻類家畜や豚では，これらのほかに，気管が気管支に分岐する以前に，気管の右壁から右肺に対して直接1本の気管の気管支が送られる．

気管支の構造は基本的に気管とほとんど同じで，その基礎が気管支軟骨からなり，固有層には気管支腺が含まれる．

（4）肺

1) 位置（図V-49）と外形（図V-50, 図V-51）

肺は左肺と右肺の1対からなり，心臓(18)を挟んでそれぞれが左右の胸腔を満たしている．弾性と伸縮性に富む海綿様の器官で，生体では胸腔内が陰圧の状態にあるから，肺は受動的に拡張させられて，胸腔の大部分を占めている．呼吸運動によって胸腔を拡大させると，それに伴って胸腔内の陰圧が増して肺は拡張し，空気が吸い込まれる．

肺は円錐体を縦に二分してその半分を取り除いたような形をしていて，円錐の頂点に当たる狭い部分を肺尖(1)と呼ぶ．円錐の底面に当たる部分が肺底(2)で，横隔膜に広く接するから横隔面とも呼ばれる．肺の外側は肋骨面(3)といい，肋骨の弯曲に沿ってゆるやかに盛り上がっている．内側は縦隔に触れる内側面(4)で，この面の一部には心臓の陥入によってつくられた心圧痕(5)が認められる．心臓が正中位よりも左側に偏って位置するから，心圧痕は左肺で深い．したがって，右肺が左肺よりも大きく，形も左右で異なっている．肋骨面と内側面の境界部で背側に隆起した縁を鈍縁(6)と呼ぶ．また，肋骨面が内側面または横隔面に移行する腹側または底側の縁は鋭く薄い鋭縁(7)で，内側面との境界縁では心臓を抱いて心切痕(8)がつくられる．内側面には気管支，脈管，神経の出入門となる肺門があり，それらは胸膜で1つにまとめられて肺根をつくる．肺は葉間裂(13, 14)によって分葉され，各肺葉は葉間面で接触している．

肺はその大部分を胸膜でおおわれて胸腔中に遊離した状態にあり，肺門のところで気管支や血管によって支持されるとともに，縦隔胸膜が反転してつくられた肺間膜で保定される(21)．

2) 肺葉の区分（図V-52）

家畜の肺は，馬を除いて，鋭縁から鈍縁に向かって横走する葉間裂で数個の肺葉に分けられる．葉間裂は通常各肺とも前後2条みられるが，家畜の種類によってその数が異なっている．

各家畜における肺葉の区分は次の通りである．

馬(A)　　左，右肺とも葉間裂が全くなく，心切痕によって前方の前葉(1)と，後方の著しく大きい後葉(3)の2葉に分けられる．またこれらのほかに，右肺の内側面の腹位にはすべての家畜に共通してみられる小さい副葉(4)があって，縦隔陥凹に収められている．したがって，肺葉数は左肺2葉，右肺3葉の計5葉で，家畜の中で最も少ない．

豚(B)，犬(C)　　豚の左肺は深く弯入した心切痕によって前葉の前，後部(1', 1")と，後葉間裂(6)で後葉の合わせて3葉に分けられる．右肺は心切痕部に起こる前葉間裂(5)とその後位の後葉間裂によって，前葉，中葉(2)および後葉に分けられ，内側面の副葉を加えて4葉からなっている．犬の左肺は前後2条の葉間裂で前葉の前，後部と後葉の3葉に，右肺は豚と同様に4葉

V. 内　　臓

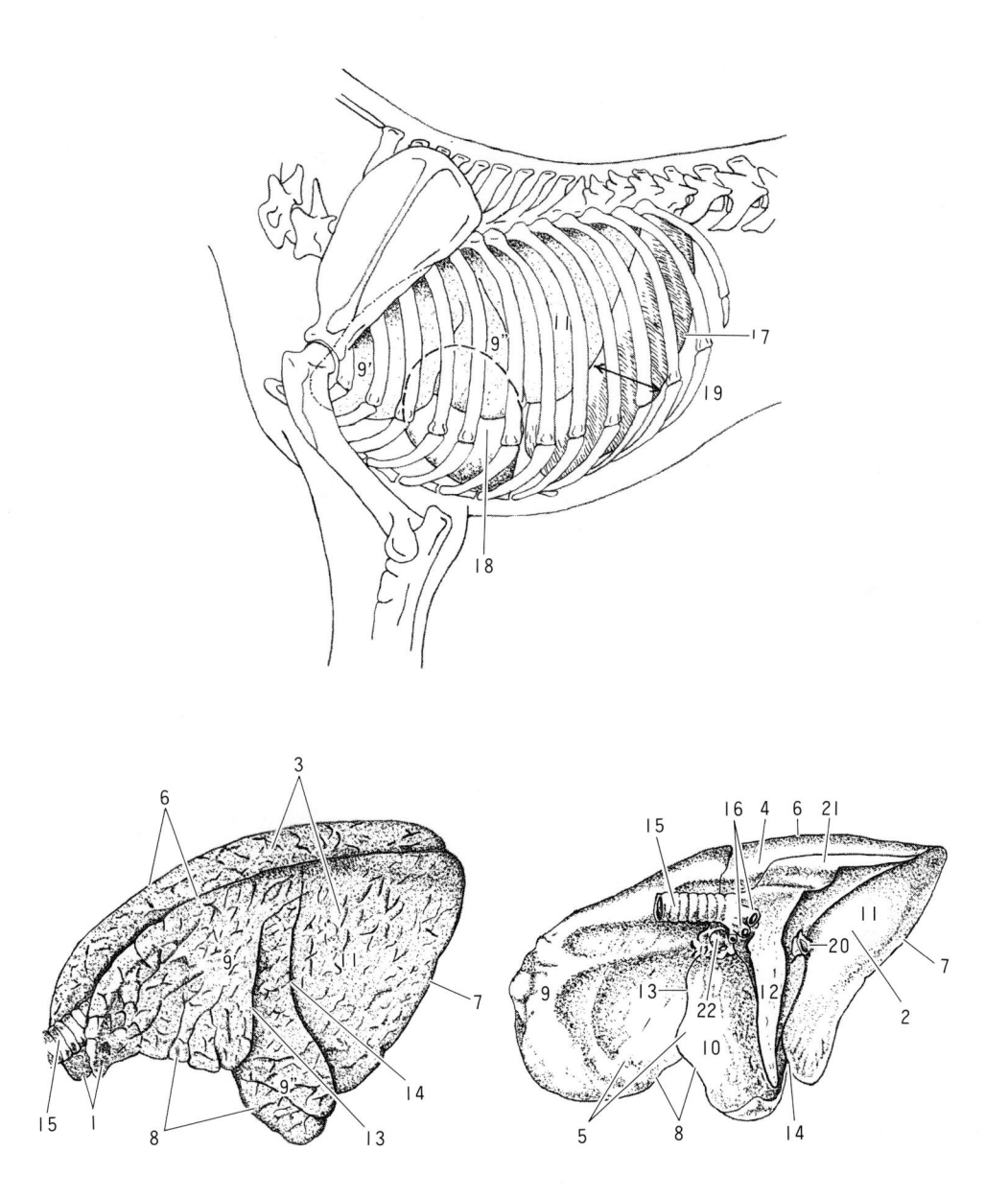

上：図V-49　犬の肺の位置（左側から見る，点線は心臓の輪郭を示す）(Dyce, K. M. et al., 1987)
下左：図V-50　牛の肺（左側やや背方から見る）(Ellenberger, W. et al., 1943)
下右：図V-51　犬の右肺（内側面）(Dyce, K. M. et al., 1987)
1：肺尖，2：肺底，3：肋骨面，4：内側面，5：心圧痕，6：鈍縁，7：鋭縁，8：心切痕，9：前葉，9'：前葉前部，9"：同，後部，10：中葉，11：後葉，12：副葉，13：前葉間裂，14：後葉間裂，15：気管，16：気管支，17：横隔膜，18：心臓，19：肋骨横隔洞（矢印），20：後大動脈，21：肺間膜の付着部，22：肺リンパ節

120 家畜の生体機構

に区別される。結局，豚と犬の肺は左肺3葉，右肺4葉の計7葉に分かれる。なお，犬の肺では葉間裂がよく発達して，深く気管支幹近くにまで入り込む。

反芻類家畜(D)　左肺は前後の葉間裂で前葉の前，後部と後葉の3葉に分けられる。右肺は深い心切痕と2条の葉間裂によって前葉の前，後部，中葉および後葉に区別されるほかに，副

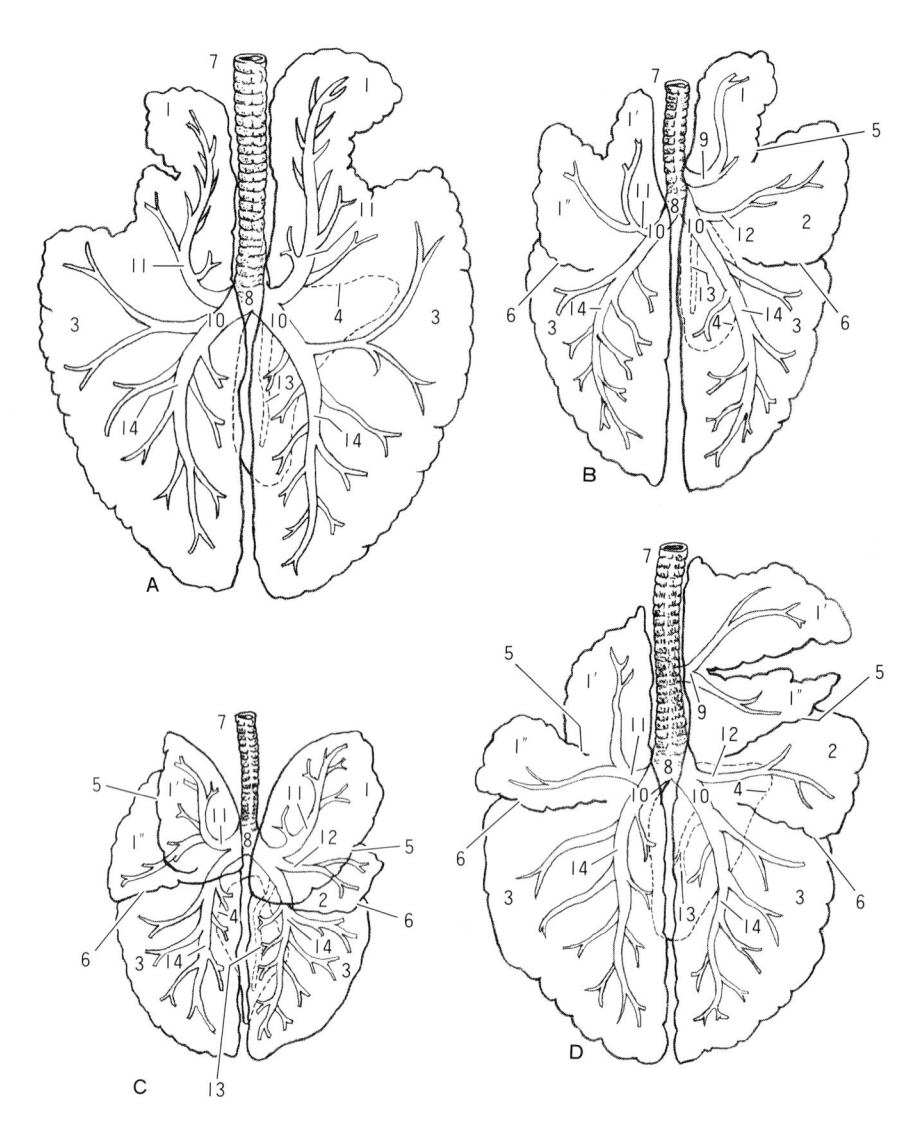

図V-52　各家畜の肺の分葉と気管支分岐を示す模式図(背側から見る)(Dyce, K.M. et al., 1987，一部改変)

A：馬，B：豚，C：犬，D：牛

1：前葉，1'：前葉前部，1"：同，後部，2：中葉，3：後葉，4：副葉（輪郭を点線で示す），5：前葉間裂，6：後葉間裂，7：気管，8：気管分岐部，9：気管の気管支，10：幹気管支，11：前葉気管支，12：中葉気管支，13：副葉気管支（点線で示す），14：後葉気管支

葉があるから5葉に分かれる．結局，肺葉数は左肺3葉，右肺5葉の計8葉で，家畜の中で最も多い．

3) 気管支の分岐（図V-52）

肺門から肺内に入った左右の気管支は，それぞれ幹気管支として鈍縁に沿って後方に走りながら各肺葉に葉気管支を送り，葉気管支から区域気管支を出して各肺区域に達し，さらにそれらの気管支は多くの区域気管支枝に分かれる．このようにして，気管支は分岐を繰り返して次第に細くなり，各家畜に特有の気管支樹（bronchial tree）をつくる．

各家畜における気管支の分岐状態は次の通りである．

反芻類家畜，豚 これらの家畜では気管支の分岐様式が類似しており，まず気管分岐部(8)よりも前位で気管から直接右肺の前葉に向かって気管の気管支(9)が送られる．この気管支は反芻類家畜ではさらに分かれて前葉の前，後部に達する．左肺の幹気管支(10)はまず1本の前葉気管支(11)を出して，これが後に前，後部に向かう2枝に分かれ，また，右肺の幹気管支は第一枝として中葉気管支(12)を分かち，この中葉気管支の分岐部近くの腹側から副葉気管支(13)が出る．左右の肺の幹気管支はさらに後方に伸びて後葉気管支(14)となる．

馬 左右の気管支は肺内に入ると，まず，前腹方に前葉気管支を分かち，幹気管支は肺底に向かって走り，後葉気管支となる．また，右肺では幹気管支の経路で気管分岐部に近い位置から副葉気管支が出る．

犬 左気管支は肺門で前葉気管支を出し，2枝に分かれてから肺内に入り，前葉の前，後部に達する．前葉気管支の分岐部から後方に向かう気管支は，肺の内側面から肺内に入って後葉気管支となる．右気管支は肺門において前葉気管支を出してから，後葉への進入部付近で中葉気管支を分かち，その内側から副葉気管支を送る．

4) 構　　造

肺は腺としての構造から見ると複合管状胞状腺に属し，肺胞部が腺の終末部に当たり，終末細気管支から気管支を経て気管に至る部分が導管に相当する．

a．肺小葉と細気管支（図V-53，図V-54）

肺の表面を包む肺胸膜は，間質として肺内に入り，ついには小葉間結合組織となって肺実質を多数の肺小葉（pulmonary lobule）に分ける．牛の肺のように間質がよく発達するものでは，肺小葉は肉眼で見分けられるが，その他の家畜では肺小葉の境界は不明瞭で，豚で肺小葉群が識別できる程度である．

肺小葉は不規則なピラミッド型をなし，その先端を肺門，基底を肺の表面に向けて位置している．前記の区域気管支枝はさらに分岐し，肺小葉の間を走るころには管径も細くなって小葉間細気管支(1)と呼ばれ，肺小葉の先端部から小葉内に入り，小葉細気管支(2)に移行する．この細気管支は小葉内で分岐を繰り返して終末細気管支(3)となり，小葉の周縁に向かって走る．

終末細気管支は呼吸細気管支(4)を出して肺胞管(5)に続き，ついに半球状の肺胞(alveolus, 7)が集まって嚢状構造になった肺胞嚢(6)に終わる．呼吸細気管支から肺胞嚢までがガス交換を行う呼吸部で，終末細気管支よりも末梢の部分を一次肺小葉(11)と呼ぶ．

以上のような肺内気管支の分岐につれて，気管支軟骨は次第に小片状となり，細気管支に達すると軟骨片も全く認められなくなる．また，粘膜上皮は多裂線毛円柱上皮から次第に低い単層線毛上皮となり，呼吸細気管支の部分になると線毛を失って単層立方上皮に変わり，肺胞管以後の部分では肺胞上皮に移行する．なお，終末細気管支の線毛細胞の間には円柱状で無線毛のクララ細胞（Clara cell）が介在し，脂質性の物質を分泌する．

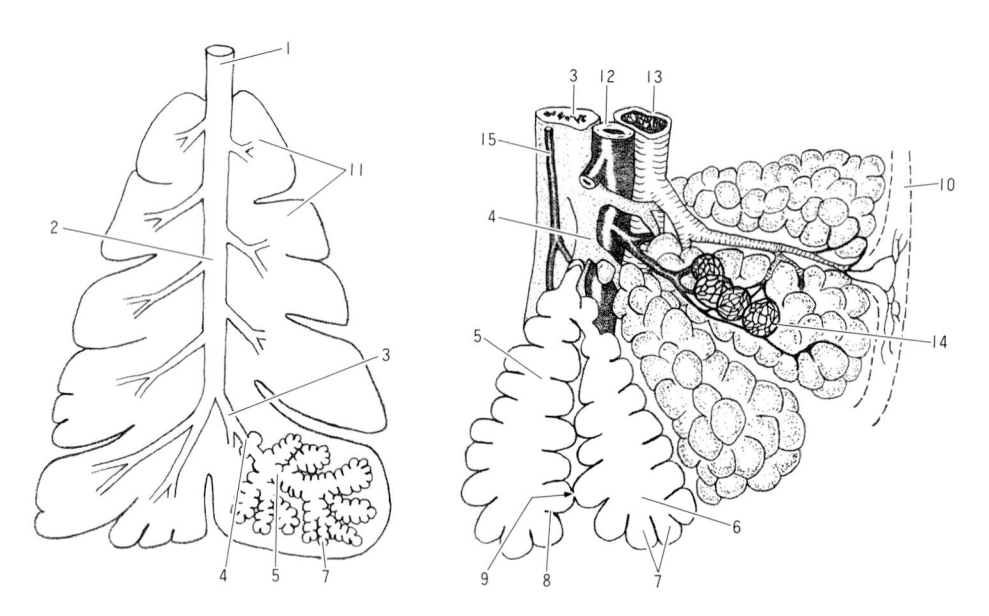

左：図V-53　肺小葉の模式図（加藤嘉太郎，1980）
右：図V-54　一次肺小葉の模式図（血管との関係を示す）(Kolb, E., 1962, 一部改変)
1：小葉間細気管支，2：小葉細気管支，3：終末細気管支，4：呼吸細気管支，5：肺胞管，6：肺胞嚢，7：肺胞，8：肺胞中隔，9：肺胞孔，10：肺胸膜，11：一次肺小葉，12：肺動脈，13：肺静脈，14：肺胞壁の毛細血管網，15：気管支動脈

b．肺胞の構造（図V-55）

肺胞は呼吸細気管支では数が少なく散在する程度であるが，肺胞管や肺胞嚢では群がって並んでいる（図V-53，図V-54）．各肺胞が接触する部分は肺胞中隔（図V-54(8)）と呼ばれ，ここにも細気管支から続く弾性線維(10)が入り込み，肺胞の過度の拡張を防ぐ．隣接する肺胞管や肺胞嚢の肺胞壁にはところどころに直径 $5\sim15\,\mu m$ の肺胞孔（図V-54(9)）がみられ，この小孔は肺胞の内圧の調節に役立つといわれている．

肺胞壁に分布する肺動脈の終末は，肺胞を緻密に取り囲んで毛細血管網（図V-54(14)）をつくる．肺胞腔と毛細血管腔(7)との間は肺胞上皮細胞(1)，基底膜(5)および毛細血管の内皮細胞(6)の3層で仕切られ，このきわめて薄い隔壁（厚さ $0.2\sim0.7\,\mu m$）を通してガス交換が行われ

る．肺胞内の空気と血液の中に含まれる酸素や炭酸ガスは，それらのガス分圧の勾配に沿って拡散し，隔壁を通過する．

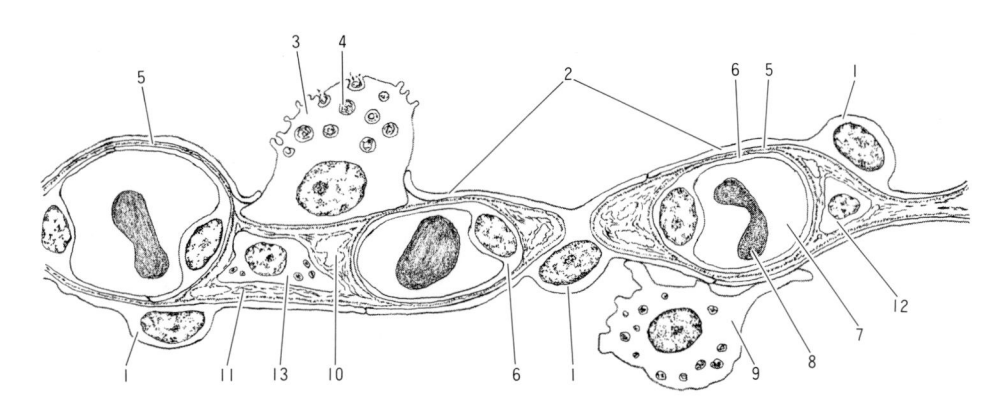

図Ⅴ-55 肺胞中隔の微細構造（模式図）（藤田尚男ら，1989，一部改変）
1：扁平肺胞細胞，2：扁平肺胞細胞の細胞質の薄い部分，3：大肺胞細胞，4：層板小体，5：基底膜，6：毛細血管の内皮細胞，7：毛細血管腔，8：赤血球，9：塵埃細胞，10：弾性線維，11：膠原線維，12：線維芽細胞，13：マクロファージ（大食細胞）

　肺胞の内壁をおおう肺胞上皮細胞には扁平肺胞細胞（小肺胞細胞またはⅠ型肺胞細胞）と大肺胞細胞（Ⅱ型肺胞細胞）の2種類がある．扁平肺胞細胞は比較的小型で扁平な細胞で，核の位置する部分以外の細胞質が非常に薄く，核の周囲に少量の細胞内小器官を含んでいる．肺胞におけるガス交換はこの細胞の薄くなった部分(2)を通じて行われる．一方，大肺胞細胞(3)は丈の高い大型細胞で，粗面小胞体とゴルジ装置がよく発達し，細胞表面に微絨毛を具えている．細胞の核上部には直径 $0.2〜2.0\mu m$ の電子密度の高い層板小体(4)がみられ，この顆粒は肺胞腔へ分泌されると肺胞内壁面の表面張力を低下させて，肺胞の収縮を防ぐといわれている．これらの肺胞上皮細胞のほかに，肺胞には塵埃細胞（肺胞大食細胞，9）が存在する．この細胞はしばしば肺胞上皮の表面に付着して，肺胞内に入った塵埃や異物を食作用によって細胞内に取り込む．

c．血管および神経
　肺にはガス交換にあずかる機能血管と肺組織に栄養を供給する栄養血管の2種類の血管が分布する．
　機能血管としては肺動脈および肺静脈（図Ⅴ-54(12,13)）がある．肺動脈は心臓の右心室から出て気管分岐部付近で2枝に分かれ，肺門から左右の気管支とともに肺に入り，肺内気管支に沿って分枝を繰り返して次第に細くなり，肺胞部に達して毛細血管網をつくる．ガス交換を行った後，毛細血管は次第に集合しながら気管支の走路を逆行して数本の肺静脈にまとまり，肺門を出て左心房に帰る．
　栄養血管としては気管支動脈（図Ⅴ-54(15)）および気管支静脈がある．気管支動脈は胸大動脈から直接起こり，肺門から入って気管支壁，小葉間結合組織および肺胸膜に分布する．一部

の血管は肺小葉内にも入り，肺胞部で肺動脈の毛細血管と豊富に吻合するから，肺動脈系の血管に血流障害が生じても吻合部を通じて呼吸作用が続けられる．毛細血管は後に合して気管支静脈となり，肺門から出る．

肺に分布する神経には迷走神経と交感神経があり，それらは血管に同伴して走行する．

(5) 鶏の呼吸器 （図V-56, 図V-57）

鼻腔は前方で上嘴の基部近くにある外鼻孔によって外界と交通し，後方では裂隙状の後鼻孔を経て咽頭，喉頭に連絡する．腔は狭く，鼻中隔で左右に仕切られる．鼻粘膜は粘液性の鼻腺を含み，背鼻甲介の粘膜は嗅上皮を具えている．副鼻腔としては広い眼窩下洞があり，鼻腔に通じる．

喉頭は家畜のものとは構造が著しく異なって，喉頭腔に当たる部分を欠くから声帯がなく，喉頭口の部分から直接気管に続く．喉頭軟骨は輪状軟骨と披裂軟骨だけからなる．

気管(6)は100～120個の完全な環状の気管軟骨輪を基礎にして形づくられ，それらが円筒状

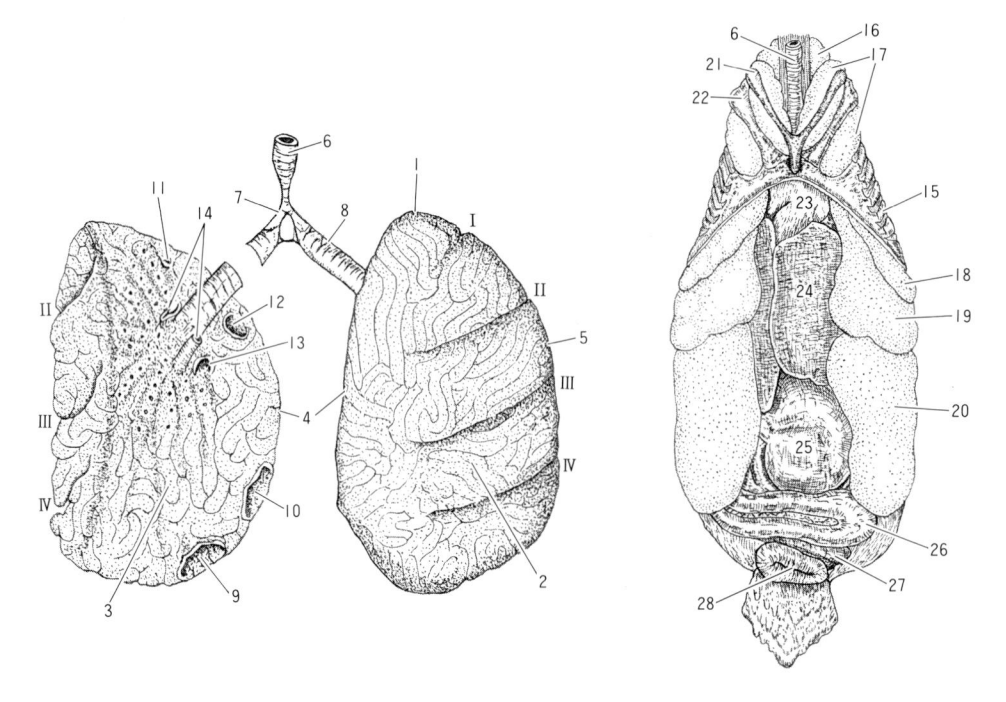

左：図V-56　鶏の肺（左肺は腹面，右肺は背面）(加藤嘉太郎，1980)
右：図V-57　鶏の気嚢（腹壁を切除して腹側から見る）(加藤嘉太郎，1980)
1：肺尖，2：肋骨面，3：横隔面，4：鈍縁，5：鋭縁，6：気管，7：気管分岐部(鳴管)，8：気管支，9：腹口，10：後胸口，11：頚口，12：鎖骨間気嚢との連絡口，13：前胸口，14：血管，15：肋骨，16：頚気嚢，17：鎖骨間気嚢，18：前胸気嚢，19：後胸気嚢，20：腹気嚢，21：鎖骨，22：烏口骨，23：心臓，24：肝臓，25：筋胃，26：十二指腸，27：空回腸，28：排泄腔，I～IV：第1～第4肋骨圧痕

に前後に配列し，各輪は線維膜で結ばれる．気管は始め食道の腹位を走るが，間もなく食道の左側に沿って走り，体腔中に入り，心臓の背位で左右の気管支(8)に分かれて肺に入る．気管分岐部(7)には発声器としての鳴管 (syrinx) がみられる．この部分は数個の軟骨輪が特殊化して鼓室となり，内鼓状膜とこれに向かい合う外鼓状膜との間に狭い間隙がつくられる．鼓状膜が家畜の声帯ヒダに相当し，それらを振動させて発声する．

肺は淡赤色の海綿様の器官で，胸郭の前背部で脊柱を介してその両側に位置し，前端(肺尖，1) は第一肋骨に，後端は腎臓に達している．肺の肋骨面(2)には肋骨がくい込んでつくられた4条の肋骨圧痕（Ⅰ～Ⅳ）がみられる．家畜の肺とは異なって，表面が胸膜の代わりに疎性結合組織でおおわれ，それで周囲の器官と緊密に結びつくから，肺は伸縮性が少なく，肺内の空気の移動は気嚢（air sac）の作用によって行われる．

肺の腹面にある肺門から肺内に入った気管支は，樹枝状に分岐せずに，幹気管支として肺内を後方に向かって通り抜けるが，その経路にあってやや広くなった部分を肺前庭と呼ぶ．前庭の部分より後方は気管支軟骨が消失して膜性気管支となり，肺の後縁の腹口(9)を出て，肺外の腹気嚢(20)に通じる．さらに膜性気管支の途中から後腹方に後胸気管支が出て，後胸口(10)を通って後胸気嚢(19)に連絡する．これらの2気嚢は気管から吸い込まれた空気を貯える吸気性気嚢である．また，幹気管支からは，前庭や膜性気管支の部分で多数の背および腹気管支（二次気管支）が派出される．背気管支は吸気の通路になるほかに，気嚢気管支を通じて吸気性気嚢とも連絡する．一方，腹気管支は呼気の通路になるが，一部の気管支はそれぞれの連絡口(11, 12, 13)で肺外の頚気嚢(16)，鎖骨間気嚢(17)および前胸気嚢(18)などの呼気性気嚢にも通じる．これらの背，腹気管支から多数の旁気管支（三次気管支）が出て，さらに旁気管支は無数の細い枝を出して他の旁気管支と連絡する．このようにして，気管支の末端が互いに連絡して終わりのない回路がつくられ，この部分が鶏の肺の呼吸部で，旁気管支は家畜の肺の終末細気管支に相当する．

気嚢は内層が粘膜，外層が体腔漿膜からなる薄膜で，内臓間や筋肉間のほかに骨質中にまで侵入し，嚢中には多量の空気を含んでいる．

肺内の空気の移動は次のような経路で行われる．すなわち，まず，吸い込まれた空気は幹気管支，膜性気管支を通って，その大部分が吸気性気嚢に入るが，一部の空気は膜性気管支から背気管支を経て旁気管支に達し，ガス交換の後に，腹気管支を通じて呼気性気嚢に循環する．呼気の際には，呼気性気嚢内の空気が腹気管支，幹気管支を経て気管から呼気として吐き出され，その一方で吸気性気嚢内の空気の一部が気嚢気管支を通って背気管支に入り，上記の経路によって呼気性気嚢に移動する．

3．泌尿器の構造と機能

生体は尿を生産する過程で，有用な成分を尿の中から選択的に再吸収して体内に戻し，残り

の代謝産物や過剰な物質を水分とともに体外に排出して，体液成分の濃度の調節を行っている．このような生体の内部環境の恒常性維持のために泌尿器（urinary organ）が重要な役割を果たしている．泌尿器は尿を生産する腎臓（kidey）と，尿の通路に当たる尿管（ureter），膀胱（urinary bladder）および尿道（urethra）からなる．

(1) 腎　　　臓

1) 位置（図Ⅴ-58）と形態（図Ⅴ-59〜61）

　腎臓は暗赤褐色で豆形の器官で，左右1対からなり，おのおのが通常第一〜四腰椎の両側の横突起の腹位辺りに位置する．腎臓の背側面は腹腔腰部の背壁に疎性結合組織で付着し，その反対側の腹側面だけが腹膜でおおわれている．腎臓と体壁との付着の程度は比較的緩やかで，特に左腎は腹腔臓器からの圧迫によって容易に移動する．反芻類家畜や豚では，腹膜と腎臓との間に脂肪が多量に蓄積して腎臓を埋めている．

　家畜の腎臓は，豚を除いて，左腎(1)が右腎(2)よりも少し後方に位置している．馬では右腎の位置は比較的安定しているが，左腎は後方に移動することがある．反芻類家畜の左腎は第一胃腎間膜で第一胃と結ばれていて，第一胃の運動や容積の変化につれて絶えず移動し，胃が膨脹したときには脊柱線を越えて右腎の後腹位に並ぶ．このように，正常な生理状態において元の位置から移動した腎臓を遊走腎（wandering kidney）という．豚では左腎が右腎に比べて少し前方に位置しているが，左腎はきわめて移動しやすく，骨盤腔の入口付近にまで後退することもある．犬でも左腎が胃の拡張によってしばしば後方へ転位する．

　腎臓の頭方の端は前端，尾方の端は後端という．背側の体壁に付着する面が背側面で，腹腔に向かう面が腹側面になる．脊柱に面する内縁のほぼ中央部はくぼんで腎門（renal hilus, 3）と呼ばれ，血管(24,27)，リンパ管，神経，尿管(5)などの出入門となり，内部に腎洞（renal sinus, 4）をみる．また，腎門のある脊柱側の縁が内側縁で，その反対側の隆起をみせる縁が外側縁である．

　哺乳類の腎臓は形態的に見て，多数の腎葉の集まりからなる葉状腎と，各腎葉が癒合して1つに合体した単腎に区別される．家畜の腎臓はすべて単腎であるが，腎葉の癒合の程度にかなりの差異が認められる．

　各家畜における腎臓の形態的特徴は次の通りである．

　牛（図Ⅴ-59）　　腎臓の形は他の家畜と著しく異なり，長楕円形で，表面に凹凸がみられる．20〜30個の腎葉(12)が部分的に癒合していて，表面には腎葉の境界を示す多数の溝(13)が現れ，外観的に葉状腎の形態を具える．割面を観察すると隣接の腎葉は皮質の深層や髄質の外帯の部分で互いに癒合している(14)．このため腎葉の腎乳頭(19)が分離してみられ，各乳頭を受ける腎杯（renal calyx, 9）は集合して尿管に続く．

　豚（図Ⅴ-60）　　豚の腎臓は縦に長い豆形をして，表面が滑らかである．外観的に腎葉を区

V. 内　　臓　　　　　　　　　　　　　　　　　　　　　*127*

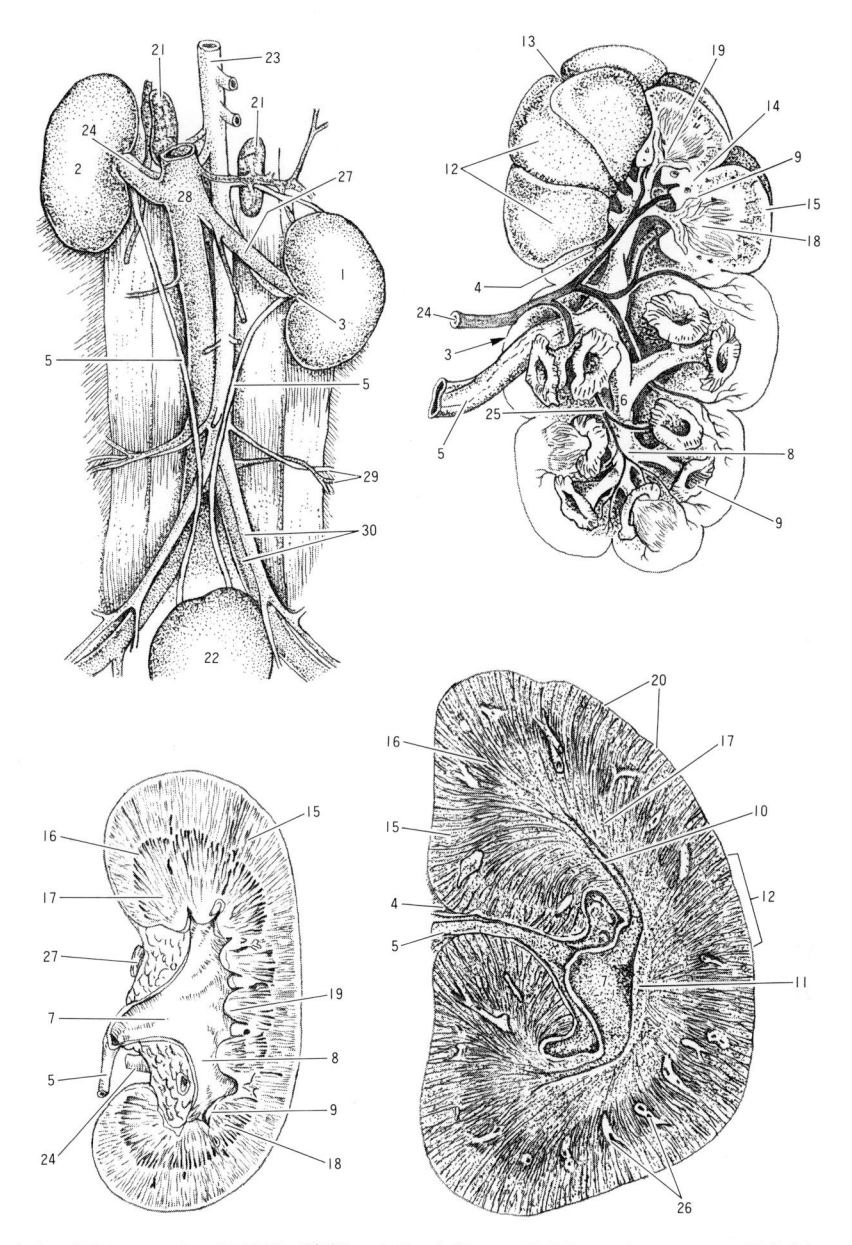

左上：図V-58　犬の泌尿器（腹側から見る）(Dyce, K.M. et al., 1987, 一部改変)
右上：図V-59　牛の腎臓（半模式図, 左上端を除く大部分で内部構造を示す）(Dyce, K.M. et al., 1987, 一部改変)
左下：図V-60　豚の腎臓（矢状断）(Dyce, K.M. et al., 1987)
右下：図V-61　馬の腎臓（矢状断）(Ellenberger, W. et al., 1943)

1：左腎, 2：右腎, 3：腎門, 4：腎洞, 5：尿管, 6：尿管の枝（導管）, 7：腎盤, 8：大腎杯, 9：小腎杯, 10：終陥凹, 11：腎稜, 12：腎葉, 13：腎葉の間の溝, 14：隣接の腎葉との癒合部, 15：皮質, 16：髄質外帯, 17：同, 内帯, 18：腎錘体, 19：腎乳頭, 20：放線部, 21：副腎, 22：膀胱, 23：腹大動脈, 24：腎動脈, 25：葉間動脈, 26：弓形動, 静脈（断面）, 27：腎静脈, 28：後大静脈, 29：深腸骨回旋動, 静脈, 30：外腸骨動, 静脈

別することはできないが，割面を観察すると腎乳頭は6〜12個に分かれ，それぞれが腎杯に連絡している．腎杯は合して腎盤（renal pelvis, 7）にまとまり，尿管に続く．

馬（図V-61），**めん羊，山羊，犬**　馬の腎臓は左腎が豆形，右腎がピラミッド形で，左右で形が全く異なっている．めん羊，山羊および犬の腎臓は典型的な豆形をしている．これらの家畜の腎臓では，腎葉が完全に癒合していて表面は滑らかである．割面の観察でも腎乳頭は合体して1つの総腎乳頭をつくり，直接腎盤に連絡する．

2) 構　　　　造

腎臓の表面は薄くて緻密な線維被膜で包まれ，この被膜は腎門部から脈管や神経とともに腎実質中に侵入する．線維被膜と腹膜との間には脂肪被膜があって，多量の脂肪蓄積がみられる．

a．内　　　景（図V-59〜61）

腎臓を縦に二分して断面を観察すると，腎実質は線維被膜に近い外層部の皮質と，その内層で放線状構造を示す髄質に区別できる．皮質(15)はさらに赤褐色で主に腎小体と曲尿細管を含む曲部と，黄白色で直尿細管の皮質への突出部に当たる放線部に分けられる（図V-66(22, 23)）．放線部(20)は肉眼的に縦線状の区域として識別され，髄放線（medullary ray）とも呼ばれる．これらの曲部と放線部は交互に配列し，両者を合わせて皮質小葉という．髄質は直尿細管や導管で構成され，皮質のすぐ内層にあって暗赤色を呈する外帯(16)と，最内層で淡赤色に見える内帯(17)に分けられる．髄質内帯の遊離縁には乳頭管が開口して，多数の乳頭孔が認められるから，この部分は篩状野と呼ばれる．牛や豚の腎臓では各腎葉の髄質内帯が腎錘体(18)をつくり，その先端は楔形の腎乳頭となる．また，他の家畜では内帯の遊離縁が総腎乳頭にまとまり，その中央部は弧形の腎稜(11)をつくって腎盤中に突き出ている．

b．微　細　構　造（図V-62〜64）

腎臓は腺の構造から見ると複合管状腺に属し，複雑に迂曲する尿細管（uriniferous tubule）と，結合組織，脈管などで構成されている．尿細管はネフロン（nephron）と導管部に大別されるが，その場合，ネフロンが腺の終末部に当たり，結合部以下の部分が導管に相当する．

　ⅰ）ネ　フ　ロ　ン

尿の分泌と再吸収を行う部位で，腎臓の最小構成単位となっているから，腎単位とも呼ばれる．腎臓におけるネフロンの数は牛400万個，馬550万個，めん羊100万個，山羊125万個，豚200万個，犬40〜50万個といわれる．ネフロンは尿細管の経路の順にさらに糸球体包，ネフロン近位部，ネフロンワナおよびネフロン遠位部に区別される．

糸球体包(1)　　外，内2層の単層上皮の壁(17, 18)からなる直径110〜150 μm の球形の小囊で，血管極(15)から入り込む糸球体（glomerulus, 図V-66(4)）を包んで腎小体（renal corpuscle, 図V-66(12)）となる．糸球体包の外壁と内壁との間には狭い腔所がみられ，この腔所は尿細管極(16)を経てネフロン近位部の曲部に続く．包の内壁は糸球体に直接密着し，血管極のところで反転して外壁に移行する．外壁は内壁よりも丈の高い上皮細胞でできていて，尿細管極

V. 内　　臓　　　　　　　　　　　　　　　　　　*129*

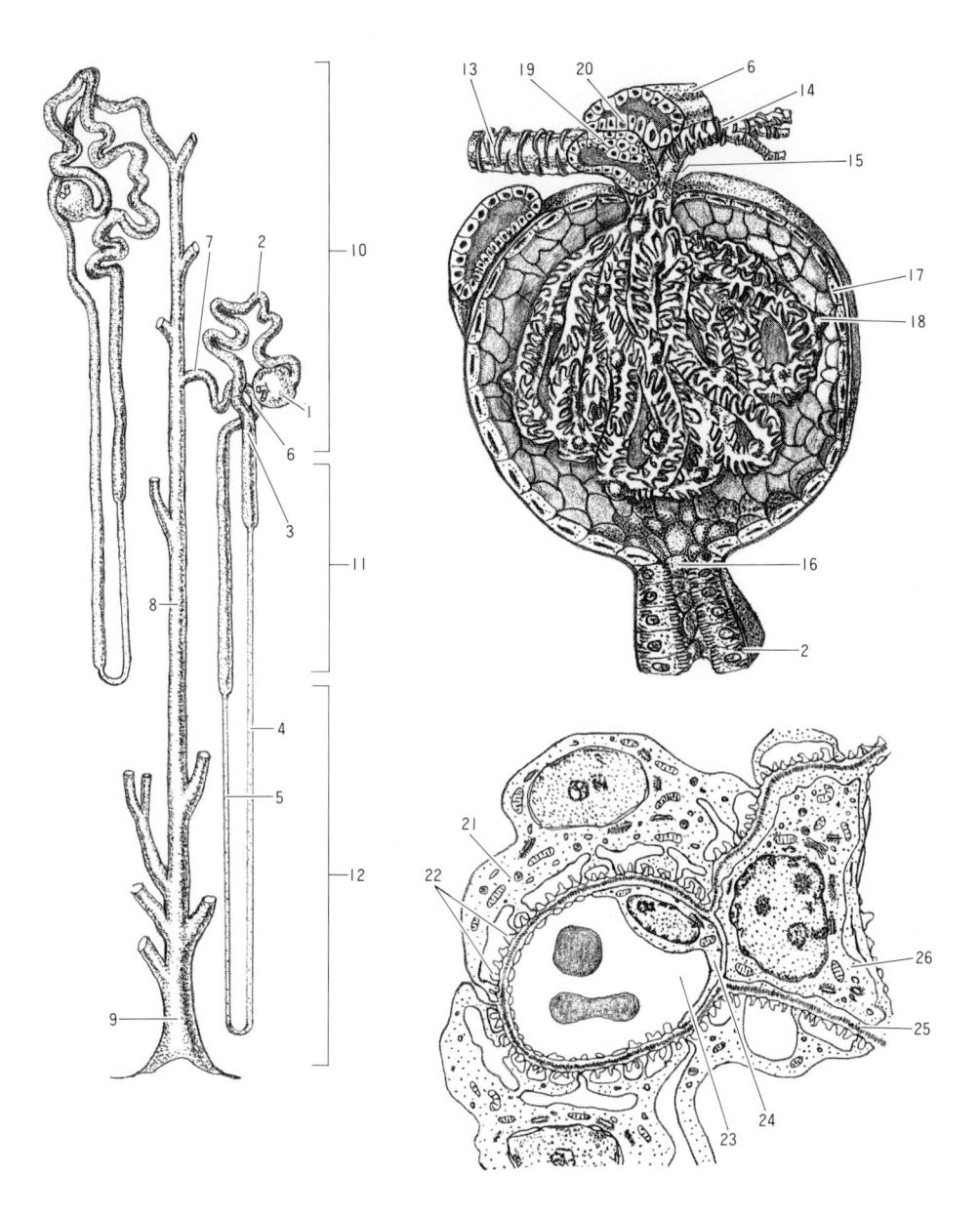

左：図V-62　尿細管の経路を示す模式図
右上：図V-63　腎小体の拡大図（Bloom, W. et al., 1975, 一部改変）
右下：図V-64　糸球体の血管と足細胞の関係を示す模式図（藤岡俊健, 1978）
1：糸球体包, 2：ネフロン近位部の曲部, 3：同, 直部, 4：ワナ下行部, 5：同, 上行部, 6：ネフロン遠位部, 7：結合部, 8：集合管, 9：乳頭管, 10：皮質, 11：髄質外帯, 12：同, 内帯, 13：輸入糸球体細動脈, 14：輸出糸球体細動脈, 15：血管極, 16：尿細管極, 17：糸球体包の外壁, 18：同, 内壁(足細胞), 19：傍糸球体細胞, 20：緻密斑, 21：足細胞の一次突起, 22：同, 二次突起, 23：糸球体の血管, 24：同, 内皮細胞, 25：基底膜, 26：血管間膜細胞

に近づくにつれてさらに高さを増す．

　内壁の上皮細胞は足細胞（podocyte）と呼ばれ，糸球体の血管の内皮細胞(24)と，両者の間に介在する基底膜(25)の合わせて3層で糸球体濾過膜を構成している．足細胞は放射状に伸びる一次突起(21)と，その突起からさらに細かく分枝した多数の二次突起(22)を持ち，これらの突起で基底膜に接する．各の足細胞から出る突起は他の細胞の突起と互いにかみ合い，隣接する突起の間には狭い間隙がみられる．糸球体の血管の内皮細胞と足細胞との間は大部分が基底膜で占められるが，ところどころで基底膜の間に血管間膜細胞(26)が入り込んでいる．この細胞は血管に伴って侵入した結合組織性の細胞で，支持作用のほかに食作用も持つとされている．

ネフロン近位部　　糸球体包に続く部分で，腎小体の周囲で複雑に迂曲する曲部（第一曲部，2）と，皮質中を髄質に向かってまっすぐに下降する直部(3)からなる．曲部は皮質にあって，曲尿細管の大部分をつくり，腎迷路とも呼ばれる．曲部の上皮は単層立方または円柱状で（図Ⅴ-65 A），一般に細胞の境界が不明瞭である．上皮細胞の自由表面には多数の微絨毛を具え，刷子縁が形成される．また，細胞基底部には深く陥入した細胞膜に沿ってミトコンドリアが縦線状に並ぶ基底線条が認められる．直部の上皮細胞の形態は曲部のものに似ているが，ネフロンワナに近づくにつれて次第に基底線条が減少する．

ネフロンワナ　　直尿細管の部分に当たり，皮質の放線部を髄質中へ下降するワナ下行部(4)と，急に反転して髄質中を放線部に向かって上昇するワナ上行部(5)からなる．腎小体が皮質の浅層部に位置する場合，それから続く尿細管は髄質外帯と内帯の境界付近で反転し，また，それが皮質の深層部に位置する場合は，腎乳頭に向かって深く下降し，髄質内帯の深部に達してから上昇する．ワナ状に反転する部分とその前後で尿細管は甚だ細くなっているが，時にはワナ下行部だけが細いこともある．ネフロンワナの細い部分の上皮は扁平で明るく，刷子縁や基底線条を欠いている（図Ⅴ-65 B）．ワナ上行部では，上皮は一般に立方または円柱状となり，細胞質中に短い基底線条が現れる．

ネフロン遠位部(6)　　ワナ上行部に続き皮質の放線部を経て曲部に戻り，糸球体包の血管極に近づいてここで再び迂曲するから，第二曲部とも呼ばれる．この部分の尿細管は第一曲部に比べて経路が短く，管径も少し細い．上皮は立方状で明るく，細胞質中には基底線条がよく発達するが，刷子縁はみられない（図Ⅴ-65 C）．また，血管極に接する尿細管には，管壁の上皮細胞が円柱状となって密集した緻密斑（macula densa, 20）が認められる．

ⅱ）導　管　部

ネフロンに続く尿の導管で，結合部，集合管および乳頭管に区別される．

結合部(7)　　導管の始まりの部分で，集合細管ともいわれ，皮質の曲部から再び放線部に出て集合管に続く．上皮細胞の形態はネフロン遠位部のものに似ている．

集合管(8)　　結合部をまとめて次第に管径を増し，放線部を髄質中へ下降する．上皮は円柱状で明るく（図Ⅴ-65 D），細胞の境界は明瞭である．

乳頭管(9)　　多数の集合管を集めて，ついに尿細管の終端の乳頭孔で腎杯または腎盤に開口

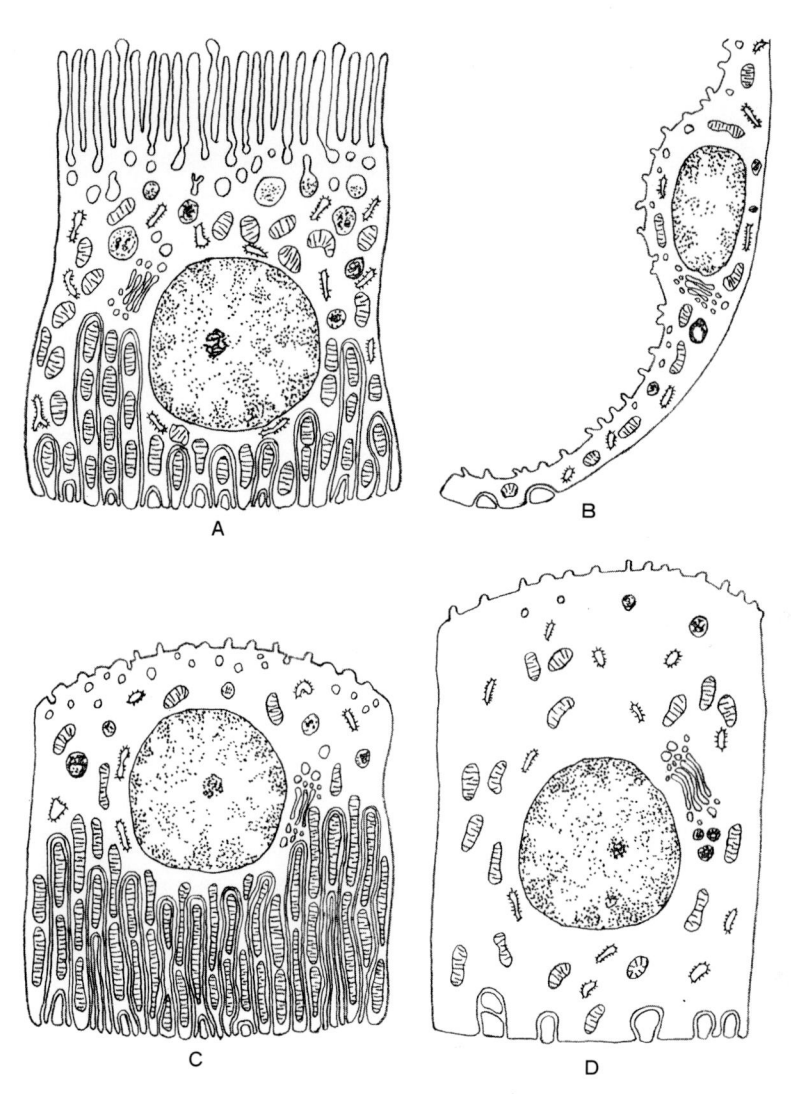

図V-65 尿細管各部の上皮細胞（模式図）（藤田尚男ら，1989）
A：ネフロン近位部の曲部, B：ネフロンワナの細い部分, C：ネフロン遠位部, D：集合管

する．上皮は高い円柱状で，乳頭孔付近では重層となる．

3) 血管（図V-66）および神経

腎動脈は腹大動脈から直接起こり，分枝して腎門から実質中に侵入すると葉間動脈となり，髄質の腎葉の境界を表面に向かって走る（図V-58，図V-59）．髄質外帯に達した葉間動脈は，弓形動脈(1)となって皮質と髄質の間を迂曲しながら，さらに皮質の曲部を表面に向かう多数の小葉間動脈(2)を派出する．この動脈から周囲の皮質の曲部へほぼ一定の間隔をおいて輸入糸球体

細動脈(3)が出て，糸球体包の中に入り込み，ここで複雑に迂曲する糸球体(4)をつくった後，輸出糸球体細動脈(5)として糸球体包を出る．輸出糸球体細動脈はやがて分枝して毛細血管となり，付近の尿細管壁を囲む．また，葉間動脈の終末は皮質から線維被膜に向かう被膜枝(6)となる．これらの動脈以外に，弓形動脈，輸入および輸出糸球体細動脈から分枝する多数の直細動脈(7)があって，それらは腎乳頭に向かって走り，その経路で尿細管を囲む毛細血管に移行する．牛や馬では小葉間動脈からも直細動脈が多数分枝する．

静脈は大体において動脈と並行し，まず，腎実質に分布する毛細血管は小葉間静脈(9)や直細静脈(10)に集まり，さらに弓形静脈(11)に移る．また，線維被膜の毛細血管は星状細静脈(8)を経て小葉間静脈に合流する．このようにして，各所の静脈はやがて葉間静脈にまとまり，腎静脈として腎門を出て，後大静脈に入る（図V-58）．

腎臓に分布する神経には交感神経と迷走神経があり，神経線維は腎動脈とともに腎門から実

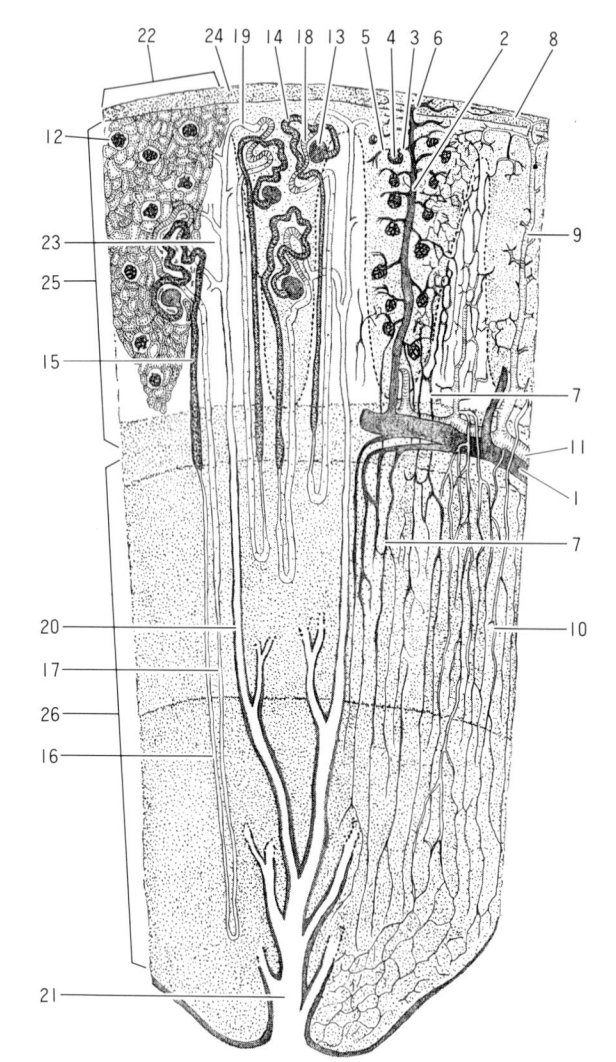

図V-66 腎臓の血管および尿細管各部を示す模式図（Trautmann, A. et al., 1949, 一部改変）

1：弓形動脈, 2：小葉間動脈, 3：輸入糸球体細動脈, 4：糸球体, 5：輸出糸球体細動脈, 6：葉間動脈の被膜枝, 7：直細動脈, 8：星状細静脈, 9：小葉間静脈, 10：直細静脈, 11：弓形静脈, 12：腎小体, 13：糸球体包, 14：ネフロン近位部の曲部, 15：同, 直部, 16：ワナ下行部, 17：同, 上行部, 18：ネフロン遠位部, 19：結合部, 20：集合管, 21：乳頭管, 22：皮質の曲部, 23：同, 放線部, 24：被膜, 25：皮質, 26：髄質

質中に入り込み，上記の血管に沿って走りながらそれらを網目状に囲む．また，輸入糸球体細動脈と同行する神経細線維は腎小体に達して，そこで終末をつくる．これらの神経は血管を収縮または拡張させて，血流量を増減させ，尿量の調節を行う．

4) 糸球体の機能

糸球体で血液から濾過されて糸球体包の内腔に出てくる液体は糸球尿といわれ，尿の生産過程でみられる最初の分泌液である．糸球体における濾過は，すでに一部説明したように，糸球体の血管の内皮細胞，基底膜および足細胞の合わせて3層の濾過膜によって行われる．糸球体の血管壁は有窓型の内皮からなり(図V-64)，細胞には直径 50～100 nm の小孔があって，血球その他の有形成分を除けば，血液中の各種物質が水分とともにこの細胞孔を通過する．血管の内皮細胞に接する基底膜は厚さ約 200 nm の完全な連続層をつくり，ここで限外濾過が行われて，蛋白質や脂肪などの高分子物質の通過が阻止される．しかし，基底膜には伸縮性があるから，時にはアルブミンのように比較的大きな分子の物質でも通過することがある．また，隣接する足細胞突起の間の間隙は 25～50 nm あるが，突起の表面や間隙には多糖類が存在していて，それが尿の濾過作用に重要な役割を果たすといわれている．このような濾過膜を通過して出てきた糸球尿は，無機塩類，グルコース，アミノ酸，尿素，尿酸，クレアチニンなどを含み，それらの濃度は血漿と大差がない．

糸球体の輸出細動脈は輸入細動脈よりも細いから，糸球体内の血圧が増して尿が容易に濾過される．糸球体内の血圧は 75～80 mmHg で，糸球体包の内腔圧は約 15 mmHg であるから，かなりの圧力差があることになる．しかし，血液には膠質浸透圧が 25～30 mmHg あり，結局，有効濾過圧は 35～40 mmHg となる．腎臓のすべての糸球体で単位時間当たりに血液から濾過される液量を糸球体濾過量 (glomerular filtration rate) といい，例えば牛の場合，1日の濾過量は約 1,000 l にも及ぶとされている．この糸球体濾過量は血圧や膠質浸透圧の変化によって増減する．

5) 尿細管の機能

糸球尿は尿細管を通過する間に，水分が再吸収されて次第に濃縮されるが，同時に，生体に必要な成分も選択的に再び体内へ取り入れられ，残りの成分が膀胱尿として体外に排出される．

糸球尿の成分の中で，水分，無機塩類，糖類およびアミノ酸などは再吸収されて血液中に戻る．尿細管で再吸収される水分量は糸球尿の約 99% にも達する．水分の再吸収はネフロン近位部からワナ下行部の部分で最も活発に行われ，ここでは Na^+ の能動的再吸収に伴って水分が受動的に再吸収される．また，特に尿細管の後半部で行われる水分の再吸収は下垂体後葉の抗利尿ホルモンの作用で促進するから，その部分を通過中に尿は濃縮され，液量が減少する．糸球尿中に含まれる無機塩類のうちで，Na^+ は尿細管の全般で能動的または受動的に再吸収され，そのほとんどが血液中に回収される．K^+ はほぼ完全に再吸収されるが，それが細胞中に過剰に存

在する場合には尿細管中へ分泌される．Cl⁻はNa⁺の再吸収に併行して受動的に再吸収されるから，尿中に残存する量はわずかである．これらの無機塩類の再吸収と分泌は副腎皮質のアルドステロンの作用によって調節されている．グルコースはネフロン近位部で能動的に再吸収され，正常な生理状態では尿中にほとんど検出されない．しかし，血糖値が上昇して糸球尿中のグルコース含量が尿細管の再吸収能力の限界を越えると，グルコースが尿中に現れて糖尿となる．糸球体濾過膜を通過できる低分子の血漿蛋白質やアミノ酸は，主にネフロン近位部で能動的に再吸収される．尿素，尿酸およびクレアチニンなどの代謝産物は部分的に再吸収されるが，その大部分が濃縮されて尿中に残される．また，H^+，NH_3および有機酸などは糸球体で濾過されて尿細管中に入るほかに，尿細管上皮によって管腔内へ分泌される．

6) 傍糸球体装置（糸球体傍複合体）

腎臓は血液中から尿成分をくみ取って排出するほかに，血圧の調節にも重要な役割を果たしている．輸入糸球体細動脈には血圧の変化に反応する部位があって，腎臓の血流量の減少または血圧の低下が起こると，傍糸球体細胞（糸球体傍細胞）が刺激されてレニン（renin）が血液中に分泌される．

傍糸球体細胞（図V-63(19)）は輸入糸球体細動脈が糸球体包に入る直前の部分に存在し，細胞質中には大型で電子密度の高い分泌顆粒がみられる．この細胞は血管壁の平滑筋細胞が上皮様細胞に変化したもので，すでに記述した緻密斑の上皮細胞の基底側に位置していて，両者は機能的に密接な関係にあるといわれている．さらに輸入糸球体細動脈と輸出糸球体細動脈との間で傍糸球体細胞の周辺には扁平な血管間膜細胞（Goormaghtigh細胞）が層状に密集している．これらの傍糸球体細胞，緻密斑および血管間膜細胞は，いずれも糸球体包の血管極付近にあり，一括して傍糸球体装置（juxtaglomerular apparatus）と呼ばれる．

傍糸球体細胞から分泌されるレニンは，蛋白質分解酵素で，アンギオテンシノーゲンに作用してアンギオテンシンIを生成し，さらにこれが変換酵素によってアンギオテンシンIIに変えられる．このアンギオテンシンIIは血管を収縮させて血圧を上昇させ，また副腎皮質に作用してアルドステロンの分泌を促進する．

(2) 腎杯，腎盤および尿管 (図V-67, 図V-68)

腎杯および腎盤は腎臓から出た尿を膀胱へ運ぶ導管系の始まりの部分で，家畜の種類によってそれらの形態が異なる．牛では小腎杯が腎乳頭の先端部をそれぞれ杯状に包み，それらは大腎杯に集まって後，腎洞内を前後に走る共通の導管に続くから，明らかな腎盤をみない（図V-59）．豚では小腎杯(1)が各腎乳頭の篩状野を漏斗状に取り囲み，それらがいくつか集まって大腎杯(2)となり，さらにまとまって腎盤(3)に連絡している．馬，めん羊，山羊および犬では腎盤が総腎乳頭に直面し，乳頭孔から流れ出る尿を受け入れる．また，これらの家畜では腎盤か

ら腎臓の前，後端に走る狭い終陥凹(4，図V-61(10))がみられ，ここにも乳頭管が開口している．

尿管は腎盤に続く導管の部分で，腎門を出ると腹膜でおおわれて脊柱の両側を後方に走り，やがて骨盤腔に入って膀胱の背部に達する（図V-58）．左右の尿管は次第に接近しながら，膀胱

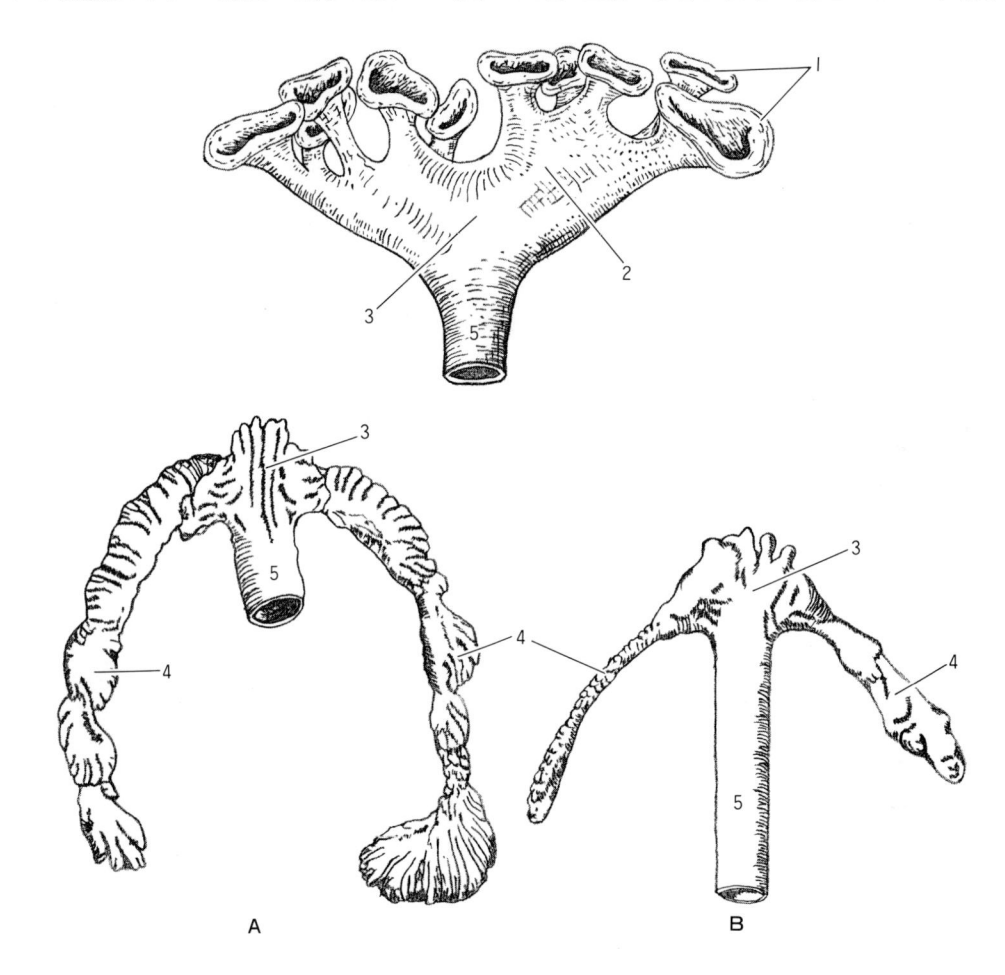

上：図V-67 豚の腎杯と腎盤（加藤嘉太郎，1980）
下：図V-68 馬の腎盤（A：右腎，B：左腎）(Sisson, S.et al.,1953)
1：小腎杯，2：大腎杯，3：腎盤，4：終陥凹，5：尿管

体背壁を斜めに貫通して，膀胱頚に近い部分に尿管口で開口する（図V-69）．

腎杯，腎盤，尿管の管壁は粘膜，筋層および外膜からなる．粘膜上皮は移行上皮で，腎盤から尿管へ移るにつれて次第に厚さを増す．筋層は通常2層の平滑筋層からなるが，部位によっては3層に区別され，これらの筋層の蠕動的収縮によって，尿は膀胱へ運ばれる．外膜は疎性結合組織で，上記の導管を周囲の組織と結合させる．

（3）膀　　　　胱

　膀胱は尿管を通過してきた尿を一時的に貯留する嚢状の器官で，きわめて伸縮性に富むから，中にたまっている尿の量によってその大きさ，位置，形が著しく変化する．

1）位　置　と　形　態（図Ⅴ-69）

　排尿直後の縮んだ膀胱は骨盤腔内に小さく収まって，雄では直腸，雌では子宮および腟の腹側に位置するが，尿が充満して膨脹するとその先端が腹腔中に突き出す（図Ⅴ-70，図Ⅴ-71）．
　膀胱は一般に洋梨形をしていて，腹腔へ向かう先端部が膀胱尖(1)，それに続く太い部分が膀胱体(2)，後位の狭い部分が膀胱頚(3)で，ここから内尿道口(7)を経て尿道に続く．膀胱の内壁面を見ると，壁を貫通した尿管が1対の裂隙状の尿管口(6)となって，膀胱体背側で頚に近く開口する．また，左右の尿管は膀胱壁内に入って，しばらく粘膜と筋層の間を互いに接近するように走るから，それぞれの走路に当たる粘膜面は隆起して尿管柱(4)となり，それらの間には平

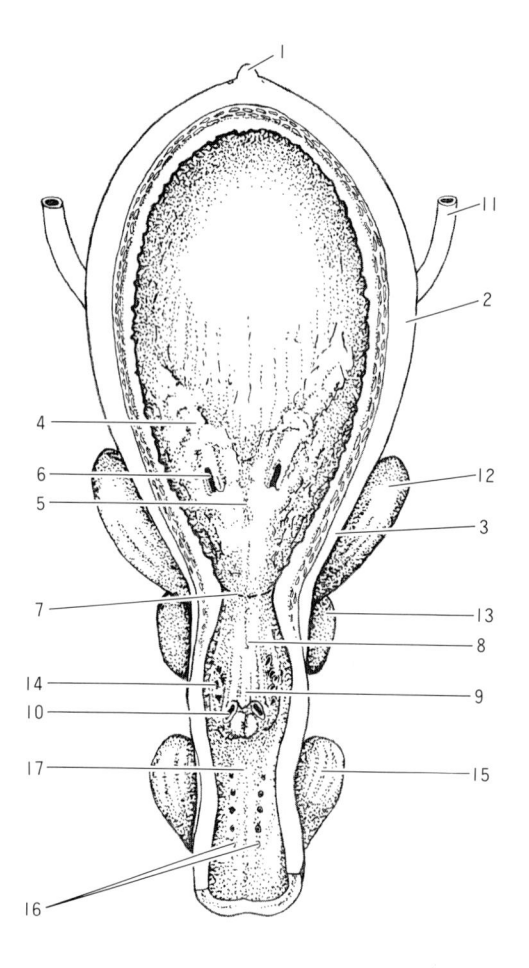

図Ⅴ-69　馬の膀胱（壁の一部を切除して腹側から見る）(Dyce, K.M. et al., 1987)
1：膀胱尖，2：膀胱体，3：膀胱頚，4：尿管柱，5：膀胱三角，6：尿管口，7：内尿道口（点線でおよその境界を示す），8：尿道稜，9：精丘，10：射精口，11：尿管，12：精嚢，13：前立腺，14：前立腺導管開口部，15：尿道球腺，16：尿道球腺導管開口部，17：尿道（尿生殖道）

滑な膀胱三角(5)がみられる．膀胱三角の頂点の部分から，さらに尿道の方へ続く粘膜ヒダは尿道稜(8)と呼ばれる．

膀胱は腹膜ヒダで骨盤壁や腹壁に保定され，また，疎性結合組織で周囲の器官と結ばれる．

2) 構　　　　造

膀胱壁は粘膜，筋層および漿膜からなる．粘膜上皮は尿管と同じように移行上皮で，粘膜固有層の外側には粘膜筋板がしばしばみられる．筋層は3層の平滑筋層からなり，内尿道口の部分では輪筋層がよく発達して括約筋となる．排尿時には，括約筋が弛緩するとともに膀胱の筋層が収縮して，尿を尿道へ送り出す．膀胱の最外層をおおう漿膜は腹膜が反転したもので，膀胱頸から後方では外膜に代わる．

(4) 尿　　　道

尿道は膀胱にたまった尿を体外に排出する通路で，その長さや構成が雄と雌で著しく異なる．

1) 雄　の　尿　道（図Ⅴ-70）

雄の尿道は雌に比べて非常に長く，骨盤部と海綿体部の2部に分けられる．尿道は，まず，膀胱の出口である内尿道口に始まり，骨盤腔内を骨盤結合に沿って後方に走る．この部分を尿道の骨盤部(7)という．内尿道口に続く部分の背壁で尿道稜の終端には，内壁面が肥厚してできた結節状の精丘がみられ，その両側に精管が射精口(6)によって開口する（図Ⅴ-69(9,10)）．内尿道口から射精口に至る尿道のきわめて短い部分だけが尿専用路で，それ以後の尿道は生殖道と共通の通路となり，尿生殖道を構成する．骨盤部には精管のほかに副生殖腺の導管が多数開口する（図Ⅴ-69(14,16)）．尿道は骨盤腔を出ると，すぐに前方に反転し，陰茎の尿道海綿体(10)で囲まれて海綿体部(8)となる．この部分の始まりは骨盤腔の出口付近で，そこには尿道海綿体が結節状に肥厚してできた尿道球(9)がみられる．また，尿道の終端は外尿道口(11)となって，陰茎の先端部に開口する．

尿道壁は粘膜，海綿層および筋層からなる．粘膜は縦ヒダに富み，その上皮は骨盤部では膀胱から続く移行上皮であるが，外尿道口に近づくと重層扁平上皮となる．固有層は弾性線維を豊富に含み，海綿層との境界が不明瞭である．海綿層は粘膜下組織中に静脈叢が発達したもので，陰茎の尿道溝に沿ってみられる部分を特に尿道海綿体と呼ぶ．筋層は内層の平滑筋と外層の横紋筋の両層からなり，骨盤部の横紋筋層は尿道筋といわれてよく発達する．

2) 雌　の　尿　道（図Ⅴ-71）

雌の尿道は短く，内尿道口を出て腟(9)の腹位を後方に走り，腟と腟前庭(10)の境界に外尿道口(5)によって開口する．この内尿道口から外尿道口に至る部分は尿専用路で，雄の尿道の内尿

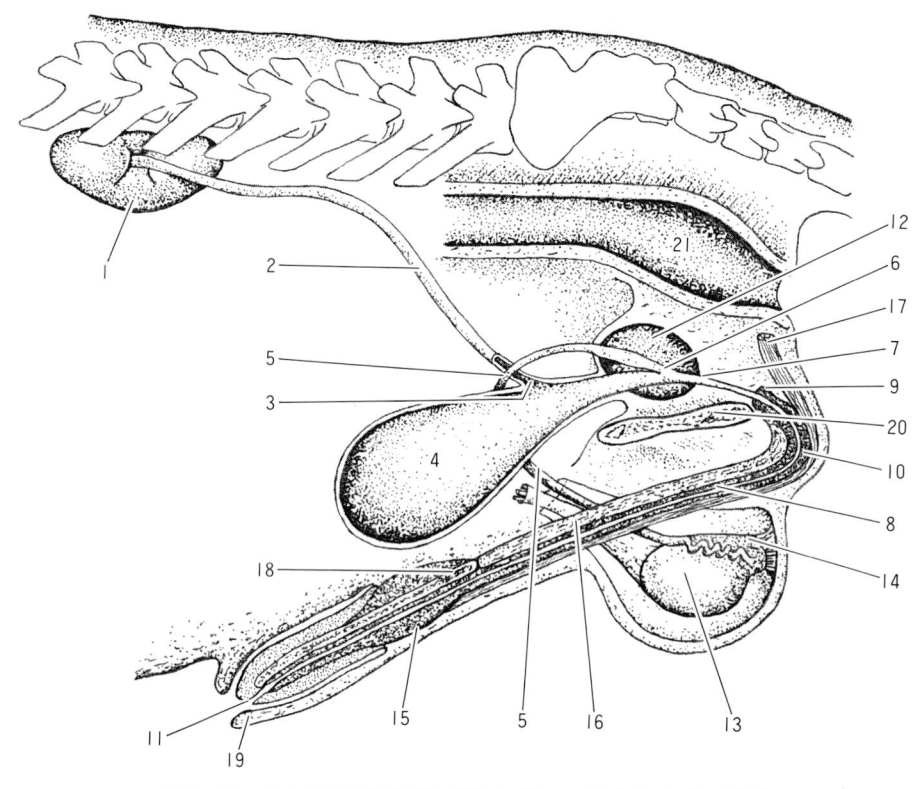

図V-70 犬の雄の尿生殖道（側面）(Dyce, K.M. et al., 1987)
1：腎臓，2：尿管，3：尿管口，4：膀胱，5：精管，6：射精口，7：尿道骨盤部，8：同，海綿体部，9：尿道球，10：尿道海綿体，11：外尿道口，12：前立腺，13：精巣，14：精巣上体，15：陰茎，16：陰茎海綿体，17：陰茎後引筋，18：陰茎骨，19：包皮，20：骨盤結合（断面），21：直腸

道口から射精口までの部分に相当する．

　尿道粘膜の上皮は重層扁平上皮で，粘膜下組織中には海綿層がみられる．筋層は平滑筋層と横紋筋で構成され，その外側を外膜で包まれる．

(5) 鶏の泌尿器 (図V-72，図V-73)

　腎臓は暗褐色で大形の器官で，脊柱に沿って左右1対みられる．複合仙骨や腸骨のくぼみを埋めて前後に長く，前，中，後葉の3葉(1,2,3)に分かれ，前葉は前方で肺の後端に達し，後葉の後端は直腸の背側にまで及んでいる．家畜の腎臓に比べて体に占める割合が大きく，遊走性は認められない．3葉のうちで前葉が最大で，中葉が最も小さく，いずれも腹側面を腹膜でおおわれている．

　腎臓の構造を見ると，皮質と髄質は家畜の場合に説明したような様式で配列せず，両者の境界も不明瞭である．しかし，各葉の腎小葉は多数の腎小体を含む皮質と，主に集合管からなる

V. 内　　臓

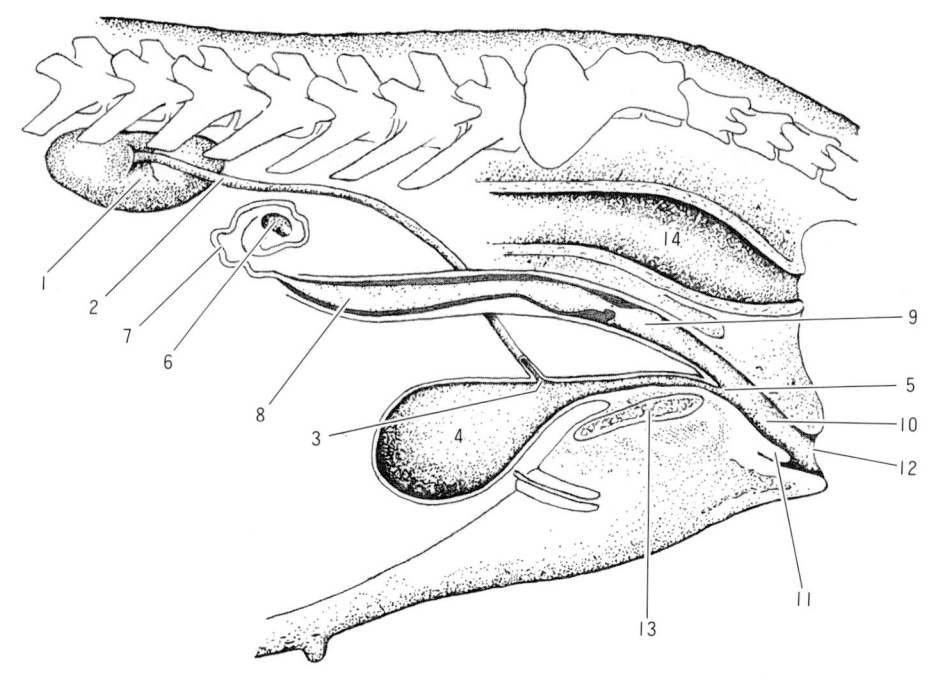

図V-71　犬の雌の尿生殖道（側面）(Dyce,K.M.et al.,1987)
1：腎臓, 2：尿管, 3：尿管口, 4：膀胱, 5：外尿道口, 6：卵巣, 7：卵管, 8：子宮,
9：腟, 10：腟前庭, 11：陰核, 12：陰門, 13：骨盤結合（断面）, 14：直腸

髄質で構成され，尿細管の走路や構造は基本的に家畜の場合に類似している．腎小体は一般に小型で，糸球体包の血管極付近には傍糸球体装置が存在する．糸球体包から続く尿細管は迂曲して曲部となり，その先はネフロンのワナをつくった後，小葉の中心部近くで再び迂曲するが，やがて周縁に向かい，集合細管を経て集合管に入る．小葉の周縁部を走る集合管は髄質集合管に集まり，さらに小尿管枝にまとまって尿管枝に連絡するから，腎盤と呼ばれるような部位をみない．尿細管の迂曲の程度は葉の部位によって異なり，特に周縁部では家畜の場合に比べて曲部の走り方が単純で，ネフロンワナも不明確である．

　腎臓に入る動脈としては腹大動脈(7)から直接起こる前腎動脈(8)と，坐骨動脈(9)の枝として派出される中および後腎動脈(10, 11)がある．これらの動脈はそれぞれの葉に入り込んで輸入糸球体細動脈となり，糸球体をつくる．輸出糸球体細動脈はやがて前および後腎静脈(13, 14)に集まって腎臓から出ると，総腸骨静脈(15)となって後大静脈(16)に合流する．以上の血管のほかに，家畜の腎臓にはみられない腎門脈系（renal portal system）と呼ばれる特異な静脈群が存在する．この門脈系に属するものは外，内腸骨静脈(17, 18)や坐骨静脈(19)などで，これらが後肢，骨盤壁，骨盤腔の臓器を流れてきた静脈血を運んで腎臓に入り，腎臓内で再び毛細血管となって尿細管を取り囲み，ここで輸出糸球体細動脈から続く血管と合流した後に，腎静脈に集まって腎臓を出る．また，外腸骨静脈が総腸骨静脈に移行する部位には門脈弁(24)があり，腎臓に流入する静脈血の量がこの弁の作用によって調節されると考えられている．

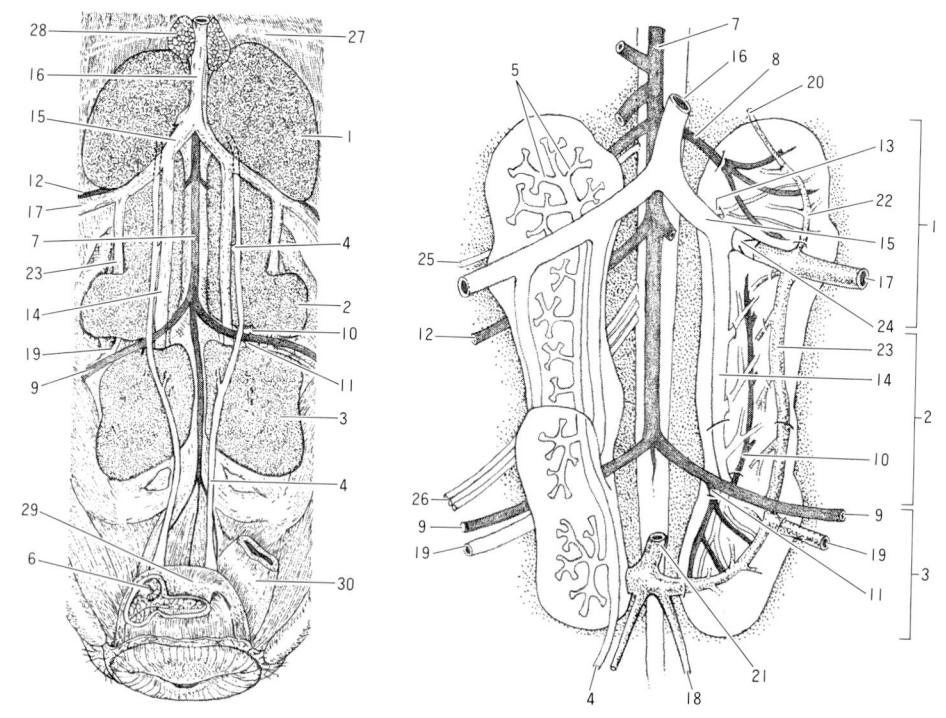

左：図V-72　鶏の雌の泌尿器（腹側から見る）(加藤嘉太郎，1980)
右：図V-73　鶏の腎臓の血管分布を示す模式図(腹側から見る，右腎は尿管の分布を示す)(Dyce,K.M.et al.,1987)
1：腎臓前葉，2：同，中葉，3：同，後葉，4：尿管，5：尿管枝，6：尿管の排泄腔開口部，7：腹大動脈，8：前腎動脈，9：坐骨動脈，10：中腎動脈，11：後腎動脈，12：外腸骨動脈，13：前腎静脈，14：後腎静脈，15：総腸骨静脈，16：後大静脈，17：外腸骨静脈，18：内腸骨静脈，19：坐骨静脈，20：椎骨静脈に合流，21：後腸間膜静脈，22：前腎門脈，23：後腎門脈，24：門脈弁，25：大腿神経，26：坐骨神経，27：肋骨，28：副腎，29：直腸（切断），30：卵管腔部（切断）

　尿管(4)は前葉の前端の内側縁に起こり，左右それぞれが腎臓の腹側に沿って後方に走りながら，中葉および後葉からの尿管枝(5)を合して，ついに排泄腔の背壁に開口する(6)．鶏では家畜の膀胱や尿道に相当する部位がみられないから，白色で半流動状の尿は糞とともに排泄腔を通じてしきりに体外へ排出される．

4．生殖器の構造と機能

　生殖細胞である精子と卵子の生産，卵子の受精と発生分化，胎子発育，分娩に直接関係のある器官を生殖器(reproductive organ, genital organ)という．生殖器はその生い立ち，機能，位置などによって生殖腺，副生殖器，副生殖腺に分けることができる．生殖腺は精子を生産する精巣と卵子を生産する卵巣からなり，内分泌器官としての役割も果たしている．生殖腺であ

る精巣と卵巣を除いた，その他の生殖器を総称して副生殖器と呼ぶ．副生殖器のうち，雄の膨大部，精嚢腺，前立腺，尿道球腺，雌の子宮腺，腟前庭腺を副生殖腺という．

(1) 雄性生殖器

雄性生殖器は生殖腺として精巣があり，副生殖器として精巣上体，精管および副生殖腺，陰茎がある（図V-74）．

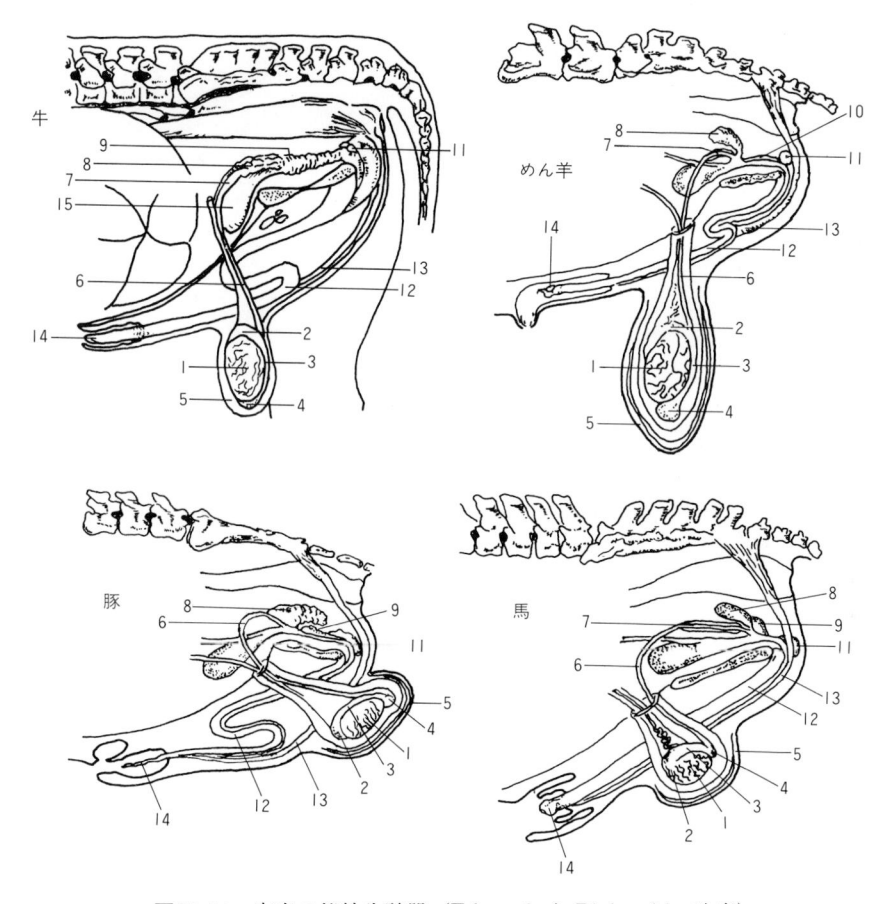

図V-74　家畜の雄性生殖器（Edwards と Bielanski，改変）
1：精巣，2：精巣上体頭，3：精巣上体体，4：精巣上体尾，5：陰嚢，6：精管，7：精管膨大部，8：精嚢腺，9：前立腺，10：前立腺伝播部，11：尿道球腺，12：陰茎，13：陰茎後引筋，14：陰茎亀頭，15：膀胱

1) 生殖器の発生

a. 未分化生殖腺の発生

原始生殖細胞（primordial germ cell）は早期胚の卵黄嚢内胚葉から生じ，発生場所は卵黄嚢

の尿膜に近接する部位である．後腸壁に移動し，背側腸間膜の間葉組織を経て生殖隆起に達する．牛では約 26 日齢の胎子で原始生殖細胞の生殖隆起への移動が起こる（図 V-75）．

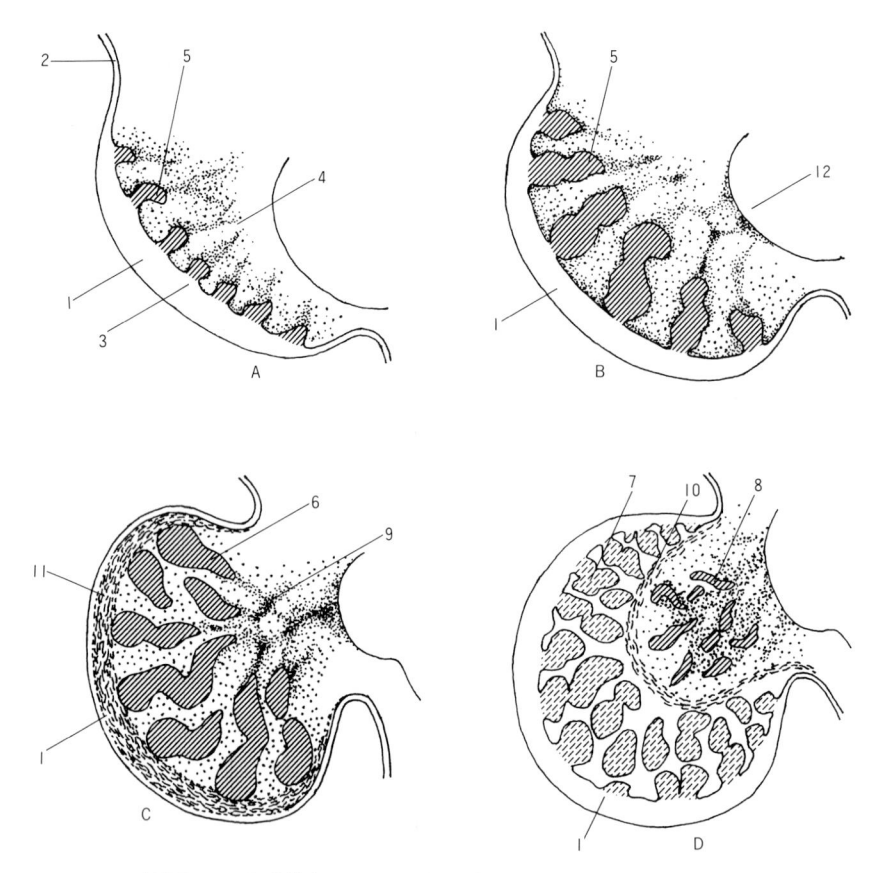

図 V-75　生殖隆起における生殖腺の分化（Witschi，改変）
A：未分化（一次性索の形成を開始した状態），B：一次性索の発現（性は未分化），C：一次性索より精巣へ分化，D：二次性索の発現と卵巣への分化，1：表在上皮，2：腹膜上皮，3：皮質，4：髄質，5：一次性索，6：精巣性索，7：二次性索（皮索），8：髄索（退化した一次性索），9：網索，10：未分化状態の白膜，11：白膜，12：中腎

生殖腺の原基は雌雄とも，中胚葉性の一対の生殖隆起(genital swelling，生殖巣堤；gonadal ridge) である．生殖隆起をおおう表在上皮は間葉組織から原始生殖細胞を取り込み，増殖肥厚して皮質になる．表在上皮細胞と原始生殖細胞は分裂増殖して細胞索となり，皮質から皮質下層の間葉組織へ細胞索が何本も伸びていく．この細胞索が生殖索 (gonadal cords) であり，特に一次性索 (primary gonadal cords) と呼び，これは次第に伸びて間葉組織の深層に形成されつつある網索と結合する．表層の皮質に対して深層の間葉組織を髄質と呼び，ここに雌雄いずれの生殖腺にも分化できる潜在能を備えた未分化生殖腺が出現する．

b．精巣と生殖道の発生

雄では未分化生殖腺の表面上皮から生殖索（一次性索）が発達し続け，髄質の間葉細胞に包

まれて精細管となる．索内には表面上皮由来の支持細胞（セルトリ細胞）が分化し，同じく分裂増殖した大型の精粗細胞を包む．生殖索は表在上皮から分離して髄質内に遊離する．間葉組織は生殖隆起の表面上皮直下に強靱な結合組織である白膜をつくり，精巣中隔，精巣縦隔，精巣網を区画し，精細管を直接囲む間質となる．間質をつくる間葉細胞のあるものは肥大して間質細胞（interstitial cell）に分化する．

精細管は成長して複雑に迂曲する曲精細管となり，さらに小葉を形成して小葉内で直精細管になる．1本の直精細管は網索から発達した精巣網に連なり，一方，精巣網は中腎細胞の名残りである精巣輸出管につながる．これに接続する中腎管（ウォルフ管，Wolffian duct）は精巣上体管になり，その集合したものが精巣上体である．これより後方のウォルフ管は精管となり，排泄腔に開口し，精管の遠位部からは精囊腺が発生する．したがって，精巣上体管およびこれに続く精管は，泌尿機能を失ったウォルフ管から発生する（図V-76）．

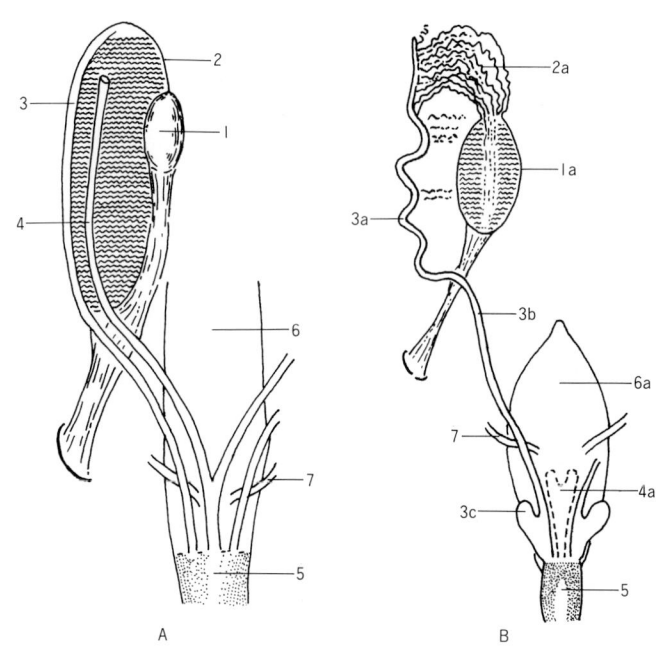

図V-76 雄性生殖器の発生（BlomとChristensen，改変）
A：未分化期，B：分化中の雄の生殖器，1：未分化の性腺，1a：精巣，2：中腎，2a：精巣輸出管，3：中腎管（ウォルフ管），3a：精巣上体管，3b：精管，3c：精囊腺の原基，4：中腎傍管（ミューラー管），4a：雄性子宮，5：尿生殖洞，6：尿膜管，6a：膀胱，7：尿管

雄では中腎傍管（ミューラー管，Müllerian duct）は退化消失する（雌ではミューラー管は子宮と腟に発達する）．尿生殖洞から尿道，前立腺，尿道球腺が発生し，前方端は雌の陰核に相当する陰茎に発達する．陰囊は生殖隆起が正中腺で癒合したもので，雌の大陰唇に相当する．

雄性生殖道の発達は精巣の間質細胞の分泌するアンドロジェンと精細管内の未分化セルトリ細胞から出されるグリコプロティンであるミューラー管抑制因子が関与している．これに対し

て，アンドロジェンの作用がない場合には雌性生殖道に分化する．

2) 精　　　巣

a．精巣の形と位置

精巣(testis)は長卵円形であり，発生の原位置である腹腔内の中腎の内側にとどまらず，精巣下降によって腹腔内を移動していき，陰囊内に収納されている．1側精巣重量は，牛250〜300 g，豚180〜300 g，めん羊200〜300 g，馬200〜300 gである．陰囊(scrotum)は精巣およびその付属器官を入れる皮膚の囊である．陰囊の壁は外側の伸縮性に富んだ薄い皮膚と，この内側の弾性線維や平滑筋線維の多い，腹壁の皮下組織の続きである肉様膜とからできている．皮膚は被毛が少なく，粗大な汗腺と脂腺が発達していて熱放散に有利な構造をしているが，豚は例外で皮膚腺がない．内部は陰囊中隔によって2室に分けられて左右の精巣が別々に収納されている．

b．精巣の構造

精巣の表面は厚い強靭な緻密結合組織層である白膜（tunica albuginea）でおおわれている．この白膜の表面には腹膜が癒合している．白膜は緻密結合組織の板を精巣内へ送り，一定区画の枠組みをつくっている．すなわち，長軸に沿って精巣縦隔が走り，これを中心として放射状に伸び出す精巣中隔がある．精巣縦隔は精巣を不完全に左右の両葉に分け，縦隔には精巣網（rete testis）と呼ばれる直精細管と精巣輸出管とを結ぶ網状の管系が収められている．中隔は

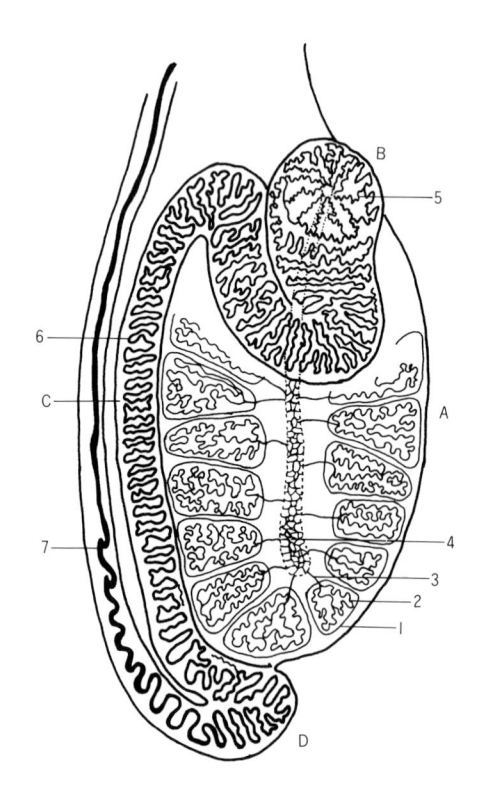

図V-77　雄牛の精巣と精巣上体の管系模式図（BlomとChristensen，改変）
A：精巣，B：精巣上体頭，C：精巣上体体，D：精巣上体尾，1：精巣小葉，2：曲精細管，3：直精細管，4：精巣網，5：精巣輸出管，6：精巣上体管，7：精管

精巣を多数の小葉に分け，各小葉の中に複雑に蛇行する曲精細管が収まっている（図V-77）．

i. 間質細胞

小葉において曲精細管の間を満たしている間質は，主に細網線維からなり少量の膠原線維を含む．間質には間質細胞（interstitial cell of Leydig），線維芽細胞，血管，神経，リンパ管などがある．間質組織の発達は家畜差があり，豚で最も発達する．

間質細胞はライディヒ細胞（Leydig cell）とも呼ばれ，細胞の形は多角形，または球形である．豚，馬では間質細胞が大きく数も多いが，反芻類，ウサギ，ラットなどでは細胞が小さく数も少ない．細胞質は好酸性に染色され，核は丸く明るく核小体が著明である．ステロイド合成細胞の特徴をそなえ，細胞質に滑面小胞体が豊富であり，小管状のクリスタを持つミトコンドリア，脂肪滴を持つ．

間質細胞はテストステロンをはじめとする2,3のアンドロジェンを分泌する．春機発動期になると，下垂体前葉から間細胞刺激ホルモン（Interstitial cell stimulating hormene（ICSH－雌のLHと同じもの））が分泌され，間質細胞の形態的発達とホルモン分泌が始まる．

ii. 曲精細管

精巣実質をなし，細長く非常に迂曲した上皮性の管で，1つの小葉に1～4本おさまっている．曲精細管（convoluted seminiferous tubule）は太さ約0.2 mm，長さ30～100 cmで，細く短い直精細管を介して，縦隔の中の精巣網に連絡している．精巣網の管系はさらに精巣輸出管および精巣上体管を経て精管へ続く．

iii. 精 上 皮

精細管の内面はセルトリ細胞（Sertoli cell）と精細胞からなる精上皮（seminiferous epithelium）でおおわれている．セルトリ細胞は精細管の基底部から内腔面まで達する巨大な細長い細胞であり，細かい突起が多数ある．その間に種々の発生段階の精細胞がはさまっているので，その形は複雑である．エオジン好性の大きな核小体と，クロマチンに乏しく明るい核を持つ．細胞質に脂質が含まれる．セルトリ細胞は精細胞に栄養を与え，また精子として成熟するまで精細胞を保持する．

もう1つは精祖細胞から精子に至る精細胞であり，ほとんど一生の間，分裂増殖を行っている．

iv. 精 子 形 成

精祖細胞（spermatoginium）から精子になるまでの全過程を精子形成（spermatogenesis）と呼び精子発生と精子形成の2過程に分けられる．精子発生は，精祖細胞の分裂増殖によって形成された一次精母細胞（primary spermatocyte）が第一成熟分裂（減数分裂）を行って二次精母細胞（精娘細胞，secondary spermatocyte）が生じ，さらに第二成熟分裂によって精子細胞（spermatid）が形成されるまでの過程である．この結果，1個の一次精母細胞から染色体数の半減した4個の精子細胞が形成され，その後は細胞分裂は起こらず4個の精子となる（図V-78，図V-79）．

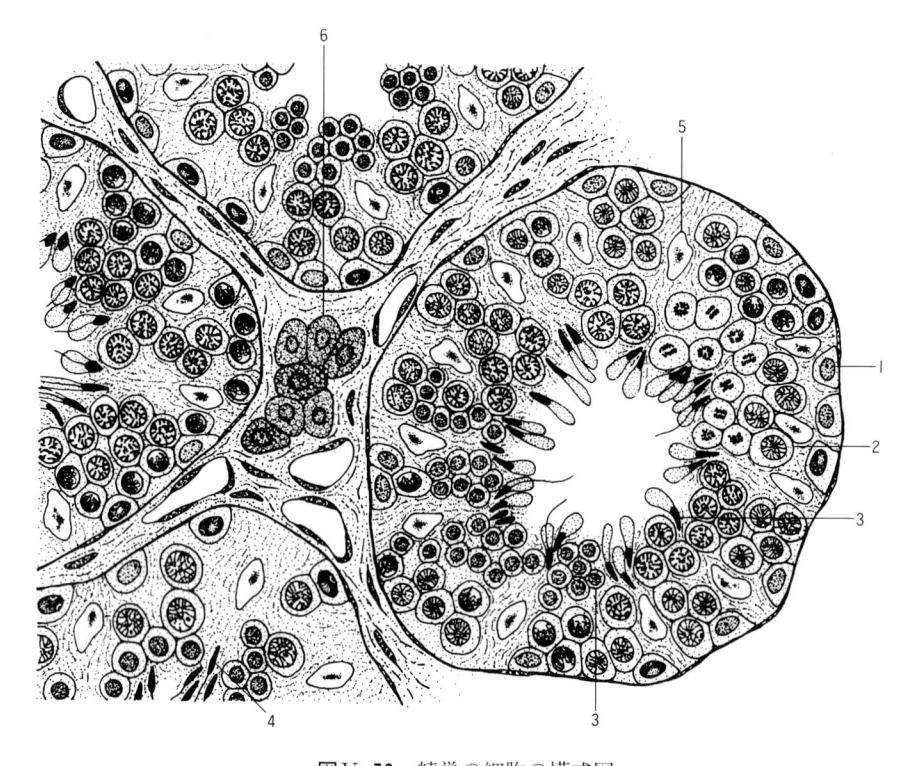

図V-78　精巣の細胞の模式図
1：精祖細胞，2：精母細胞，3：精子細胞，4：精子，5：セルトリ細胞，6：間質細胞

　精祖細胞はクロマチンに富む核を持つやや小型で円形の細胞で，基底膜に接している．一次精母細胞はクロマチンに富む核を持ち，円形で大型の細胞である．精子完成は精子細胞の形態が変化し，機能が分化して運動性のある尾部を持つ精巣精子が形成される過程をさす．精上皮においては基底部に精祖細胞があり，表層にいくにつれて成熟精子に近いタイプの細胞がみられる．しかし，精細管のすべての部分に，精子形成のすべての段階の細胞が一様にみられることはない．ある部分ではある限られた形成段階の細胞の組合せがみられ，別の部分にはまた別の組合せがみられる．
　精子形成の所要日数は，牛で60日，めん羊で50日，馬で55日ぐらいであり，豚ではこれらより短い．
　精子は頭部と長い尾部からなり，尾部は頚部，中片部，主部，終部に分けられる．頭部は受精能に尾部は運動能に関与している．頭部はほとんどが核からなり，核中に含まれるDNAの量は一般の体細胞核に含まれる量の半分である．頭部の前半部は先体（アクロゾーム，acrosome）でおおわれている．尾部は運動するための構造を持ち，特に中片部の中心は典型的な鞭毛構造をしている．中心には9弁の花模様の横断像を持つ軸糸がある．この軸糸は中央に1対（中心細管），周辺に9対（周辺細管）の微細管の断面を示し，微細管がいわゆる9+2様式をとって配列している．軸糸の外側を，太くて断面が花弁状の9本の外線維が取り囲み，さらに外側に

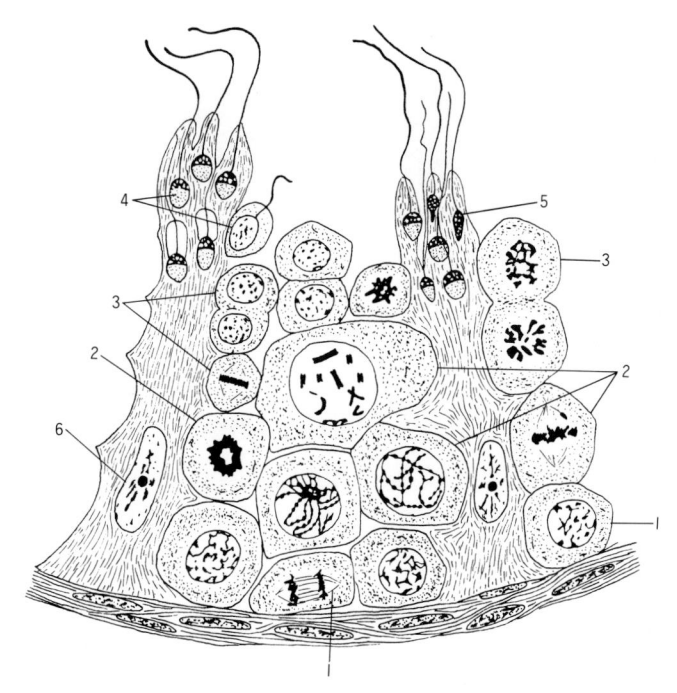

図 V-79 精細管上皮の細胞（Arey，改変）
1：精祖細胞，2：一次精母細胞，3：二次精母細胞，4：精子細胞，5：精子，6：セルトリ細胞

ミトコンドリア鞘が取り巻いている．

c．精巣の機能

　精巣は精子，ホルモン，分泌液を産生し，これらのホルモンと分泌液は精子の形成と生存に密接な関係を持っている．

　精巣の精子形成は下垂体前葉からの性腺刺激ホルモンおよび間質細胞から分泌されるアンドロジェンによってその機能が維持されている．精子完成の過程ではアンドロジェンが不可欠である．FSH の存在下でセルトリ細胞で産生されるアンドロジェン結合蛋白は，精細管内でアンドロジェンと結合し，これによって精子形成中の生殖細胞にアンドロジェンが供給される．セルトリ細胞はこの他，インヒビンを産生し，精細管液の分泌に関係し，退行精子などを浄化する食作用を持つと考えられている．精子形成は温度，加齢，季節などの影響を受ける．

　間質細胞は，精子形成や雄性副生殖器官の発育と機能の促進などの雄性繁殖機能の発現に必要なテストステロン，アンドロステンジオンなどのアンドロジェンを産生する．馬，豚，牛，犬などでは精巣からエストロジェンが分泌され，主にエストラジオール 17β とエストロンである．雄性動物に対するエストロジェンの働きは下垂体性性腺刺激ホルモン分泌の調節や性行動の発現に関係しているらしい．

　精巣は外分泌機構も有し，精巣液を分泌する．精巣液は主に精細管の分泌液であるが，精巣網からの分泌液も若干含んでいる．精巣液は主にセルトリ細胞で産生され，精子の生存と精巣

上体への輸送に役割を果たしている．

3）精巣上体

a．精巣上体の構造

精巣上体（epididymis）は精巣を長軸に沿って上方から後方へと巻いている細長い副生殖器で，頭，体，尾の3部からなる．精巣上体は線維性結合組織で包まれ，内部には精子を運び出す精巣輸出管（efferent duct）と精巣上体管（ductus epididymidis）が蛇行してつまっている．

頭部は精巣網から引き続く12～20本の輸出管が群がり，1本の精巣上体管にまとまる部位である．頭部を出た精巣上体管は，体部を経て尾部に達し，この部分から精巣上体を離れて精管となる（図V-77）．精巣上体管は1本の長い管であり，成熟牛で全長が30～40ｍある．

精巣輸出管は丈の高い単層円柱上皮でできており，ところどころに背の低い立方上皮からなる部分があるため細胞の高さの差が著しい．この円柱上皮細胞の大部分は線毛を持ち，線毛運動は精巣から遠ざかる方に向いている．線毛を持たない細胞は分泌機能を持つといわれている．

精巣上体管は，丈の高い円柱状の主細胞と円錐状の基底細胞からなる多列上皮である．主細胞は長い微絨毛の束からなる不動毛を備えている．この円柱上皮細胞には，核上部によく発達したゴルジ装置があり，脂肪滴，多数の水解小体，大小の空胞もみられ，さかんに分泌を行っている．

精巣上体管は基底膜に囲まれ，その外側を平滑筋の層が取り巻く．この層は管の下流へいくほど厚くなり，精管の筋層に移行する．

b．精巣上体の機能

精巣上体は精子を生存，成熟，貯留させる場所であり，老化精子などの細胞遺残物を摂取して浄化も行う．吸収能と合成能があり，精巣分泌液は輸出管と上体管，特に上体頭部で再吸収される．精巣精子は受精能がなく，精巣上体を通過中に成熟して受精能力を得る．精巣上体管のこれらの機能はアンドロジェンの支配下にある．

4）精管および副生殖腺

a．精管の構造と機能

精管（ductus deferens）は精巣上体尾部のところで明瞭な境なしに精巣上体管に連続する管で，著しく厚い筋層に包まれる．精管は精巣上体尾部から離れて，始め波状にうねりながら精巣上体に沿って精巣の頭端に向かって反転しながら走る．精管は鼠径管を通過して骨盤腔に入り，膀胱背面で左右のものが接近し，尿生殖ヒダの中で精管膨大部をつくり，尿道内壁の精丘と呼ぶ小さな円錐形の盛り上がりの部分に開口部をつくる．精管膨大部は馬で特に大きく，豚にはない．

精管の組織は精巣上体管と大差ない．その上皮は線毛を持たない単層または多列円柱上皮で，粘膜ヒダが発達する．膨大部には膨大腺を含む．精管では筋層がよく発達し，平滑筋が連続的

な螺旋構築をなし，射精にあたりこの筋の収縮によってその部分の精液がしぼり出されると同時に，上流から精液を吸い込むように働く．

精管は精巣上体に貯留した精子を尿道に導き，分泌および吸収作用を持つ．精子輸送時にみられる平滑筋の収縮作用は，オキシトシンと神経系の支配によって行われる．精管内溶液は精管上体および精管膨大部の分泌物である．

b. 副 生 殖 腺

副生殖腺は精囊腺（seminal vesicle），前立腺（prostate），尿道球腺（bulbourethral gland）からなり，これらの腺からの分泌液は射出精液の液状部である精漿の大部分を占める（図V-80）．

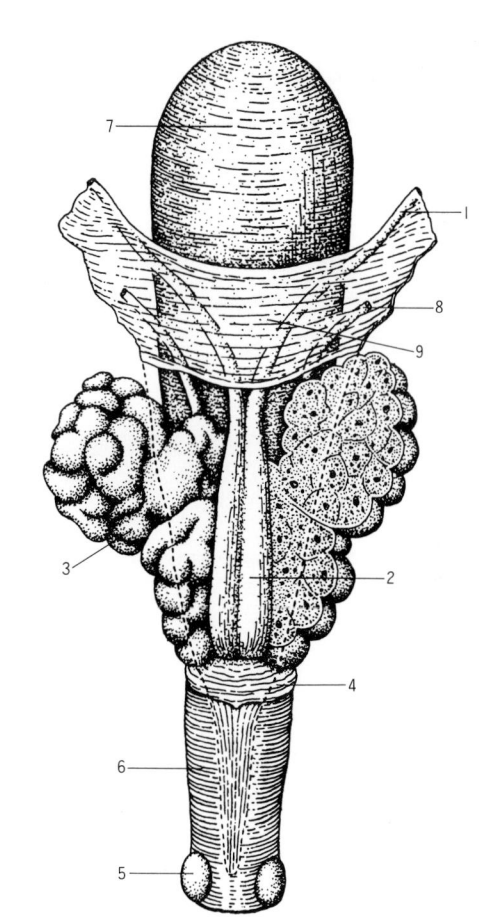

図V-80 雄牛の副生殖腺（Sisson，改変）
1：精管，2：精管膨大部，3：精囊腺，4：前立腺(体部)，5：尿道球腺，6：尿道筋，7：膀胱，8：尿管，9：尿生殖ヒダ

i. 精 囊 腺

膀胱頸の背外側にある一対の腺である．反芻類，豚では分葉状の充実した腺体であり，馬，ウサギのものは囊状である．犬，猫ではこの腺を欠く．導管は豚では精管と独立に尿道へ開くが，馬と牛では精管と合して1本の射精管をつくる．分岐管状腺であり，上皮は単層円柱上皮からなる．

精嚢腺は分泌機能を持ち，精嚢腺液は前立腺液とともに精漿の主な構成成分であり，牛では精液量の約半分を占める．分泌液はフラクトースとクエン酸に富み，フラクトースは精子の運動エネルギーを供給し，クエン酸は無機物とともに浸透圧の維持に役立つ．種々の酵素，蛋白も含まれる．

ⅱ．前　立　腺

牛では精嚢腺の基部付近で膀胱頚部の背側に位置し（前立腺体部），この他，前立腺の一部は尿道を取り囲んで尿道の筋肉の下にある（伝播部）．めん羊，山羊の前立腺は伝播部のみからなり体部を欠くので，外からはその存在を認めることができない．豚，馬では伝播部がなく体部のみからなる．多数の前立腺管が尿道に開口する．腺は複合管状腺で上皮は単層または2列性の円柱上皮が主である．

前立腺は分泌機能を持ち，前立腺液は精嚢腺液とともに精漿の主な部分を形づくる．家畜では前立腺の分泌機能は精嚢腺ほど活発でない．家畜の前立腺液の一部は尿道球腺液とともに，射精に際して尿道を洗浄する役割を果たす．

ⅲ．尿 道 球 腺

尿道球腺（glandula bulbourethralis）はカウパー腺（Cowper's gland）ともいい，骨盤の出口近くで尿道の背面に一対の腺体として存在し，精丘の後方で尿道の背壁に開口する．豚でよく発達して大きく牛では小さい．犬は尿道球腺を欠く．腺体は分岐管状腺で，一部は胞状腺である．腺上皮は単層または円柱上皮である．

射精に先立ち腺から粘液様物質が分泌され，尿道の洗浄に役立つとともに精液の構成分でもある．分泌液は精嚢腺液や前立腺液に比べて少量であるが，豚では，精液の15～20%を占める．

5）陰　　　　茎

陰茎（penis）は排尿器であるとともに交尾器である．陰茎根，陰茎体，陰茎亀頭よりなる．家畜では陰茎亀頭以外の部分は腹壁の続きの皮膚により包まれ，亀頭は包皮内に遊離する．陰茎は反芻類では陰嚢の尾方で，豚では陰嚢と臍との間でS字状に屈曲していて，勃起時にこの部位が伸長する．長さは馬50 cm，牛90 cm，豚30～40 cm，めん羊30 cmぐらいである（図Ⅴ-81）．

陰茎の主体をなすものは海綿体であり，陰茎海綿体と尿道を包む尿道海綿体とからなる．海綿体は膠原線維の白膜で包まれ，勃起のときの海綿体の内圧を外から押さえる働きをしている．亀頭は馬と犬でよく発達する．豚では陰茎の先端が螺旋状にねじれて細く，亀頭をつくらない．反芻類では亀頭はほとんど発達せず，亀頭海綿体を包む亀頭帽がある．めん羊，山羊では陰茎の先端から3～4 cmの細い管として尿道が突出している．

6）雄鶏の生殖器

雄鶏の生殖器は精巣，精巣上体，精管および交尾器からなる．哺乳類にみられる副生殖腺に相当するものはないが，鳥類の精液は精管の後端に近く位置する脈管豊多体から出る液で希釈

V. 内　　臓

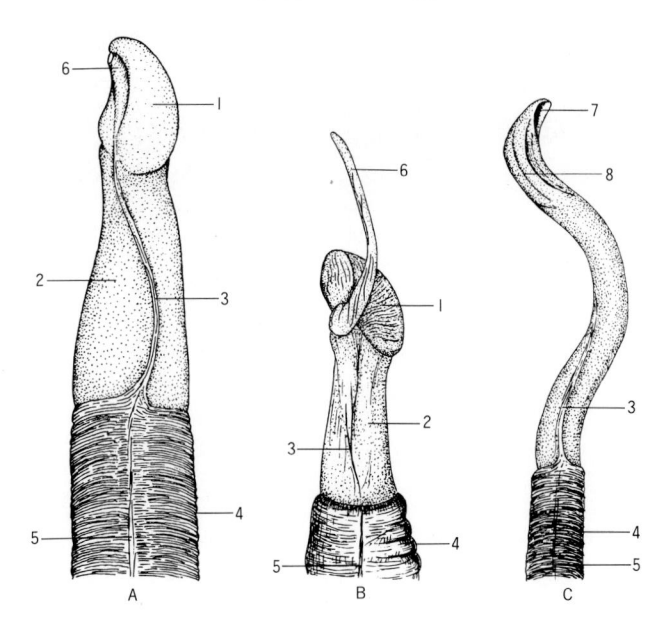

図V-81　家畜の陰茎先端（加藤嘉太郎，改変）
A：牛，B：山羊，C：豚，1：亀頭帽，2：亀頭，3：包皮小帯，4：包皮，5：包皮縫線，6：尿道突起，7：外尿道口，8：亀頭に相当する部分

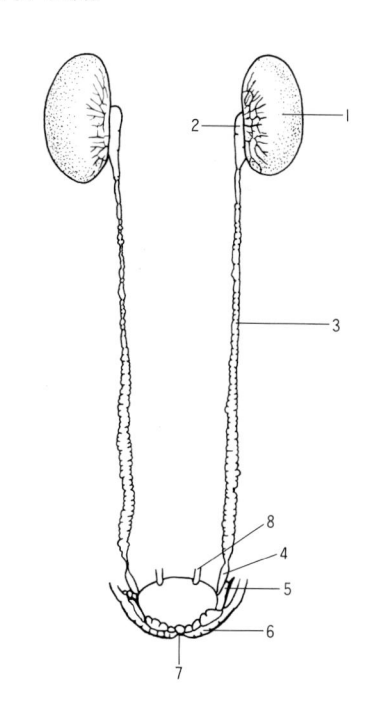

図V-82　雄鶏の生殖器
1：精巣，2：精巣上体，3：精管，4：精管膨大部，5：脈管豊多体，6：肛門のヒダ，7：退化交尾器，8：尿管

される（図V-82）．

a．精　　巣

鶏の精巣は卵円形で，発生中に下降しないため精巣は発生した原位置，すなわち腎臓の前端

に左右一対としてとどまっている．繁殖期と非繁殖期とで大きさが著しく異なる．

鶏精巣は家畜のものに比べて白膜は薄く，精巣中隔と精巣縦隔がなく，小葉に分かれていない．精巣実質は精細管と間質細胞からなり，精細管は家畜と異なり，互いに吻合して網状の構造を持つ．直精細管はなく，家畜の精巣縦隔にみられる精巣網は精巣外に出て精巣上体に含まれる．精細管は精子形成を，間質細胞はアンドロジェンの分泌を行う．

b．精巣上体

精巣の内側縁の浅い陥凹部に小さい隆起として現れ，家畜に比べて著しく小さい．哺乳類のように頭部，体部，尾部の区別がなく，精巣網，精巣輸出管，精巣上体管が内側から外側に向かって層状に配列する．精巣中の精子は受精能力を持たないが，精巣上体は精子を成熟させ，受精能力を与える．

c．精　　　管

精管は細かい迂曲を繰り返しながら後方にいくほど次第に太くなり，末端は膨大部を形成し，排泄腔に開口している．精管は精子の成熟，受精能獲得の場であり，精子を貯蔵する場でもある．

d．副生殖腺

家禽には哺乳類にみられる副生殖腺はないが，鶏やアヒルなどでは副生殖腺と同じ働きをする器官，すなわち脈管豊多体（vascular body）とリンパヒダがある．これらの器官から分泌される液が精管から射出される精子に添加される．

e．交尾器

家禽の種類によって交尾器の大きさと形はまちまちであり，ハトのように交尾器のないものもある．鶏では陰茎が発達せず，退化交尾器として中央の生殖突起と両側のハ字状ヒダが存在する．この交尾器の存否と形状によって初生雛の雌雄鑑別が行われる．アヒルやガチョウなどの水禽類では，大きな螺旋状の陰茎を持つ．

(2) 雌性生殖器

雌性生殖器は生殖腺として卵巣があり，副生殖器として卵管，子宮，腟および陰唇がある（図V-83）．

1）生殖器の発生

未分化生殖腺が卵巣に分化し始める時期は精巣への分化に比べてかなり遅い．雄では生殖索（一次性索）は精細管に分化するのに対して，雌では一次性索は十分に発達せずに退化し，髄質深部で髄索となる（図V-75，図V-84）．髄索に続く網索を卵巣網といい，これはやがて消失する．一次性索が退化すると表在上皮は再び増殖を続け，二次性索として発達し，卵巣表層に厚い皮質を形成する．二次性索は原始生殖細胞と表在上皮由来の将来の卵胞上皮細胞からなり，そ

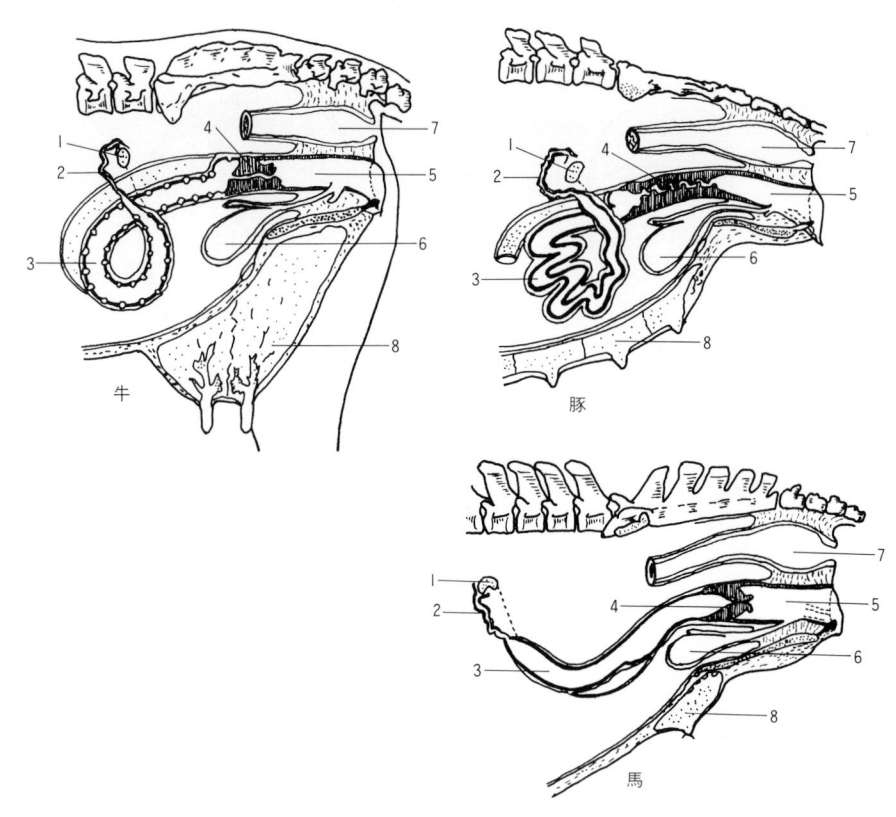

図V-83　家畜の雌性生殖器（Ellenberger と Baum，改変）
1：卵巣，2：卵管，3：子宮，4：子宮頸，5：腟，6：膀胱，7：直腸，8：乳腺

の索構造はまもなく消失する．原始生殖細胞は分裂を繰り返して卵母細胞となり，1層の卵胞上皮細胞に包まれ原始卵胞と呼ばれる．

　皮質の大部分は原始卵胞で占められ，卵胞を取り巻く間葉組織は皮質と髄質に及び，主として線維芽細胞からなる緻密な卵巣支質を形成する（図V-84）．

　未分化生殖腺が卵巣に分化する場合には，ウォルフ管が退化消失する．これに対してミューラー管は発達して近位部は卵管采に，中間部は卵管に，遠位部は子宮となる．ヒトを除く哺乳類の腟の近位部はミューラー管に，遠位部は尿生殖洞に由来する．

　2）卵　　　　巣

　卵巣（ovary）は卵子を生産・放出する外分泌機能とエストロジェン（卵胞ホルモン）とジェスタージェン（黄体ホルモン）などを産生・分泌する内分泌腺としての機能を備えた器官である．卵巣の構造は種差，年齢差，発情周期などによって著しく異なる．

　　a．卵巣の形と位置
　卵巣は精巣と同様に中腎内側に発生し，胎子の時期に腹腔内を後方に移動する(卵巣下降)が，

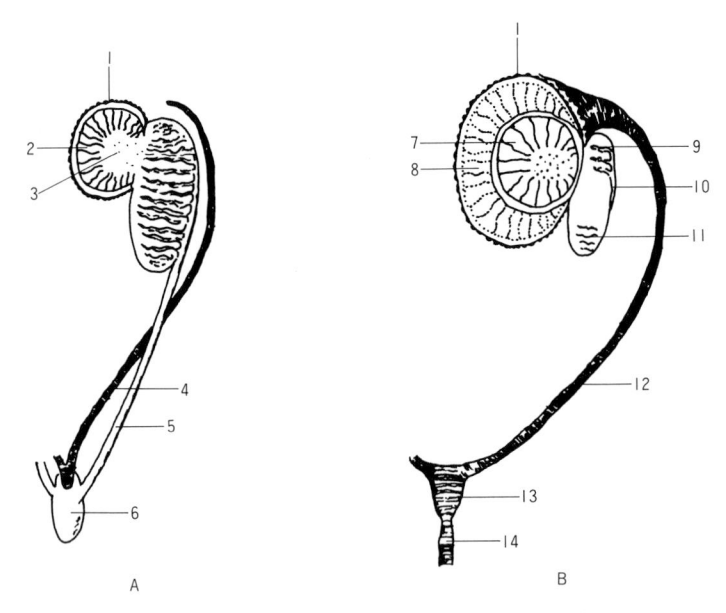

図 V-84 雌性生殖器の発生（Turner, 改変）
A：未分化期, B：分化中の雌の生殖器, 1：表在上皮, 2：一次性索, 3：網索, 4：中腎旁管（ミューラー管）, 5：中腎管（ウォルフ管）, 6：尿生殖洞, 7：退化した一次性索, 8：二次性索, 9：卵巣上体, 10：ガルトナー管, 11：卵巣旁体, 12：卵管, 13：子宮, 14：腟

精巣下降ほど著明でない．牛と豚の卵巣は骨盤腔入口に，馬の卵巣は最後肋骨に位置し，犬とウサギでは腹腔背壁に接して位置する．卵巣は腹膜（漿膜）のヒダである卵巣間膜によって卵管，子宮とともに腹腔中につり下げられている．

卵巣と固有卵巣間膜から外側へと遠位卵巣間膜ができ，これは卵管間膜と結合してここに1つの嚢状構造をつくる．これを卵巣嚢といい，卵管腹腔口がここに開く．犬と猫の卵巣は完全に卵巣嚢に包まれ，豚でも卵巣の半分が包まれている．

卵巣の形と大きさは動物種および発情周期の時期によって異なる．牛の卵巣は卵円形で，1卵巣重量10〜20g，長さ3.5〜4cm，幅1.5〜2cm，厚さ2cmである．めん羊の卵巣は卵円形で重量3〜4g，豚卵巣はブドウの房状で重量5〜14g，長さ4〜5cmである．馬の卵巣は最も大きく，豆状で重量40〜80g，長さ5〜8cm，幅2〜4cmである．

b．卵巣の構造
i．卵巣の構造

馬を除く大部分の哺乳類の卵巣は表層部の皮質と中心部の髄質に分けられるが，両者の境は明瞭でない．前者を実質帯，後者を血管帯ともいう．髄質は弾性線維に富む比較的緻密な結合組織と卵巣門から入り込む血管，リンパ管，神経からなる．髄質は卵胞を全く含まず，血管がよく発達している．皮質は細胞に富んだ緻密な線維性結合組織からなり，膠原線維を含む．皮質には種々の発育段階の多数の卵胞と黄体が存在する．これらの間に血管，リンパ管，神経が

分布している．

卵巣表面は単層の扁平または立方上皮でおおわれている．これは卵巣のみならず他の腹腔内器官の表面をおおう腹膜上皮（中皮）と本質的に同じであり，表在上皮（surface epithelium）といわれる．古くはこの上皮から生殖細胞が発生すると考えられたので胚上皮（germinal epithelium）と呼ばれたが，現在ではこの考えは否定されている．表在上皮の直下は膠原線維が表面に平行に密に配列し，白膜と呼ばれる（図V-85）．

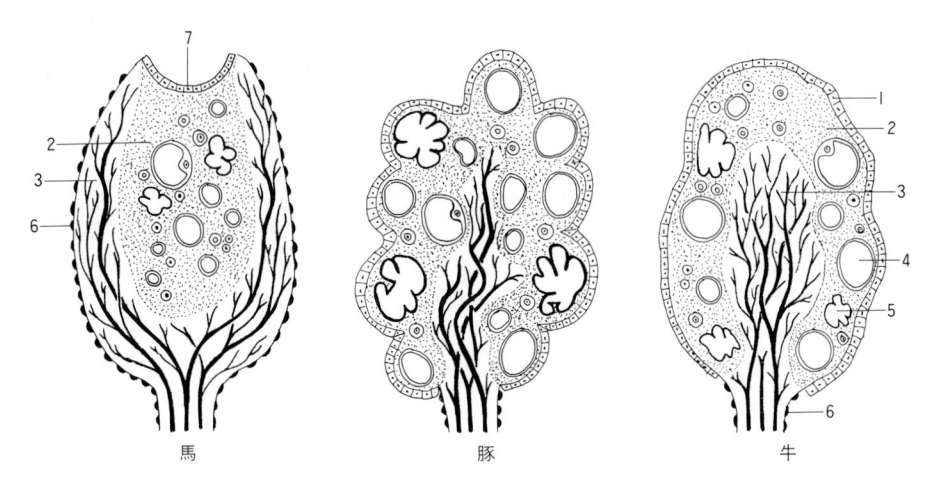

図V-85 家畜の卵巣の比較（KröllingとGrau，改変）
1：表在上皮，2：皮質（実質帯），3：髄質（血管帯），4：卵胞，5：黄体，6：腹膜，7：排卵窩

大部分の動物の卵巣は卵巣門を除き周囲が表在上皮に囲まれているので，卵巣のどの部分からでも卵胞の成熟した部位から排卵できる．一方，馬の卵巣はそのほとんどが腹膜上皮によりおおわれ，一部のみが表在上皮でおおわれている．他の動物の髄質に当たる部分が馬では逆に皮質となり，他の動物の皮質の部分が馬では髄質となる．したがって，馬の卵巣では表在上皮のある部位でのみ排卵が行われ，ここを排卵窩という．

げっ歯類，ウサギ，犬，猫の卵巣では，皮質に間質腺がよく発達して，ステロイド産生細胞の特徴を備えた細胞集団がみられる．

ii．卵胞の発育

卵祖細胞：原始生殖細胞は胎生初期に卵黄外の卵黄嚢後壁から卵巣に迷入し，胎生期にさかんに細胞分裂して数を増す．この増殖期の細胞を卵祖細胞（oogonium）と呼ぶ（図V-86，図V-87）．

卵母細胞：分裂・増殖を繰り返した卵祖細胞は胎生期の後半から出生後まもない時期に減数分裂の前期の状態で分裂を休止し，それ以後は卵母細胞（oocyte）と呼ぶ．卵母細胞は減数分裂の前期のまま春機発動期を迎える．卵母細胞数は出生後は増加せず出生時点でほぼ決まっており，出生後に精子が形成され性細胞数が増加する雄とはこの点で著しく異なる．

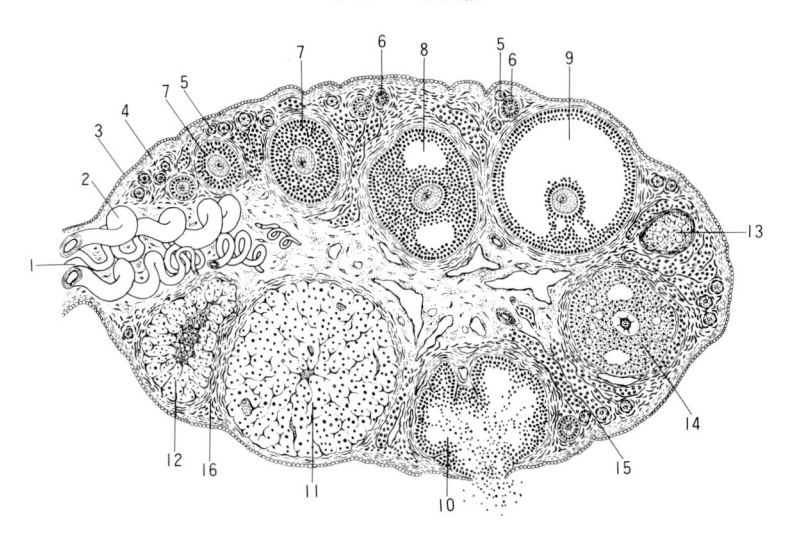

図V-86　卵巣の模式図（Turner，改変）
1：卵巣門，2：血管，3：表在上皮，4：卵巣白膜，5：原始卵胞，6：一次卵胞，7：二次卵胞，8：発育中のグラーフ卵胞，9：グラーフ卵胞，10：排卵直後の卵胞，11：最盛期の黄体，12：退化期の黄体，13：白体，14：閉鎖卵胞，15：間質腺，16：結合組織

原始卵胞：未発達の卵母細胞は直径約 20 μm であり，1層の扁平な卵胞上皮細胞に包まれ，原始卵胞（primordial follicle）と呼ばれる．卵胞上皮細胞は随所に接合装置を持って卵母細胞と接し，また卵母細胞の表面に向かって細胞質突起を出して卵母細胞と接している．

一次卵胞：性腺刺激ホルモン（FSH と LH）の作用を受けて原始卵胞が発育を開始すると，卵母細胞は減数分裂を休止した状態で栄養を蓄えて大きくなり，卵母細胞を囲む1層の扁平上皮は次第に厚さを増して1層の立方ないし円柱状になり，一次卵胞（primary follicle）と呼ばれる．この時期の卵母細胞は直径 30〜40 μm であり，卵胞膜はまだ認められない．

二次卵胞：一次卵胞の卵母細胞が発育してそれを取り囲む卵胞上皮細胞が有糸分裂によって増加し，1層から多層へ変化する．このようになった卵胞を二次卵胞（secondary follicle）と呼ぶ．牛では卵母細胞は直径 80 μm，卵胞は 120 μm に達する．多層化した卵胞上皮細胞の層を顆粒層と呼び，その細胞を顆粒層細胞（granulosa cell）という．

二次卵胞では卵母細胞とそれを囲む卵胞上皮細胞の間に，光を強く屈折する透明帯（zona pellucida）が現れ，卵胞の成熟につれて厚くなる．透明帯はヒアルロン酸を主成分とする糖蛋白の層で，エオジンなどの酸性色素に染まり，強い PAS 陽性を示す．透明帯の物質は卵胞上皮細胞よりむしろ卵母細胞に由来すると考えられている．

グラーフ卵胞：二次卵胞の後期になると顆粒層が増殖多層化し，顆粒層細胞間に空隙が生じ卵胞液がたまるようになる．さらに成熟するといくつかの空隙が融合して1個の大きな卵胞洞を形成し，半透明嚢状のものになる．このような卵胞をグラーフ卵胞（Graafian follicle，胞状卵胞）という．卵胞液は顆粒層細胞から分泌されたヒアルロン酸，蛋白分解酵素のほか内卵胞

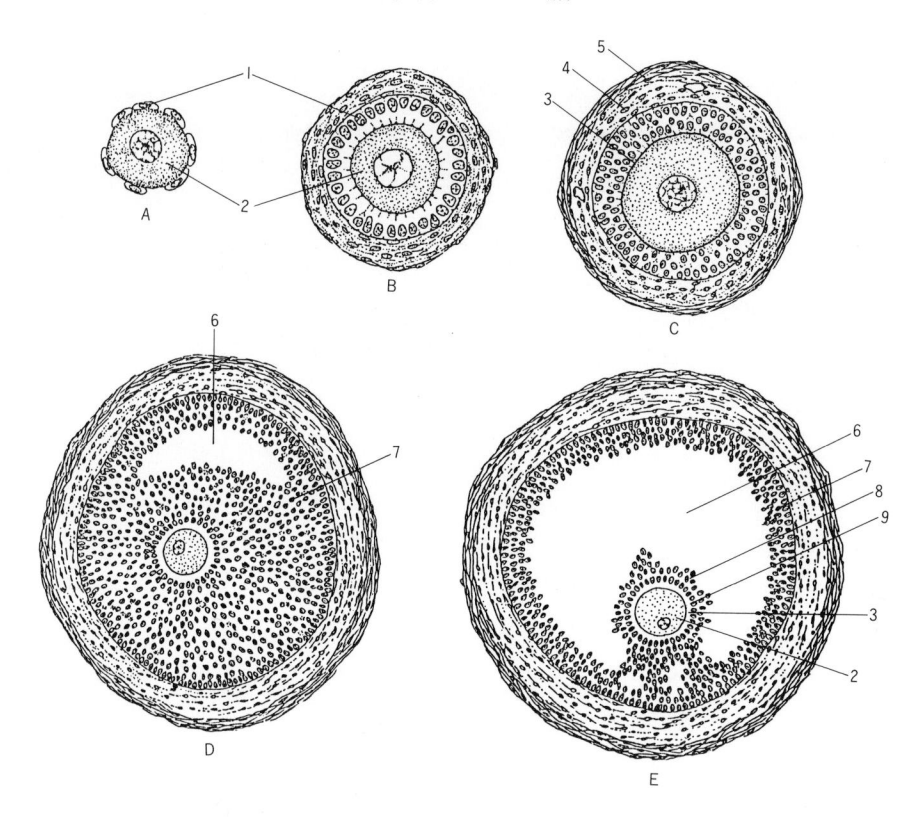

図 V-87　卵胞の成熟
A：原始卵胞，B：一次卵胞，C：二次卵胞，D：発育中のグラーフ細胞，E：グラーフ卵胞，1：卵胞上皮細胞，2：卵母細胞，3：透明帯，4：内卵胞膜，5：外卵胞膜，6：卵胞洞，7：顆粒層細胞，8：卵丘，9：放線冠

膜から分泌されるエストロジェンや血漿蛋白質を含む．

　グラーフ卵胞では卵母細胞は顆粒層細胞でおおわれた卵丘（cumulus oophorus）を形成して卵胞洞に突出する．卵母細胞を囲み透明帯のすぐ外側の1層の顆粒層細胞は丈が高く，放射状に配列しているので放線冠（corona radiata）と呼ぶ．グラーフ卵胞の直径は牛で12〜20 mm，豚で8〜12 mm，卵母細胞は直径150〜300 μm である．グラーフ卵胞中の卵母細胞は第一成熟分裂の終わり頃にあたり，排卵直前にこの分裂が完了する．これによって卵娘細胞（secondary oocyte，二次卵母細胞）と極体に分かれる．第一成熟分裂途中に排卵する犬を除き，大部分の動物では第二成熟分裂中期に排卵し，卵子は精子の侵入を受けると第二極体が放出され第二成熟分裂が完了する．

　卵胞膜：二次卵胞の初期に，顆粒層の外側に線維芽細胞と膠原線維からなる卵胞膜が形成される．卵胞の発育とともに，毛細血管がよく発達した内卵胞膜と線維に富む外卵胞膜が区別されるようになる．

　内卵胞膜は楕円形ないし多角形の上皮様細胞からなり，この細胞は円形の核を持つ．細胞質

に脂質滴，滑面小胞体，管状クリスタを持ったミトコンドリアが多くステロイド産生細胞の特徴を持ち，エストロジェンとテストステロンが分泌される．外卵胞膜は多量の膠原線維中に線維芽細胞が扁平な形で重なり，紡錘形の核を持つ．外卵胞膜は血管に乏しい．

iii. 排　　卵

卵胞はLHサージによって変化が生じ，卵胞膜の一部が破れて卵子を放出する．排卵にはホルモン，酵素，平滑筋細胞，プロスタグランジン，ヒスタミンなどが関与している．排卵刺激を受けたグラーフ卵胞表面上の血管は，プロスタグランジンやヒスタミンなどの作用によって拡張と浸透圧の上昇による漏出を繰り返し，卵胞壁の脆弱化と崩壊が促進される．同時に卵胞膜細胞と白膜のコラーゲン線維が崩壊する．これらの変化においてコラーゲン分解酵素が重要な役割を果たしている．

iv. 黄　　体

排卵のあと卵胞膜がゆるみ多くのヒダを生じ，壁の血管から血液が漏れて血塊をつくる．これを赤体という．血塊を囲んで，急速に肥大した黄体細胞が周囲から内部に落ち込むとともに卵胞膜から結合組織が血管を伴って黄体細胞間に侵入して黄体 (corpus luteum) が完成する．牛では排卵後8日，馬では9日で最大の大きさに達する．牛，馬，食肉類の黄体細胞は細胞質にルティン (lutein) と呼ばれる黄色い脂質顆粒を含むので，黄色を呈する．これに対して豚，めん羊，山羊ではルテインを持たないので黄色でなく肉色をしている．

一般に黄体細胞は顆粒層細胞と内卵胞膜細胞の両者に由来するが，前者の方が数が多く，牛の黄体細胞は前者のみに由来する．黄体細胞の細胞質は発達した滑面小胞体で満たされ，管状クリスタを持ったミトコンドリア，ゴルジ装置が存在し，多数の脂肪滴を含む．

卵子が受精しないときには黄体はまもなく退行するが，妊娠すれば黄体は大きさを保ち馬以外の家畜では妊娠期間中ずっと機能を保つ．前者を発情周期黄体，後者を妊娠黄体という．いずれの黄体も黄体細胞はその後萎縮し脂肪変性を起こして消失し，線維性結合組織に置き換えられる．肉眼的には白い瘢痕組織になるので白体と呼ぶ．牛の発情周期黄体は例外で，退縮後に深紅色ないし赤褐色を呈する．

黄体はLHによって形成され，黄体細胞からはジェスタージェン（黄体ホルモン）が分泌される．ジェスタージェンは子宮内膜への受精卵の着床および妊娠維持の働きをする．

v. 卵胞の閉鎖

出生時の卵母細胞は数万〜数十万に達するが，大部分の卵母細胞は排卵に至らず，卵の種々の成熟段階で退行変性する．これを卵胞閉鎖 (follicular atresia) という．閉鎖卵胞では卵母細胞に核濃縮に始まる変性が起こり，顆粒層細胞は核濃縮を伴い離散してくる．やがて卵胞膜から細胞と線維要素が卵胞内に侵入し，卵胞は結合組織で置き換えられる．卵胞閉鎖を誘発する要因には，エストロジェンとアンドロジェンのバランス，年齢，発情周期，妊娠，泌乳，栄養などがある．

vi. 間　質　腺

　間質腺（interstitial gland）は，家畜の卵巣では乏しいが，げっ歯類や食肉類ではよく発達し，発生の起源によって2種類に分けられる．1つは胎子期または生後まもない時期に出現し，皮質中の多数の卵胞や黄体の間を埋める結合組織（卵巣支質）を構成する間葉性細胞が間質細胞であり，この細胞集団が間質腺である．他はこれより遅れて出現し，成長の途中で退化した閉鎖卵胞の内卵胞から生じる．

　間質腺細胞は大形で多面体である．細胞質はよく発達した滑面小胞体，管状クリスタ（ウサギのみは板状クリスタを持つ）を持つミトコンドリア，脂質滴が存在し，ステロイド産生細胞の特徴を備えている．この細胞はエストロジェンとアンドロジェンを分泌する．

3）卵　　　管

　卵管（oviduct）はミューラー管に由来し，卵巣と子宮を接続する管である．排卵された卵子を受け取り子宮に送るとともに受精の場でもある．

　卵管は卵巣間膜の続きの卵管間膜で保定される．著しく迂曲し，長さは牛20〜25 cm，豚15〜30 cm，めん羊と山羊14〜16 cm，馬25〜30 cmである．管径は豚，犬で比較的太く，牛で最も狭い．

a．卵管の構造

　卵管は漏斗部（infundibulum of oviduct），膨大部（ampulla of oviduct）および峡部（isthmus of oviduct）に分けられる（図V-88）．

　卵巣に最も近い卵管の腹腔端では，卵管壁はヒダをつくり漏斗状に広がり，卵管漏斗をなす．漏斗の周縁には多数の切れ込みがあり（豚では切れ込みがない），卵管采（fimbria）と呼ばれる房をなす．卵管采は線毛運動によって卵子を受け取り，さらに卵管腹腔口へ卵子が運ばれていく．卵管腹腔口近くの太くなった部分は膨大部（馬で径4〜8 mm）と呼び，受精はこの部位で起こる．これに続く細い部分が峡部（馬で径2〜3 mm）である（図V-89）．

　卵管壁は内側より粘膜，筋層，漿膜からなる．粘膜はシダの葉状の複雑なヒダをつくって突出し，内腔を狭い迷路にしている．このヒダは馬，豚で著しく発達している．ヒダは漏斗部，峡部で少なく，膨大部では多数の主ヒダから副ヒダが複雑に発達している．

　粘膜上皮は単層円柱上皮であり，反芻類，豚では部分的に多列上皮のこともある．この上皮は線毛細胞（ciliated cell）と分泌細胞（secretory cell）とからなる．線毛細胞は漏斗部で最も多く，膨大部，峡部へ行くに従い減少する．分泌細胞は峡部から子宮に近づくほど多くなる．線毛細胞の核は丸く，細胞のほぼ中心にあり，線毛を持つ．線毛細胞には分泌細胞と同様に微絨毛も生えている．分泌細胞の核は細長く，基底膜側に寄ったものが多い．この細胞は多数の微絨毛におおわれているが，線毛を持たない．粗面小胞体とゴルジ装置がよく発達し，多数の分泌顆粒がみられる（図V-90）．

　卵管の筋層はよく発達した平滑筋からなる．その線維は螺旋状に走り，内層では輪走，外層では縦走のことが多い．峡部では膨大部より筋層が厚く，卵管采では筋層の発達が悪い．漿膜

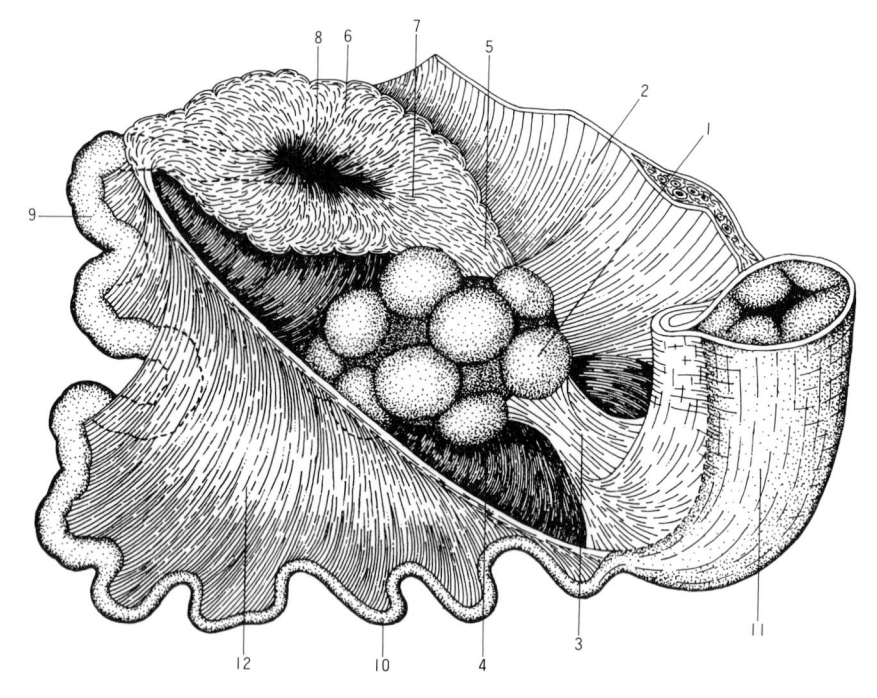

図V-88 豚の卵管（加藤嘉太郎，改変）

1：卵巣，2：卵巣間膜，3：固有卵巣索，4：卵巣嚢，5：卵巣采，6：卵管采，7：卵管漏斗，8：卵管腹腔口，9：卵管膨大部，10：卵管峡部，11：子宮，12：卵管間膜

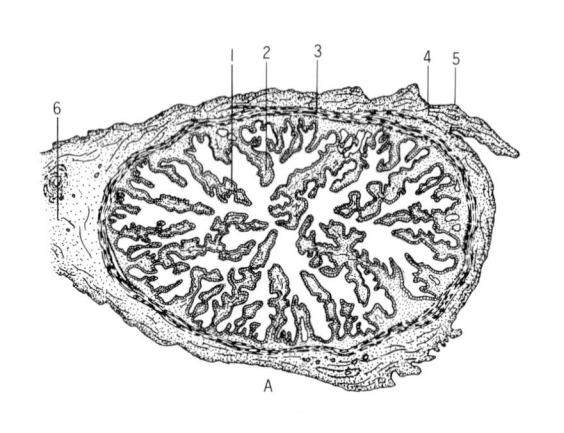

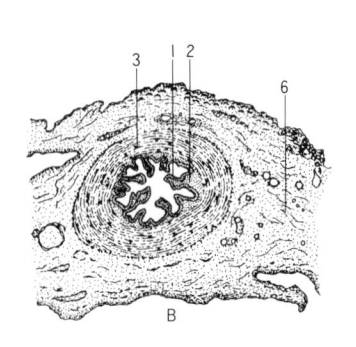

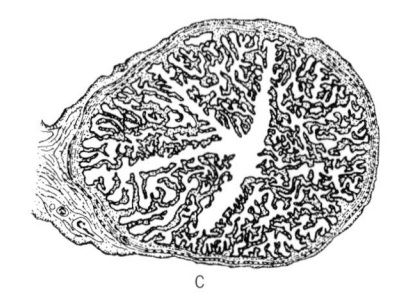

図V-89 家畜卵管の横断（Ellenberger，改変）

A：牛の卵管膨大部，B：牛の卵管峡部，C：豚の卵管膨大部，1：粘膜上皮，2：粘膜，3：筋層，4：漿膜下組織，5：漿膜，6：卵管間膜

V. 内　　　臓

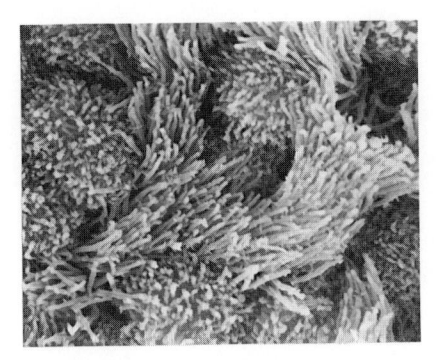

図Ⅴ-90　めん羊の卵管の表面
線毛細胞と線毛を持たない分泌細胞がある．

は卵管の最外層にあって扁平上皮からなる．豚以外の家畜では漿膜下組織がよく発達し，血管，リンパ管が多く分布している．

b．卵管の機能

卵管は排卵された卵子を受け取り，卵子と精子を受精の場である膨大部に移送し受精に最適の環境をつくる．さらに受精卵の発生と下降を促進する機能がある．卵管の配偶子移送は卵管平滑筋の収縮運動，粘膜上皮の線毛運動および膨大部と峡部の管腔の開閉運動が相乗されて起こる．このうち，筋層の収縮運動はノルエピネフリン，アセチルコリン，エストロジェン，プロジェステロンによって調節され，配偶子移送の主役をなす．

卵管は分泌機能を持ち，分泌液量は卵巣ホルモンによって調節され，発情期に液量が増す．この分泌液は各種の必須アミノ酸，ムコ多糖類，乳酸，ブドウ糖，果糖などを含み，精子と卵子の栄養源になる．

4）子　　　宮

a．子宮の形

子宮（uterus）は胚を発育，着床させ，胎盤を形成し，胎子を成長させる．

子宮はミューラー管から発生分化した一対の器官であって，その分化の過程において腟と子宮頚管が相合して単一の管腔を形成する．腹腔内では直腸腹側にあり，骨盤腔内では膀胱の背側にある．子宮角（uterine horn），子宮体（uterine body）と子宮頚（uterine cervix）からなる．両側の管の結合様式により，次のように区分される（図Ⅴ-91）．

重複子宮では子宮は癒合せず，完全に左右に独立した一対の管からなり，別個の外子宮口により腟に開口する．ウサギ，げっ歯類にみられる．双角子宮は，尾側部は合わさって子宮体と子宮頚になるが，頭側部は左右一対の子宮角となる．子宮体は内腔に隔壁を持たず単一腔のものである．馬にみられる．両分子宮は外観的には双角子宮であるが，子宮帆といわれる中隔が子宮体の深部まで伸びるために子宮体の近位部が左右に分かれ，子宮腔は頚部近くの短い部分に限られる．牛がこれに属する．豚，めん羊，山羊の子宮は牛と馬の中間型である．単一子宮は左右の子宮角が結合して単一の腔をつくり，子宮体のみからなる．ヒトを含む霊長類がこれに属する．

牛の子宮角は25～30 cmあるが，子宮帆が発達するため体部は1～3 cmに過ぎない．初め前腹側に曲がり，再び背側へ螺旋状に走る．馬の子宮は背外側に向かって腹腔内へ伸び，子宮体は長く広く，子宮角とほぼ同じ長さ（22～25 cm）である．馬の子宮角には牛にみられたようなねじれはない．多胎動物の豚の子宮は子宮角が著しく長く（1 m以上），迂曲あるいは回旋している．子宮体は5 cmに過ぎないが，子宮頚は15～20 cmの長さがある（図Ⅴ-92）．

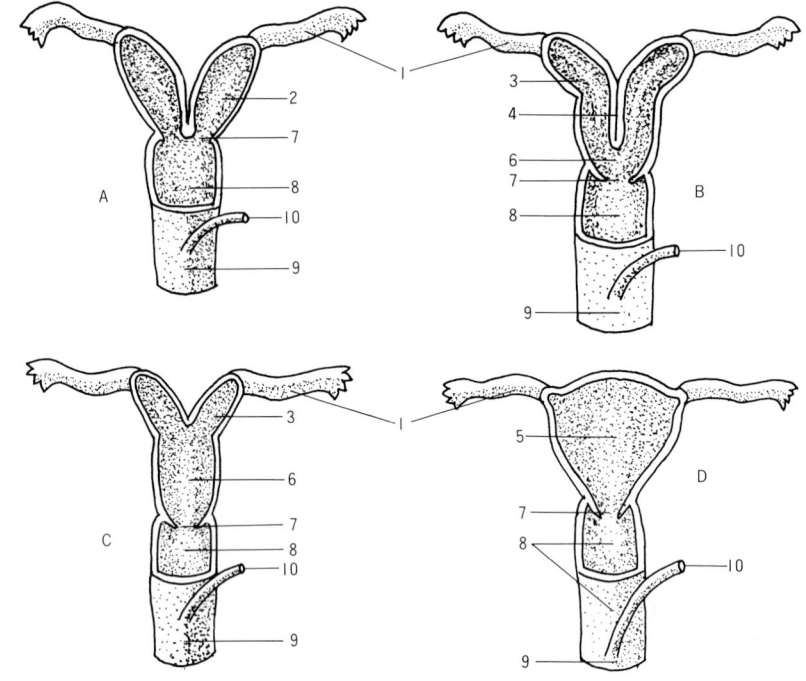

図V-91 子宮の型 (Walker, 改変)

A：重複子宮, B：両分子宮, C：双角子宮, D：単一子宮, 1：卵管, 2：重複子宮, 3：子宮角, 4：子宮帆, 5：子宮, 6：子宮体, 7：子宮頸と外子宮口, 8：腟, 9：腟前庭, 10：尿道

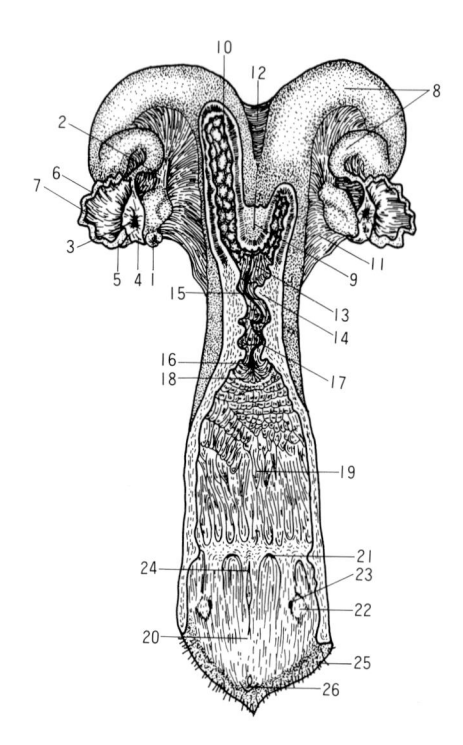

図V-92 雌牛の生殖器(背側の一部切開)(加藤嘉太郎, 改変)

1：卵巣, 2：固有卵巣索, 3：卵管腹腔口, 4：卵巣采, 5：卵管膨大部, 6：卵管峡部, 7：卵管間膜, 8：子宮角, 9：子宮帆, 10：子宮小丘, 11：子宮間膜, 12：角間間膜, 13：子宮腔および峡部, 14：子宮頸, 15：内子宮口, 16：外子宮口, 17：子宮頸管, 18：子宮頸腟部, 19：腟, 20：腟前庭, 21：卵巣上体縦管開口部, 22：大前庭腺, 23：大前庭腺の排出管開口部, 24：外尿道口, 25：陰唇, 26：陰核

b. 子宮の構造

子宮の壁は内方から外方へ，粘膜（子宮内膜），筋層，漿膜（子宮外膜）からなる．

i. 子宮内膜

子宮内膜（endometrium）は粘膜でおおわれている．内膜はこの粘膜上皮とその直下の粘膜固有層からなる（図V-93）．粘膜上皮は多くは単層円柱であるが，反芻類と豚では多列または単層円柱である．粘膜固有層は厚く発達し，浅層と深層に区別される．浅層は機能層といわれ，細網組織に富んだ結合組織からなり，線維芽細胞が多い．機能層は発情期にエストロジェンの作用で肥厚し，黄体期に退行する．深層は基底層といわれ弾性線維を含む線維性結合組織からなり，脈管に富む．機能層のように性周期に伴う変化は認められず，機能層の修復が主な働きと思われる．固有層には1層の上皮細胞が入り込み，多数の分枝管状の子宮腺(uterine gland)を形成し，筋層に達する．子宮腺はめん羊で最も密に発達し，食肉類，牛，豚，馬の順に減少する．子宮腺は丈の高い明るい上皮細胞からなり，その核は強く基底側にかたよる．その分泌物は粘液性である．

反芻類の子宮角内膜面には茸状の粘膜の小隆起である子宮小丘(caruncle)が存在し，その数

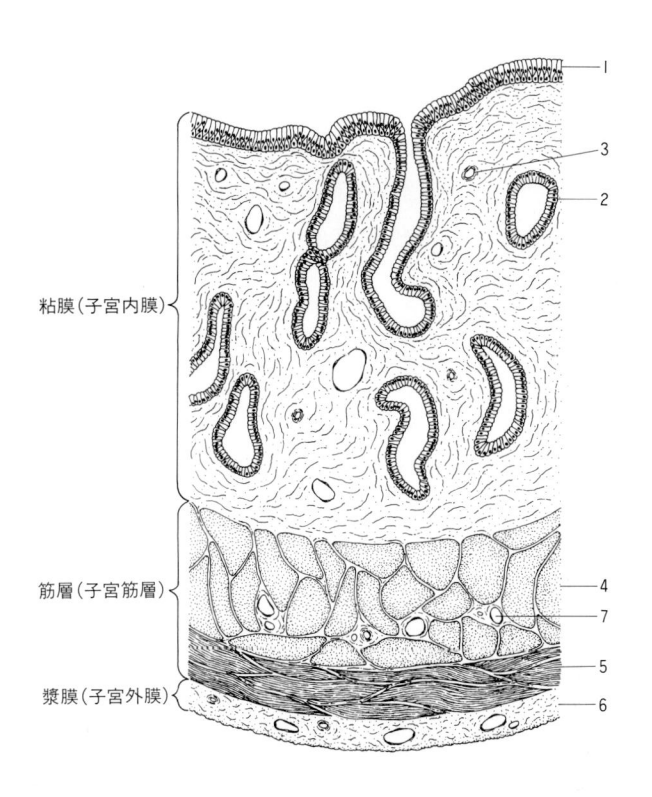

図V-93 牛の子宮
1：子宮内膜の上皮，2：子宮腺，3：血管，4：輪筋層，5：縦筋層，6：子宮外膜，7：血管層

は一側の子宮角で 40〜60 個（直径約 15 mm）である．子宮小丘に胎盤節が形成され，多発半胎盤という．この小丘の部分は子宮腺と筋線維を欠いている．馬および豚の子宮には子宮小丘はなく，粘膜に明瞭な縦走ヒダがみられる．

ii．子宮筋層

子宮筋層(myometrium)は平滑筋からなり，子宮壁の主部をなす．厚い内輪走筋層と薄い外縦走筋層からなり，その間に太い血管を含む血管層がある．豚では血管層を欠くので内・外両層は接している．妊娠子宮の拡大は筋層の平滑筋細胞の数の増加と肥大による．子宮外膜（漿膜）は子宮間膜の連続物であり，子宮筋層に密接する疎性結合組織性漿膜である．

iii．子宮の機能

交配時の子宮筋層の収縮運動は精子が射精部位から卵管へ移動するのに不可欠である．子宮腺から分泌される子宮液は精子の受精能獲得や胚の栄養給源になっている．子宮は胚を発育，着床させ，着床後に胎盤を形成し，胎子を発生，成長，分娩させる．

子宮は卵巣機能に影響を及ぼし，発情周期中の牛，豚，めん羊の子宮を摘出すると機能的な黄体の寿命が延びる．子宮が黄体退行因子を産生するかそれに関与し，この因子はプロスタグランジン $F_{2\alpha}$ と思われる．

iv．子宮頚管

子宮体と腟を連絡する円筒形の部分を子宮頚 (uterine cervix) といい，厚い平滑筋と多くの弾性線維を持つ．粘膜は単層円柱上皮である．この中の細い管状の通路が子宮頚管 (cervical canal) である．頚管の子宮腔からの入口を内子宮口，腟腔への出口を外子宮口と呼ぶ．外子宮口の開口部は子宮粘膜が花輪状になり腟腔に突出していて，子宮腟部と呼ぶ．これに相当する部分は豚にはない．

頚管の内壁には 2〜5 個，普通 4 個の輪状ヒダが螺旋状に走り，牛において著明である．このヒダ表面に前後に走る多数のヒダがある．このため頚管の通路はやや螺旋状になっている．牛の頚管は硬く緊張していて，発情期にのみゆるみ精子が子宮に入りやすくなっている．豚の頚管は雄の陰茎の先端のねじれに相当する螺旋状の経路を持つ．馬の頚管はほぼ直線状で，多数の縦状ヒダがあり，牛のものほど硬くなく開きやすい．

子宮頚管の上皮細胞から頚管粘液が分泌され，分泌液の量と粘性はエストロジェンとジェスタージェンの支配を受け，発情周期に伴って変化する．発情期には薄い粘液が大量に分泌され，精子の上向を助ける．この粘液をスライドグラス上に塗抹して乾燥すると羊歯状の塩化ナトリウム結晶が形成される．発情期が過ぎると粘液の粘性が増し，羊歯状結晶はできない．

5) 胎　　　盤

胎盤(placenta)は胎生期間中，胎子に酸素や栄養物質を供給し，炭酸ガスや老廃物の排泄を行う器官であるとともにホルモンを分泌する．

子宮に着床した胚の表面を包む栄養膜は急速に増殖するとともに絨毛を形成し，絨毛膜とい

われるようになる．胎子側の絨毛膜の絨毛が母体側の子宮内膜表面と連接する部分が胎盤であり，母体に属する子宮内膜部を母体盤（胎盤子宮部）といい，胎子に属する脈絡膜絨毛部を胎子胎盤（胎盤胎子部）という．

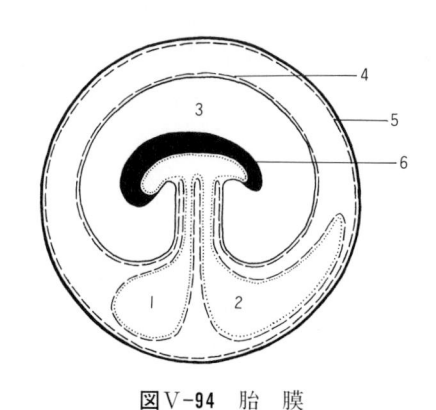

a. 胎膜

胎子は子宮内で胎膜の中に収まって発育する．胎膜は外側の漿膜（絨毛を生ずると絨毛膜）と内側の羊膜からなり，この他に胎子の発育に必要な卵黄嚢，尿膜，臍帯が形成される．羊膜は胎子を直接取り囲む胎膜で二重の膜であり，その腔を羊膜腔といい，そこに羊水を蓄える．絨毛膜は胎膜の最も外側にあり，二重の膜である．外面は子宮内膜と，内面は尿膜の外側に接着している．胎盤を介して胎子と母体を連絡し，胎子に栄養を供給する．卵黄嚢は哺乳類では単純な袋であるが，鳥類では胚子の重要な栄養源である．卵黄嚢の胎子部すなわち原腸の尾端を後腸というが，その部分からできた袋を尿膜という．胎子の尿の財蔵所となる（図V-94）．

図V-94 胎 膜
1：卵黄嚢，2：尿膜，3：羊膜腔，4：羊膜，5：漿膜（絨毛を生ずると絨毛膜），6：胎子

b. 胎盤の分類

哺乳類は産子数，子宮の内部構造および母体と胎子組織間の結合の程度などによって，胎盤の形態と分布に差がみられる．

i. 胎盤形式の様式による分類

無脱落膜胎盤(半胎盤)：母体の子宮内膜は関与せず，胎子の絨毛膜だけで胎盤がつくられる．原始的な構造であり，半胎盤ともいう．胎子の絨毛膜絨毛が子宮内膜のくぼみに差し込まれ，指状結合して出産のときに子宮内膜の損傷が少ない．有蹄類家畜がこれに属する．

脱落膜胎盤(真胎盤)：胎子の絨毛膜形式に伴い胎子部がつくられ，子宮内膜機能層に脱落膜が形成されて子宮部ができ，両者が半胎盤より緊密に結合している胎盤をいう．進化した様式の胎盤なので真胎盤ともいう．脱落膜胎盤では分娩に際して子宮内膜機能層が絨毛膜とともに剥離脱落するので胎盤の子宮部を脱落膜と呼ぶ．この胎盤は犬，猫，ウサギ，げっ歯類，ヒト，サルなどでみられる．

ii. 絨毛膜絨毛の分布による分類

絨毛の域や集団の形によって次の4種類に分類できる（図V-95）．

汎毛胎盤(散在性胎盤)：絨毛膜全表面に絨毛が生じる型で，馬や豚などにみられる．ただし，豚では尿膜が達していない絨毛膜の両端では絨毛を欠く．

叢毛胎盤(多胎盤)：絨毛膜表面のところどころに絨毛群が叢毛状に密集して散在して，その部位ごとに小さい胎盤がつくられる．これに対応する母体子宮内膜に，反芻類だけにみられる子宮小丘というボタン状の隆起があり，一側の子宮角で40〜60個に達する．絨毛膜は子宮小丘

に接触して胎盤を形成して絨毛の生じている絨毛膜有毛部と，その他の部分の絨毛膜無毛部に分けられる．この型の胎盤は反芻類にみられる．

帯状胎盤：胎包の赤道面を帯状に包むように絨毛膜有毛部が巻いて，これに対応する母体の子宮内膜に脱落膜が完成して脱落膜胎盤となる．犬，猫にみられる．

盤状胎盤：初め胎包全表面に現れた絨毛は後に胎包の一部に限局し，脱落膜とともに円盤状の胎盤を形成する．げっ歯類，ウサギ，霊長類にみられる．

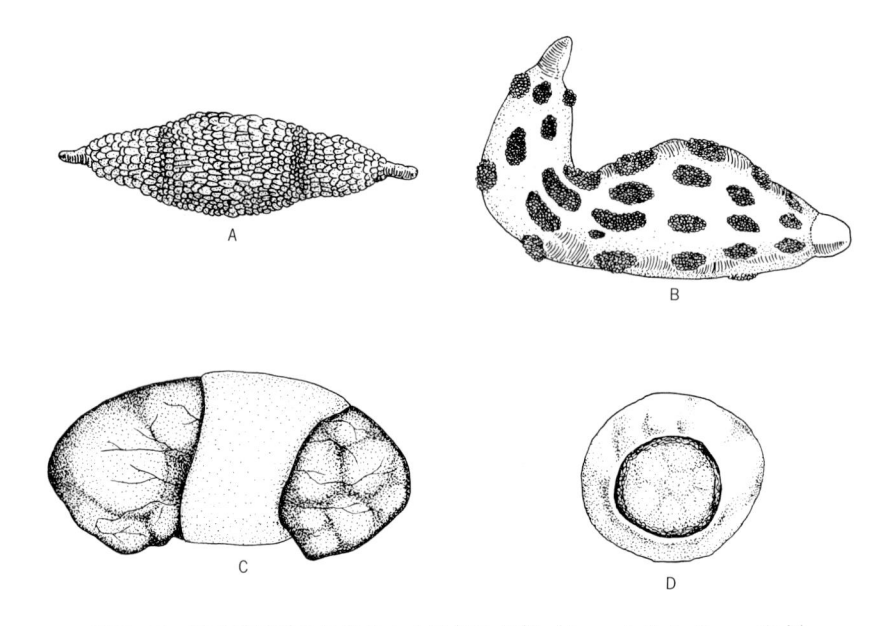

図Ⅴ-95 絨毛膜絨毛の分布による胎盤の分類（Arey と Schultze，改変）
A：汎毛胎盤，B：叢毛胎盤，C：帯状胎盤，D：盤状胎盤

iii．絨毛膜と子宮内膜の結合の様式による分類

胎盤膜を組織学的に分類すると次のようになる（図Ⅴ-96，図Ⅴ-97）．

上皮絨毛胎盤（上皮漿膜性胎盤）：最も原始的な様式で汎毛胎盤を持つ馬，豚にみられる．胎子側の絨毛に対し子宮内膜は上皮表面で絨毛に応じたくぼみをつくるにすぎず，絨毛が子宮内膜のくぼみに差し込まれた様式の胎盤．母体の毛細血管と胎子の毛細血管が接近し，それぞれの血管内皮を通して物質交換が行われる．

結合組織絨毛胎盤（結合組織漿膜性胎盤）：上皮絨毛胎盤より進んだ結合様式で，反芻類の多胎盤の絨毛膜有毛部に限ってみられる．母体側の子宮内膜上皮が崩壊して子宮内膜固有層が露出し，絨毛の栄養膜細胞層と直接接している．この部分は血管分布に富み，母子の血管が接近して物質交換が行われる．

内皮絨毛胎盤（内皮漿膜性胎盤）：母体の子宮内膜上皮の他に結合組織も次第に崩壊し，絨毛の一部が子宮内膜中に深く分枝状に入り，絨毛は母体毛細血管を直接取り囲む．これにより母体血管との間で物質交換を行う．帯状胎盤をつくる犬，猫などでみられる．

血絨毛胎盤(血漿膜性胎盤)：内皮絨毛胎盤よりもさらに進化した結合様式を示し，げっ歯類，ウサギ，ヒトなどでみられる．脱落膜の毛細血管内皮が消失し，絨毛が直接母体の血流で洗われる様式であり，浸透による母子間の物質代謝がいっそう容易になる．

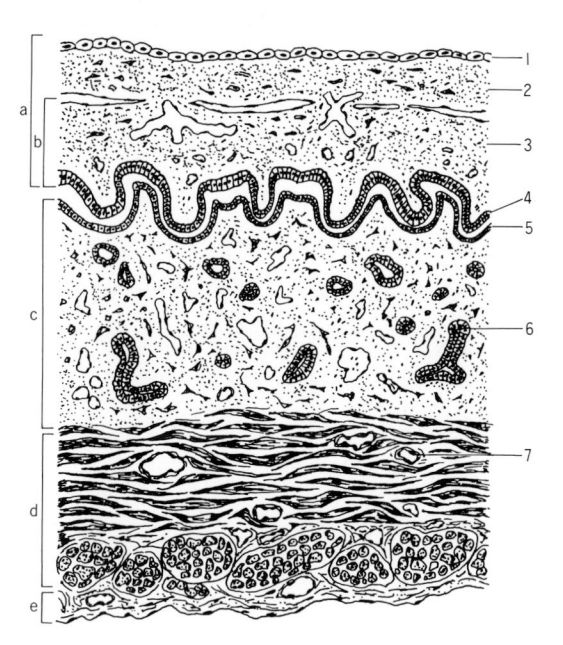

図V-96 上皮絨毛胎盤膜の組織図 (豚，Patter，改変)
a：絨毛膜，b：栄養膜，c：子宮内膜，d：子宮筋層，e：子宮外膜，1：内胚葉，2：中胚葉臓側板，3：中胚葉壁側板，4：絨毛上皮，5：子宮内膜上皮，6：子宮腺，7：血管

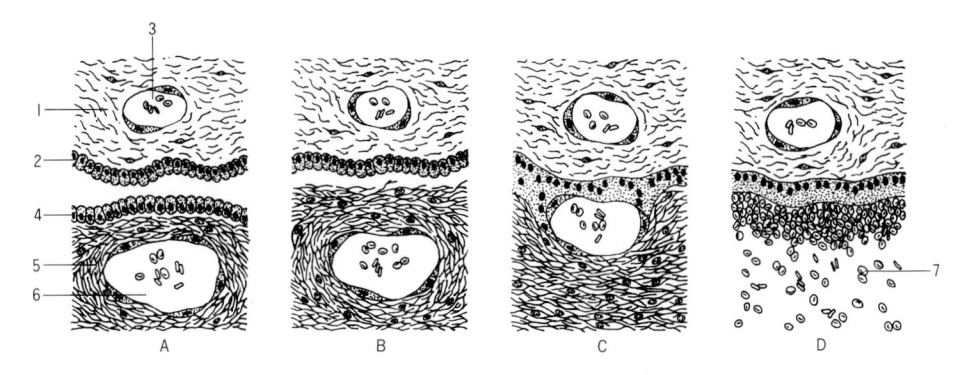

図V-97 絨毛膜と子宮内膜の結合の仕方の違いによる胎盤の分類 (Arey，改変)
A：上皮絨毛胎盤，B：結合組織絨毛胎盤，C：内皮絨毛胎盤，D：血絨毛胎盤，1：絨毛(胎子)の結合組織，2：絨毛上皮，3：絨毛の血管，4：子宮内膜上皮，5：子宮内膜の結合組織(固有層)，6：子宮内膜の血管，7：母体の血液

c. 胎盤の機能

胎子と母体は胎盤によって連絡され，両者間で栄養物と胎子代謝物の交換，酸素と二酸化炭

素の交換および無機物，有機物，水分の輸送などが行われ胎子が発育する．胎子の血流と母体の血流は混ざることなく，物質交換は絨毛内の毛細血管の中を流れる胎子の血流との間で行われる．

胎盤は内分泌腺としての働きを持ち，ジェスタージェン，エストロジェン，アンドロジェン，副腎皮質ホルモン，HCG，PMSG などを分泌する．

6) 腟と外生殖器

腟（vagina）は尿生殖洞から，腟前庭は尿生殖溝から発生したものである．外尿道口の前縁には痕跡的な粘膜のヒダ(処女膜)があり，これを境として頭方，子宮頸までの部分(牛で 20～30 cm) を腟，尾方陰裂までの部分（牛で約 10 cm）を腟前庭という．腟は前方で子宮に続くがその境界は子宮腟部であり，牛，馬では子宮腟部が特に発達しているが，他の家畜ではない．腟は交尾器であるとともに分娩時の産道でもある（図V-92）．

腟と腟前庭の粘膜上皮は重層扁平上皮で，腟には腺はない．したがって，腟内の粘液は子宮腺か腟前庭腺に由来する．

外生殖器（external genital organs）は腟前庭，大陰唇，小陰唇および陰核からなる．表面は皮膚と同様に重層扁平上皮におおわれ，毛包，脂腺および汗腺を含む．

7) 雌鶏の生殖器

雌鶏生殖器は卵巣，卵管，排泄腔であり，卵管は家畜の卵管，子宮，腟を合わせたものに相当する．鶏生殖器の発生様式は雄の場合は家畜と大差はないが，雌の生殖器は家畜とはかなり異なる．雌鶏の卵巣の原基は胚の発生時には左右一対現れるが，右側のものは発生途中で退化し，左側のもののみ発達して機能的卵巣となる．胚においては卵管の原基は一対のミューラー管として現れるが，左側のもののみが発達して機能的となる（図V-98）．

a．卵　　巣

卵巣は左側の腎臓の前端に位置し，卵巣間膜によって背壁に付着する．

初生雛の卵巣は扁平な西洋ナシ型で，表面に顆粒状の多数の卵胞が存在する．これらの卵胞には卵母細胞が含まれる．未成熟雛の卵巣では，多数の白色卵胞（直径 2～6 mm）がブドウの房状に存在し，産卵開始の 2 週間前には卵胞は大きくなり（直径 6～35 mm），黄色卵黄を蓄積して黄色卵胞が認められるようになる．産卵期の卵巣には，多くの白色卵胞と数個～10 個の黄色卵胞の他に，数個の排卵後卵胞（破裂卵胞）が存在する．

鳥類卵巣の髄質は皮質でおおわれ，皮質から卵胞が発育してくる．卵胞は卵黄に富んだ卵細胞(卵母細胞)，それを取り囲む 1 層の顆粒層細胞およびその外側の卵胞壁からなる．卵胞壁は，顆粒層細胞に接した基底膜とその外側の卵胞膜内層と外層，疎性結合組織，漿膜からなる．

黄色卵胞の卵胞壁では血管分布が肉眼で観察されるが，毛細血管のみ分布し肉眼的には血管が分布していないように見える部分がある．ここを排卵溝（stigma）といい，排卵の際に破れ

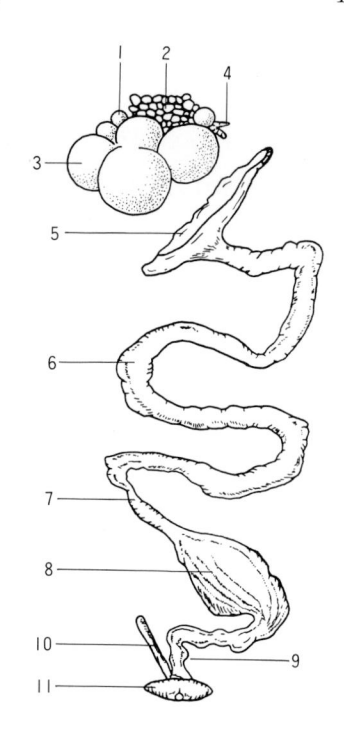

図V-98　雌鶏の生殖器（田中克英，改変）
1：卵巣，2：白色卵胞，3：黄色卵胞，4：排卵後の卵胞，5：卵管漏斗部，6：卵管膨大部，7：卵管峡部，8：子宮部，9：腟部，10：退化右側卵管，11：排泄腔

て卵細胞を排出する部分である．排卵後の卵胞はそのまま退縮し，哺乳類でみられるような黄体は形成されない．鳥類の卵胞には哺乳類にみられるような卵胞腔が存在せず，したがって卵胞液をためることもない．

　鶏卵巣は下垂体前葉から分布される性腺刺激ホルモンの作用を受けて卵細胞を成熟・排卵させるとともにエストロジェン，アンドロジェン（主として卵胞膜内層，外層で産生），ジェスタージェン（主として顆粒層細胞で産生）を分泌する．

b. 卵　　　管

　産卵鶏の卵管は曲がりくねった管で，腹腔左側の大部分を占め，長さ60〜70 cm，重さ60〜80 gである．この前端は卵巣近くに位置し，漏斗状に開き，後端は排泄腔に開口する．卵管は内側から粘膜，筋層，漿膜の3層がある．粘膜上皮は単層円柱細胞であり，漏斗部では線毛を持つ．漏斗部と腟部を除き固有層には短い分枝管状腺が発達し，粘膜表面に開口する．腺は特に膨大部で発達する．筋層は内層が輪層，外層が縦層であり，漏斗部で薄く子宮部および腟部で最も厚い．

　構造と機能によって次の5部分に分けられる．

　漏斗部：7〜10 cmの長さがあり，前端は薄い膜で漏斗状に開き，筋層は薄い．排卵卵子を受け取り受精が行われる場であり，後部では少量の卵白を分泌する．

　膨大部：卵白の多くがここで分泌され，卵白分泌部ともいわれ，卵管の全長の約半分（長さ30〜35 cm）を占める．粘膜ヒダがよく発達し，杯細胞型の単細胞腺と管状腺が多数みられる．エストロジェンの働きにより，管状腺からオボアルブミン，コンアルブミンなどの蛋白が分泌

され，卵白として卵黄に付着する．

峡部：内腔が狭く粘膜ヒダも低い部分で，ここで卵殻膜が形成される．

子宮部：管壁は厚く内腔は広くふくらみがある．粘膜に多数のヒダが存在する．卵殻腺ともいい，卵殻を形成する部分である．卵殻腺はカルシウム塩を高濃度に含む分泌液を出し，この液から炭酸カルシウムが析出し，卵殻膜上で結晶化して沈着することによって卵殻が形成される．

腟部：卵管の後端部であり，排泄腔に開口する．管状腺を欠いている．子宮部で完成した卵を体外へ放出（放卵）するときの通路である．

5．内分泌器官の構造と機能

動物の体内では，離れた場所にある他の器官や組織の働きを化学的に刺激し，その活動を強めたり抑えたりする物質，ホルモン（hormone）がつくられている．ホルモンは微量で多大の刺激効果を発揮する特殊な生理活性物質である．ホルモンを生産する器官を内分泌器官（endocrine organs）あるいは内分泌腺（endocrine glands）と呼ぶ．内分泌腺には排出する導管がなく，生産した物質は血液中に分泌（内分泌，internal secretion）され，循環系によって目的の器官（標的器官，target organs）や組織に運ばれる．内分泌腺の構造は導管がないので比較的単純で，薄い結合組織に包まれた腺細胞が細胞索や小グループをつくり，それらが多数集まってできている．分泌物を直接血液中に分泌するので血管が豊富に分布し，細胞群の周りや間に比較的管腔の広い毛細血管が密に血管網をつくっているのも内分泌腺の特徴の1つである．最近，内分泌系統を生産されるホルモンの化学的成分の違いなどから①ペプタイド・アミン分泌系（下垂体，上皮小体，松果体，副腎髄質など），②ステロイド分泌系（性腺や副腎皮質），③ヨード化アミノ酸（誘導体）分泌系（甲状腺）に分けている．内分泌腺には性腺や消化器にみられるように他の機能を持っている器官の中に内分泌細胞が混在して機能している場合もあるが，通常は下垂体や甲状腺のように内分泌機能のみを行っている器官を内分泌器官として取り扱っている．

(1) 松　果　体

1) 構　　造

松果体（pineal gland）は牛で0.3g程度の小さな卵円形をした腺体で，視床上部の正中位で第三脳室の背壁に位置する（図V-99）．腺体を包む被膜の結合組織は，腺体内に入り間質となって，実質を不規則な小葉に分ける．実質では松果体細胞と神経膠細胞の2種類の細胞を識別する．間質には多数の神経線維が分布し，松果体細胞との間にシナプスをつくる（図V-100）．ま

た，成牛ではしばしば脳砂の沈着をみる．①松果体細胞(pineal cells)：視細胞に似た特異な形態の細胞で突起を持っている．核は比較的大きく，細胞質は塩基性色素に淡く染まり，グリコーゲンや脂肪を含む．②神経膠細胞 (glial cells)：小神経膠細胞および希突起神経膠細胞に属し，松果体細胞や血管の周辺に存在する．③脳砂 (brain sand)：間質中にみられる凝固物で加齢に伴い増加する．その成分はリン酸カルシウムを主体に，マグネシウムや硫黄が同心円状に層をなして沈着したものである．走査電子顕微鏡では真珠の集合体のように見える(図Ⅴ-101)．脳砂の出現は，一種の退行変性と考えられているが，その発生機序や機能的意義は十分に明らかではない．

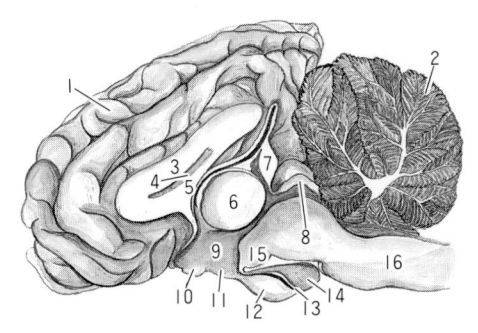

図Ⅴ-99 脳の正中断面
1：大脳，2：小脳，3：脳梁幹，4：終脳中隔，5：脳弓体，6：視床間橋，7：松果体，8：中脳蓋，9：第三脳室，10：視神経，11：正中隆起，12：前葉，13：中間葉，14：後葉，15：乳頭体，16：延髄

図Ⅴ-100 松果体の細胞（牛）

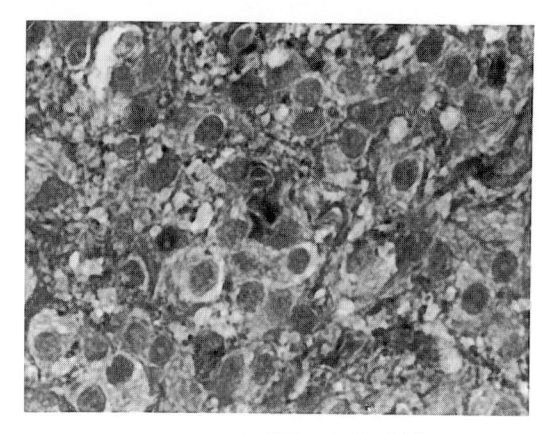

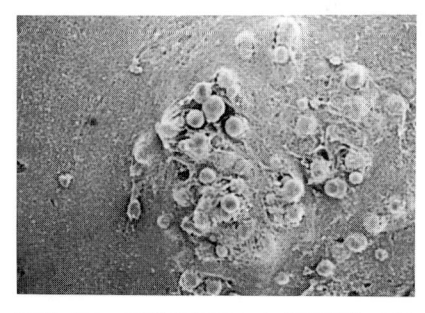

図Ⅴ-101 松果体脳砂の走査電顕像（牛）

2) 機　　　能

松果体細胞は，交感神経から放出される神経伝達物質に反応して，他の器官の機能を修飾する種々の生理活性物質を合成するので，松果体は神経性のものを体液性のものに変換させる機能を有する特異な内分泌腺として注目されている．松果体から分泌されるホルモンはインドー

ル化合物，メラトニン（melatonin）である．メラトニンを両生類や爬虫類などに投与すると皮膚の色素細胞に作用し，細胞内に散在している色素顆粒を凝集して，中間葉ホルモンの場合と反対に，皮膚の色を白くする．哺乳動物では，色素細胞に対する効果はないが，古くから早期の性成熟を抑える作用があるといわれてきた．最近の研究では，下垂体（プロラクチンの分泌促進，性腺刺激ホルモンの分泌抑制），甲状腺（サイロキシンの分泌抑制），副腎（アンドロステロンの分泌調節）など他の内分泌腺との関係も報告されている．メラトニンは，実質内に多量に存在するセロトニンからセロトニン-N-アセチルトランスフェラーゼ（NAT）やヒドロオキシインドール-o-メチルトランスフェラーゼ（HIOMT）などの酵素の作用によって合成される．松果体内では，昼間はセロトニンが多いが，夜間になるとメラトニンの含量が多くなる．このようなことから，松果体は視床下部や下垂体を通じ，動物体内における日周リズム（circardian rhythm）の発現に関係があるのではないかと考えられている．

(2) 下 垂 体

1) 構　　造

　下垂体（hypophysis, pituitary gland）は，脳底の中央部，蝶形骨がつくる窪み"トルコ鞍"におさまっている牛で2.0g程度の小さな腺体で，下垂体柄をもって視床下部と連結する（図Ⅴ-102）．下垂体は，口腔上皮に由来する腺性下垂体（adenohypophysis）と脳の一部が下垂してできた神経性下垂体（neurohypophysis）との合体によって成立している（表Ⅴ-6）．通常，腺体の主要部分を前葉，中間葉，隆起部および後葉と呼んでいる．前葉，中間葉および隆起部は上皮性の組織で，後葉は神経性の組織である（図Ⅴ-103）．

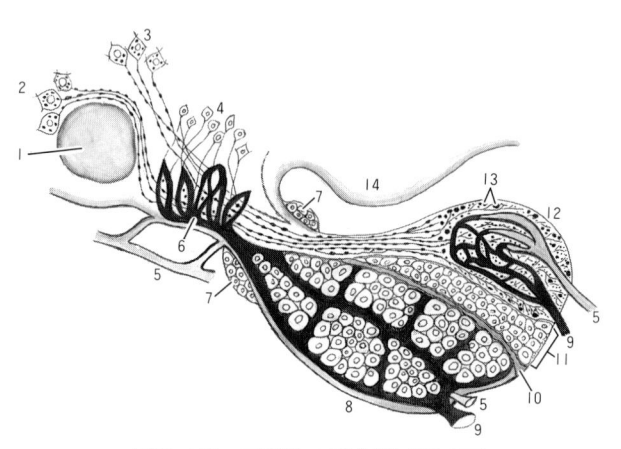

図Ⅴ-102　下垂体の正中断面模式図
1：視神経，2：視索上核，3：室傍核，4：放出因子および抑制因子の産出部位，5：動脈，6：下垂体門脈系（正中隆起），7：隆起部，8：前葉，9：静脈，10：下垂体腔，11：中間葉，12：後葉，13：神経分泌物（ヘリング小体），14：乳頭体

V. 内　臓

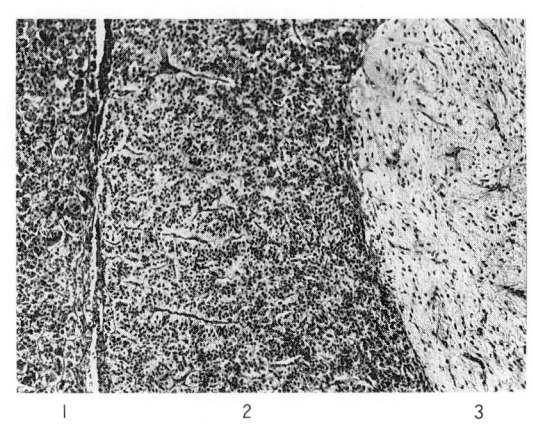

図V-103　下垂体の組織
1：前葉，2：中間葉，3：後葉

表V-6　下垂体の区分

1. 腺性下垂体	2. 神経性下垂体
主部（前葉）	漏斗（正中隆起）
中間部（中間葉）	漏斗柄
隆起部（結節部）	漏斗突起（後葉，神経葉）

a．前　　葉

　前葉（anterior lobe）は全体の約3/5を占め，実質は多数の腺胞の集合体よりなる．すなわち，数十個の腺細胞が集まり，結合組織に包まれて腺胞を形成する．腺胞の中心には機能状態によってはコロイドの蓄積が認められ，各々の腺胞の間には洞様の毛細血管が密に分布する．前葉を構成する腺細胞は，その染色性によって酸好性細胞，塩基好性細胞および色素嫌性細胞に分類する（図V-104）．色素嫌性細胞は分泌顆粒を含まない未発達の細胞で，顆粒を蓄積して酸好性細胞あるいは塩基好性細胞に移行する．①酸好性細胞（acidophils）：円形あるいは楕円形

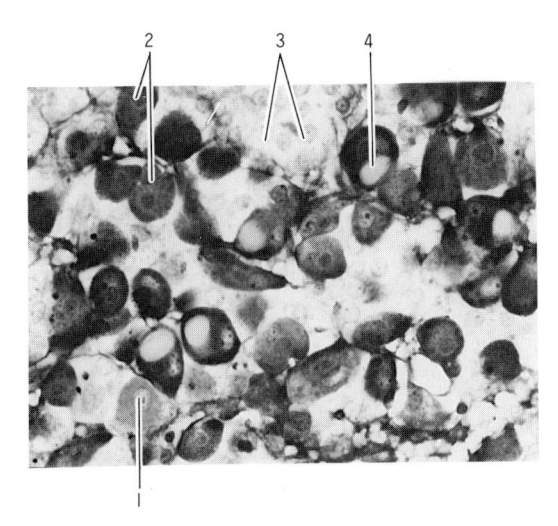

図V-104　下垂体前葉の細胞（去勢ラット）
1：酸好性細胞，2：塩基好性細胞，3：色素嫌性細胞，4：去勢細胞

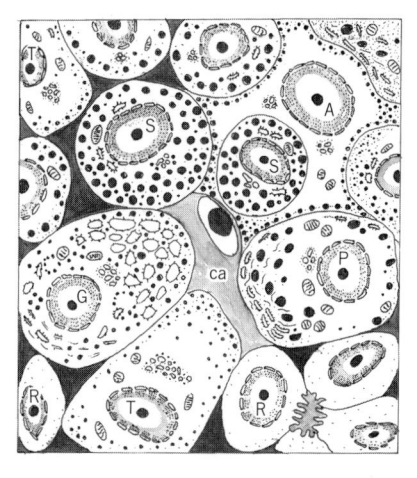

図V-105　下垂体前葉細胞の電顕図（ラット）
A：ACTH細胞，G：FSH細胞，P：LTH細胞，R：嚢胞細胞，S：GH細胞，T：TSH細胞，Ca：洞様毛細血管

の細胞で，全細胞の30〜40％を占める．なお，酸好性細胞をオレンジGに染まるα細胞と酸性フクシンに染まるε細胞に細分する場合もある．②塩基好性細胞(basophils)：長方形や卵円形で一般に酸好性細胞よりも大きく，全細胞の5〜15％を占める．細胞は糖蛋白を含むのでPAS反応に陽性である．塩基好性細胞も形や染色性の相違からβ細胞とδ細胞に分けている．また，動物種によっては酸性色素と塩基性色素の両方に染まる両性細胞（ζ細胞またはV細胞）が存在する．③色素嫌性細胞(chromophobes，γ細胞)：円形の小型細胞で全体の30〜50％を占め，腺胞の中央部に認められる．

前葉の各種細胞型とホルモン分泌との関連性については，長い間論議されたが，現在では免疫組織学的方法と電子顕微鏡による観察で，分泌されるホルモンに対応する細胞が表V-7および図V-105に示すようにほぼ同定されている．

成長期にある動物では酸好性細胞が多く，成熟期になると大型の塩基好性細胞が増加する．妊

表V-7　電子顕微鏡による前葉細胞の分類（ラット）

細胞型	分泌するホルモン	細胞の特徴 （顆粒の最大直径）	光学顕微鏡による 分類との対応
GH細胞	成長ホルモン	円形，電子密度大 核は中央に位置する 分泌顆粒は大きくて豊富 (300〜400 nm)	酸好性細胞（α-細胞）
TSH細胞	甲状腺刺激ホルモン	長方形で明るい ゴルジ装置発達 分泌顆粒は小型 (120〜200 nm)	塩基好性細胞（β-細胞）
FSH細胞	卵胞刺激ホルモン	卵円形 粗面小胞体は顕著に発達 分泌顆粒はやや小型 (200〜250 nm)	塩基好性細胞（δ-細胞） 免疫組織学的方法では同じ細胞がFSH, LH抗体の双方に反応するので，GTH細胞で一括する
LH細胞	黄体形成ホルモン	楕円形 粗面小胞体は扁平 分泌顆粒は中型 (250〜300 nm)	
LTH細胞	黄体刺激ホルモン	楕円形 粗面小胞体は拡大 ミトコンドリア豊富 分泌顆粒は卵円形で大型 (400〜600 nm)	酸好性細胞（ε-細胞）
ACTH細胞	副腎皮質刺激ホルモン	不正多角形で明るい しばしば突起を持つ 分泌顆粒は小型で細胞の 周辺部に分布 (150〜200 nm)	塩基好性細胞または両性細胞（ζ-細胞）
嚢胞細胞		分泌顆粒を含まない 小型細胞	色素嫌性細胞（γ-細胞）
星細胞		突起を持った小さな細胞	

娠期や泌乳期には酸好性細胞が増数，肥大する．巨人症など異常に成長したものの下垂体では，酸好性細胞が極端に多く，反対に小人や矮小動物のものでは酸好性細胞が消失し，色素嫌性細胞よりなる．このようなことから酸好性細胞が成長に，塩基好性細胞が成熟に関係深い細胞であることが理解される．また，実験的に去勢や甲状腺を剔出した動物では，標的器官からの刻当するホルモンの分泌抑制作用が解けて，塩基好性細胞は機能亢進状態となり，著しく肥大し胞体内に大きな空胞や液胞を持った，いわゆる去勢細胞 (castrastion-cells) や，甲状腺剔出細胞 (thyroidectomy-cells) が出現する．

b. 中 間 葉

中間葉 (intermediate lobe) は前葉と後葉との間にある組織で，動物種によっては前葉との間に下垂体腔がある．また，大家畜では中間葉にコロイドを含む大小の濾胞が存在する．家禽では中間葉を欠如する．中間葉は前葉に比べると血管に乏しく，細胞は密に配列する．中間葉の腺細胞は塩基好性で，明調細胞と暗調細胞の2型がある．

明調細胞は円形および楕円形の細胞で，全細胞の80%以上を占める．暗調細胞は不正多角形で明調細胞より小型である．いずれの細胞も分泌顆粒を豊富に含有し，鉛ヘマトキシリンやPAS染色に強く反応する．明調細胞は，免疫組織学的方法で中間葉ホルモンの産生細胞と同定されている．さらに犬ではMSH分泌細胞であるA_1細胞とACTH様物質の産生細胞であるA_2細胞を識別している．

c. 隆 起 部

隆起部 (pars tuberalis) は下垂体柄の周りに広がる組織で，主として塩基好性細胞よりなる．前葉に入る血管の通路にあたるので，細胞索の間には血管が豊富である．ホルモンの分泌機能については明らかでない．

d. 後 葉

後葉 (posterior lobe) には視床下部の神経細胞から伸びた多数の神経線維が侵入する．実質細胞である後葉細胞 (pituicytes) は，古くはホルモンの分泌細胞と考えられたが，分泌顆粒を含まず，一種の神経膠細胞とみなされている．後葉ホルモンは，視床下部に群集する視索上核や室傍核の神経細胞で産出される．細胞内でつくられた分泌物は軸索を流れ，後葉に運ばれて蓄積され，必要に応じて血液中に放出される（神経(内)分泌 neurosecretion）．神経分泌物は，Gomoriのクロムアラム・ヘマトキシリン染色によって鮮やかな青藍色に染まる顆粒として検出される．神経線維の末端が集まる後葉では，常に大小の顆粒が認められるが，特に大型の顆粒をヘリング小体 (Herring's bodies) と呼んでいる．なお，視索上核から下垂体後葉に入る神経路を視索上核下垂体路，室傍核からのものを室傍核下垂体路といい，両者で視床下部神経分泌系を構成する．

2) 機　　　能

下垂体から分泌されるホルモンは，前葉ホルモン6種，中間葉ホルモン1種，後葉ホルモン

2種の計9種類である．

a．前葉ホルモン

ⅰ）成長ホルモン（growth hormone, GH；somatotropin, STH）

長骨の骨端軟骨に作用して動物の成長を促進する．その作用機序を大別すると，ソマトメジン（somatomedin）の産出を誘導して骨や軟骨細胞の分化・増殖をはかる作用と，成長に必要な栄養確保のための糖や脂肪代謝作用の2通りになる．

ⅱ）甲状腺刺激ホルモン（thyroid stimulating hormone, TSH）

甲状腺に作用してサイロキシンの合成と分泌を刺激する．

ⅲ）性腺刺激ホルモン（gonadotropic hormone, GTH）

生殖腺に作用するホルモンで次の2種がある．①卵胞刺激ホルモン（follicle stimulating hormone, FSH）：雌では卵胞の発達とエストロジェンの分泌，雄では精子形成を促す．②黄体形成ホルモン（luteinizing hormone, LH），間質細胞刺激ホルモン（interstitial cell stimulating hormone, ICSH）：雌ではFSHと共同して成熟卵胞の排卵を起こさせ，黄体の形成とプロジェステロンの分泌を高める．雄では精巣の間質細胞（ライディヒ細胞）を刺激してアンドロジェンの分泌を促す．

ⅳ）催乳ホルモン（lactogenic hormone），**黄体刺激ホルモン**（luteotropic hormone, LTH），**プロラクチン**（prolactin）

乳腺に作用して乳汁の合成，分泌を促すと同時に，げっ歯類などでは黄体を刺激して，その機能を維持する．また，鳩では嗉囊に作用してその粘膜より嗉囊乳（crop milk）を分泌させる．

ⅴ）副腎皮質刺激ホルモン（adrenocorticotropic hormone, ACTH）

副腎皮質を刺激して糖質コルチコイドや性ホルモンの分泌を促す．

甲状腺刺激ホルモン，性腺刺激ホルモン，副腎皮質刺激ホルモンは向腺性刺激ホルモンで，標的器官との間にフィードバックの関係が成り立つ．下垂体から刺激ホルモンが過剰に分泌されると標的器官から分泌されたホルモンは，下垂体に対し抑制的に働いて，両者の間の分泌活動を調節し，その恒常性を維持する．したがって標的器官を剔出した場合は，下垂体に対する抑制力がなくなり，下垂体の機能は異常に亢進し，腺体は極端に大きくなる．一方，標的器官のホルモンを投与した場合は，下垂体に対する抑制作用が効いて，下垂体の機能は弱くなり，刺激ホルモンの分泌が減って標的器官の機能も減退する．

b．中間葉ホルモン

メラニン細胞刺激ホルモン（melanocyte stimulating hormone, MSH）　両生類や爬虫類など下等動物の皮膚表皮に存在する色素細胞を刺激し，胞体内のメラニン顆粒を拡散させて皮膚の色を黒くする．しかしながら，哺乳動物では皮膚の色を黒くする作用はない．

哺乳動物における中間葉の機能は十分に明らかでないが，MSHやACTH様物質の生産のほか，脂肪動員に関連があるLPH（lipotropic hormone），神経に作用するエンドロフィンなどACTH関連ペプチドの合成などが考えられ，また最近，中間葉と水分や塩分代謝との関係も注

目されている．

c．後葉ホルモン

ⅰ）バゾプレッシン（vasopressin），**抗利尿ホルモン**（antidiuretic hormone, ADH）

血圧上昇と抗利尿の作用がある．血圧上昇作用は血管壁を構成する平滑筋の収縮，抗利尿作用は腎臓の尿細管に働き，水に対する透過性を高め，水分の再吸収をはかることによるものである．

ⅱ）オキシトシン（oxytocin）

平滑筋を収縮する作用がある．子宮では分娩を促進し，乳腺では筋上皮細胞や乳腺管に働いて乳汁の排出を引き起こす．哺乳時における乳頭に加わる吸引刺激は，視床下部を介してオキシトシンの分泌を促す．

3）視床下部と下垂体との関係

視床下部では後葉ホルモンだけでなく，前葉および中間葉ホルモンの分泌を刺激（放出因子）したり，抑制（抑制因子）したりする生理活性物質がつくられている．なお，現在知られている主な因子は次の通りである．

a．放出因子（releasing factor）あるいは放出ホルモン（releasing hormone）

成長ホルモン放出因子（GRF），甲状腺刺激ホルモン放出因子（TRF），卵胞刺激ホルモン放出因子（FRF），黄体形成ホルモン放出因子（LRF），副腎皮質刺激ホルモン放出因子（ARF）など．

b．抑制因子（inhibiting factor）あるいは抑制ホルモン（inhibitng hormone）

成長ホルモン抑制因子（GIF）あるいはソマトスタチン（somatostatin），プロラクチン抑制因子（PIF），メラニン細胞刺激ホルモン抑制因子（MIF）など．

視床下部における放出および抑制因子の産出部位は灰白隆起の内側部の神経細胞，特に漏斗核（弓状核）などであるが，個々の因子については未だ特定するに至っていない．しかし，視床下部の正中隆起と下垂体前葉との間には下垂体門脈系が存在し，漏斗核付近から送られてきた神経分泌顆粒が正中隆起において軸索からループ状をなして分布する毛細血管の中へ放出され，前葉に運ばれる過程が組織像で証明されている．

下垂体前葉における成長ホルモンの分泌は成長ホルモン放出因子とソマトスタチンの拮抗作用によって調節される．また，甲状腺刺激ホルモン，性腺刺激ホルモン，副腎皮質刺激ホルモンも，それぞれの放出因子の分泌に対して抑制的に働く，負のフィードバック関係にあり，それらを short loop feedback と呼んでいる．

(3) 甲 状 腺

1) 構 造

甲状腺（thyroid glands）は，赤褐色をした円形または楕円形の腺体で，気管（第2～第3軟骨輪）の両側に一対みられ，牛で20g程度の大きさである（図V-106）．葉状構造をしているので左側の腺体を左葉，右側のものを右葉と呼ぶ（図V-107）．多くの家畜では両葉は細い峡部（isthmus）で繋がっている．豚では峡部も錘体葉として発達し，犬では峡部は認められない．家禽の甲状腺は心臓の近くに存在する．甲状腺は薄い被膜で包まれ，実質は多数の濾胞（follicle）で構成されている（図V-109）．被膜の結合組織は実質中に入り濾胞の間質となる．濾胞は球状でそれぞれ独立し，中央に大きな濾胞腔を有する．濾胞腔には常にコロイドが蓄積し，それを取り囲む濾胞上皮は単層で，扁平あるいは立方形をした細胞が立ち並ぶ．甲状腺は血管に富む

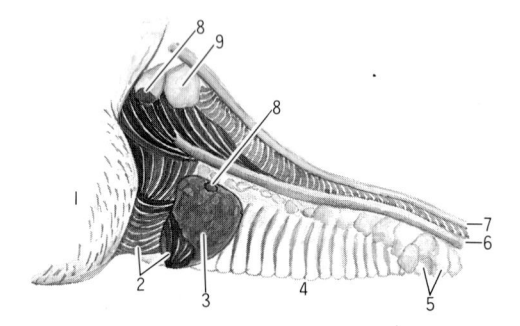

図V-106 甲状腺と上皮小体の分布（牛）
1：下顎骨，2：筋肉，3：甲状腺，4：気管，5：胸腺，6：血管，7：神経，8：上皮小体，9：脂肪

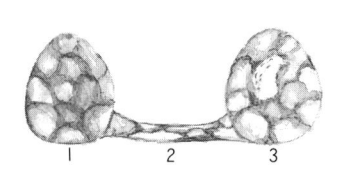

図V-107 牛の甲状腺
1：右葉，2：峡部，3：左葉

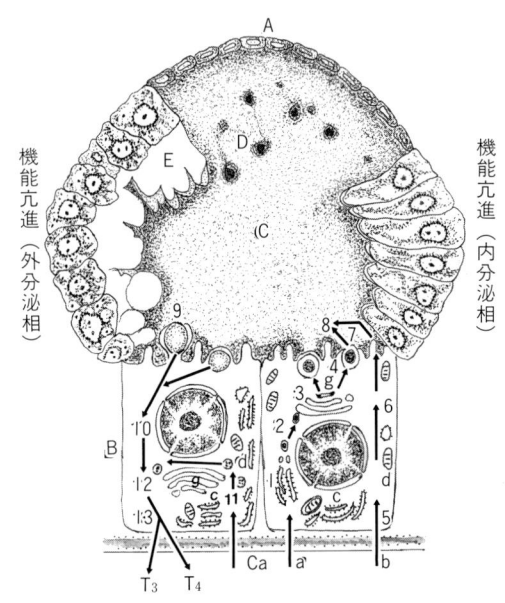

図V-108 甲状腺濾胞における上皮細胞の光顕と電顕模式図（本岡・伊倉，1950とJunqueiras・Carneiro，1986を参考にして描く）
1：素材の取込み，蛋白質合成，2：膜内輸送，3：分泌顆粒の形成，4：分泌顆粒の移動，5：ヨード摂取，6：ヨウ化物の酸化，7：分泌顆粒の放出（エクソサイトシス），8：サイログロブリンのヨウ化，9：コロイドの吸収（エンドサイトシス），10：吸収物の移動，11：リソソーム酵素の合成，12：T_3，T_4の合成，13：T_3，T_4の分泌，a：アミノ酸，b：ヨウ化物，c：粗面小胞体，d：ミトコンドリア，g：ゴルジ装置，A：濾胞上皮細胞（光顕），B：濾胞上皮細胞（電顕），C：コロイド，D：脱落細胞，E：空胞，Ca：毛細血管

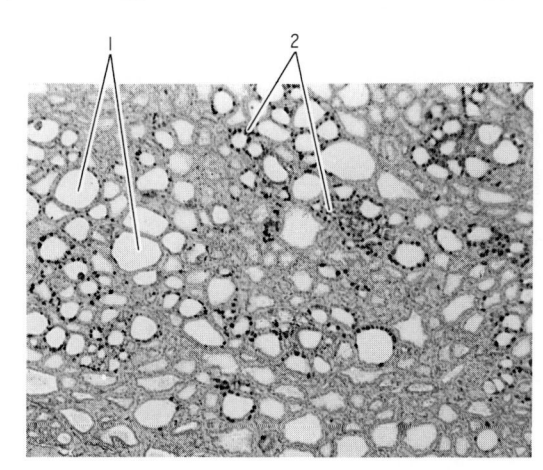

図V-109　甲状腺の濾胞とC細胞（馬）
　　　　1：濾胞，2：C細胞（黒く染まる）

器官で鋳型をつくって走査電子顕微鏡で観察すると，洞様に拡大した毛細血管が各濾胞を篭のように取り囲んでいるのがみられる．濾胞の形態は腺の活動状態によって著明に変化する．機能が亢進している場合と低下している場合の主な特徴を比較すると表V-8のようになる．甲状腺から分泌されるホルモンは，体の新陳代謝に関係するので成長期や換羽期，さらには動物を低温下で飼育した場合に腺体は機能亢進像を示す．間質には線維細胞，肥満細胞，脂肪細胞などの結合組織の細胞成分のほか，比較的大型な明るい細胞がところどころにかたまって存在する．この細胞は傍濾胞細胞（parafollicular cells）あるいはC細胞と呼ばれ，カルシトニンを分泌する．C細胞は間質だけでなく濾胞上皮の中にも点在する．C細胞は好銀性の細胞で，やや大きなゴルジ装置，少量の粗面小胞体，小さな分泌顆粒を含む．なお，家禽ではC細胞は甲状腺の中には存在せず，甲状腺の近くにみられる鰓後体（ultimobrachial body）の組織中に散在する．

表V-8　甲状腺濾胞の機能状態による形態変化

	機能亢進像	機能低下像
濾　胞	大小の濾胞が存在	大型で均一，一部癒合
濾胞内のコロイド	蓄積の減少 酸好性色素に染まるものと塩基好性色素に染まるものがある 空胞存在	蓄積大 酸好性色素に均質に染まる 脱落細胞あり
濾胞の上皮細胞	立方形，円柱形 核は大きくて明るい 細胞小器官発達 顆粒充実	扁平 核は扁平で小さい

甲状腺は，下垂体から分泌される甲状腺刺激ホルモン（TSH）の刺激を受けて活動的になるが，細胞内で合成した分泌物をいったんコロイドの形で濾胞内に蓄えておき，必要に応じて再

び細胞内に吸収し，改めて周囲の血管に分泌するきわめてユニークな内分泌腺である．したがって，濾胞の上皮細胞は分泌と吸収の両方の機能を同一の細胞で行っていることになる．事実，電子顕微鏡で細胞を細かく観察すると両方の機能を兼ね備えた構造を認めることができる．なお，サイロキシンの合成および分泌の機構は次の通りである．①濾胞上皮細胞によるサイロキシン（サイログロブリン）の合成とコロイドの形成：血液中より素材として取り入れられたアミノ酸は，粗面小胞体でポリペプチドに合成され，膜内輸送によってゴルジ装置に運ばれて糖と結合し，濃縮されてサイログロブリン顆粒となる．その後，顆粒は濾胞腔面に移動し，細胞膜よりエクソサイトーシスによって濾胞腔に放出される．一方，血液中よりヨウ素ポンプ（iodide pump）機構によって摂取されたヨード化合物は，細胞内で酵素の働きによってヨウ素となり，濾胞腔に排出されたあと，サイログロブリンのチロシル基と結合し，ヨード蛋白としてコロイドの状態で蓄えられる．②濾胞上皮細胞によるコロイドの吸収とサイロキシンの分泌：コロイドは，TSH の刺激によって細胞の遊離面に形成された多数の偽足によるエンドサイトシスによって，細胞内に取り込まれる．細胞内ではライソゾームと結合し，さらにライソゾーム酵素によって消化され，甲状腺ホルモンであるトリヨードチロシン（T_3）やテトラヨードチロシン（T_4）がつくられる．そして，T_3 および T_4 は必要に応じて細胞膜を通過し，毛細血管内に分泌される．なお，血液中に放出されるサイロキシンは T_4 が 90％を占めるが，T_3 は T_4 に比較して効果が早く現れ作用も強い（図V-108）．

2) 機　　　能

甲状腺からサイロキシンとカルシトニンが分泌される．

a．サイロキシン

①体内の多くの組織に働いて酸素の消費を刺激し，代謝量を増大させる．すなわち，細胞内のミトコンドリアの活動を盛んにし，蛋白質の合成を増加させる．したがって，サイロキシン（thyroxine）の投与は動物の発育や成熟を促し，オタマジャクシなどでは顕著な変態促進効果を示す．また反面，実験的に甲状腺を剔出された動物では発育が著しく阻害される．②小腸からのグルコースの吸収を促進し，肝臓のグリコーゲンのグルコースへの変換や糖新生を刺激する．③コレステロールの合成を促すと同時に血中からコレステロールを除去する肝臓の作用を高めるなど，脂肪代謝の調節を助ける．④血液中のサイロキシン濃度の高まりは，下垂体からの TSH の分泌を抑える．

b．カルシトニン

骨からのカルシウムの溶出を抑制することによって血液中のカルシウム濃度を低下させる．すなわち，上皮小体ホルモンの作用と拮抗関係にあり，血液中のカルシウム量は両ホルモンの働きによって一定の値に保たれる．カルシトニン（calcitonin, CT）は成長期の動物において活性が高いことから骨格の発達に関与するものと考えられている．なお，カルシトニンの分泌は血液中のカルシウム濃度によって調節され，下垂体ホルモンによる直接の支配は受けない．

(4) 上 皮 小 体

1) 構　　造

　家畜の上皮小体（parathyroid glands）は，通常胸部に 2 対みられる．上皮小体は第 2〜第 4 鰓嚢上皮より発生するので，位置的に甲状腺と関係が深く，しばしば甲状腺の被膜や実質中に存在する．上皮小体は赤褐色を呈する卵円形の小さな腺体で薄い被膜に包まれる．被膜の結合組織は実質内に入り小柱をつくり腺を小葉に分ける．さらに小柱は細かく枝分かれして細胞索を支える．小葉間には血管，リンパ管および神経が豊富に分布し，脂肪も沈着する．腺体にみられる主要な細胞として次の 2 種がある（図Ⅴ-110）．①主細胞（chief cells）：上皮小体ホルモンを分泌する細胞で構成細胞の大半を占める．明調細胞と暗調細胞に細分することもあるが，明調細胞は分泌顆粒も少ないので，機能低下した暗調細胞と考えられている．暗調細胞は電子密度の高い小型（200〜300 nm）の分泌顆粒を含み，粗面小胞体もよく発達している．②酸好性細胞（oxyphil cells）：主細胞より大きく染色性に富む細胞で，家畜では馬や牛の大家畜にみられる．この細胞はクリステを多数備えたミトコンドリアを多量に含むのが特徴である．

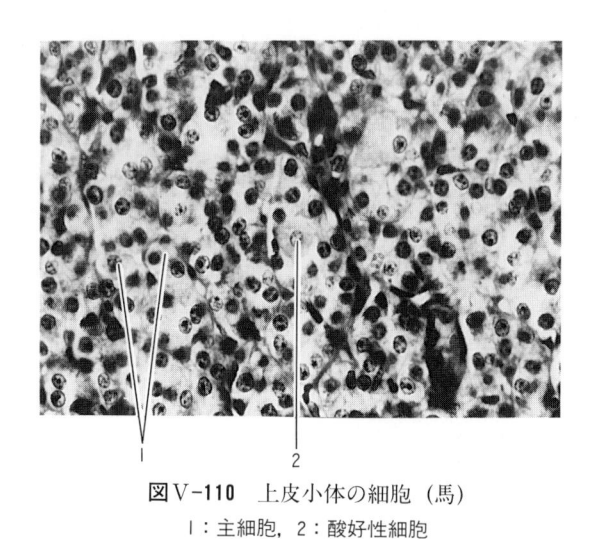

図Ⅴ-110　上皮小体の細胞（馬）
1：主細胞，2：酸好性細胞

2) 機　　能

　上皮小体から蛋白質性のホルモンであるパラソルモン（parathormone, PTH）が分泌される．パラソルモンは骨，腎臓，小腸などに作用して血液中のカルシウム濃度を高める．すなわち，①骨の破骨細胞の働きを活発にして骨基質の破壊，吸収を促進する．②腎臓の尿細管におけるカルシウムイオンの吸収を増加させ，反対にリン酸イオンの吸収を抑制する．③小腸からのカルシウムの吸収を促す．なお，上皮小体からのパラソルモンの分泌は，血液中のカルシウム濃度の減少によって刺激される．上皮小体は生命に必須の器官で，すべての小皮小体を剔出すると

(5) 副　　　　　腎

1) 構　　　造

家畜の副腎（adrenal glands）は黄赤色の腺体で，腎臓の前端，腎脂肪に埋もれて左右一対存在し，牛では25g程度の大きさである．その形は一般にやや扁平な豆形であるが，左右によって異なる場合もあり，牛では左側はコンマ状，右側はハート型である（図V-111）．家禽では黄褐色で桑実状を呈し，精巣あるいは卵巣に接して腰部の背壁に固定されている．副腎の断面を見ると赤味を帯びた外層の皮質と内層の髄質が肉眼でも区別できる．そのように家畜では皮質の組織が髄質のそれを同心円状に包んでいるが，家禽では両者の組織が混在する．皮質と髄質は発生学的に起源を異にし，皮質は上皮性組織で中胚葉，髄質は神経性組織で外胚葉に由来する．

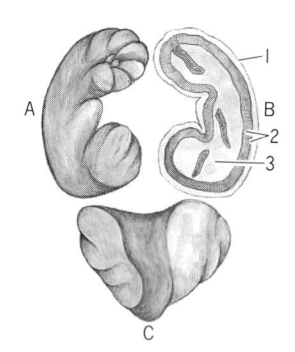

図V-111　牛の副腎
A：左側の副腎, B：Aの断面, C：右側の副腎, 1：被膜, 2：皮質, 3：髄質

a．皮　　質

皮質（cortex）の腺細胞は1～2列の狭い細胞索をつくり，被膜下より内部に向かって柱状に配列する．明瞭な境界はないが，構成する細胞の特徴によって皮質を表層より，次の3層に区

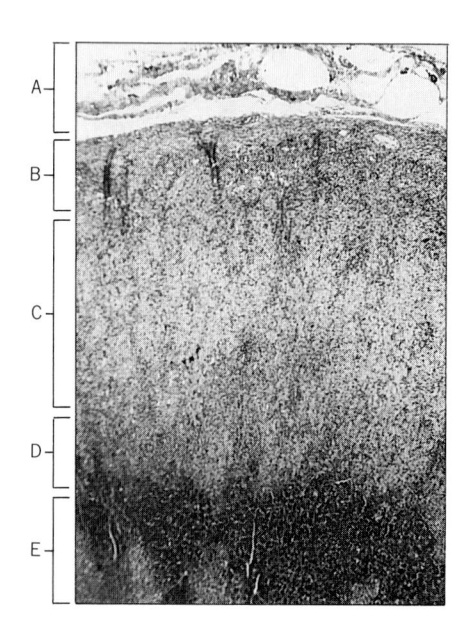

図V-112　副腎の組織（牛）
A：被膜, B：球状帯, C：束状帯, D：網状帯, E：髄質

分している（図V-112）．

 i ）球　状　帯（zona glomerulosa）

被膜に接する最外層で，細胞は小集団をなし，毛細血管洞を含む結合組織によって囲まれる．馬や犬などでは，被膜の直下で細胞が弓状に配列するので弓状帯とも呼んでいる．細胞は立方形あるいは円柱形で，顆粒少なく脂肪を含むので明るい．滑面小胞体は細管状でよく発達する．

 ii）束　状　帯（zona fasciculata）

3層のうちで最も広く皮質の主要部分を占める．細胞は束状に配列し，細胞索の結合組織には幅広い毛細血管が密に分布する．細胞は楕円形あるいは立方形で大型，核も大きくて明るい（図V-113）．胞体内には多量の脂質やアスコロビン酸を含むが，その量はACTHの投与によって激しく変動する．滑面小胞体が顕著に発達し，ステロイド分泌細胞に特有な構造を示す．

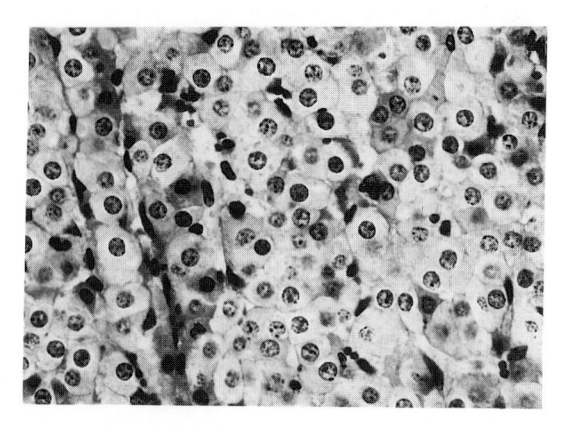

図V-113　副腎皮質束状帯の細胞（牛）

 iii）網　状　帯（zona reticularis）

網状帯では，束状に配列していた細胞索は迂曲癒合して網状構造となる．細胞は立方形で束状帯のものよりもやや小さく，脂肪滴が少ないので細胞質は濃く染まる．また，毛細血管網が顕著に発達しているのもこの層の特徴である．

 b．髄　　質（medulla）

実質を構成する主な細胞は，多数の髄質細胞と少数の神経節細胞である．髄質細胞は小グループをなし，結合組織によって支持され，その間に神経や血管が豊富に分布する．クロム塩を含む固定液を使用して組織標本を作製すると，髄質細胞は分泌顆粒の中に含まれるカテコールアミンが酸化して黄色を呈する．このことから髄質細胞をクロム親和細胞ともいう．さらに，髄質細胞は特殊な染色法でノルアドレナリン産生細胞（N細胞）とアドレナリン産生細胞（A細胞）の2種類に区別できる．前者は電子密度が高く芯のある分泌顆粒を，後者は電子密度が低く均質に染まる分泌顆粒を含有する（図V-114）．

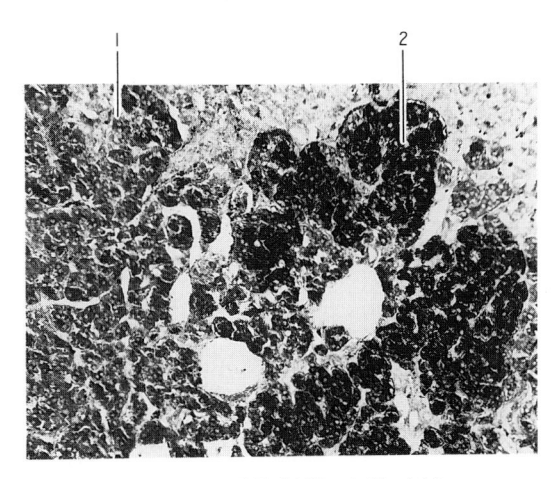

図V-114 副腎髄質の細胞（牛）
1：A細胞，2：N細胞

2) 機　　　能

皮質から3種類のステロイド系ホルモンと髄質から2種類のアミン系ホルモンが分泌される．

a．皮質ホルモン

ⅰ）**電解質コルチコイド**（mineralocorticoids）

数種類の電解質コルチコイドのうち，アルドステロン（aldosterone）が最も作用が強い．アルドステロンは主として球状帯から分泌される．このホルモンは，消化管，唾液腺，腎臓，汗腺などに作用してナトリウムの再吸収を行うことによって，動物体内における水分と電解質の恒常性維持に関与する．腎臓では，尿細管の細胞に働き，糸球体からナトリウムイオンの再吸収を高めるとともにカルシウムの排出を促進する．電解質コルチコイドの分泌調節は，血液中のナトリウムおよびカリウムの濃度変化をレニン・アンギオテンシン系が感知することによって行われる．すなわち，ナトリウムの減少，それに伴う血液量や細胞外液量の減少は，アルドステロンの分泌を増加させる．

ⅱ）**糖質コルチコイド**（glucocorticoids）

主要なものはコルチゾル（cortisol）とコルチコステロン（corticosterone）で，主に束状帯から分泌される．糖質コルチコイドは炭水化物，蛋白質および脂質の代謝に関与する．すなわち，肝臓における糖，アミノ酸，脂質の摂取と利用を高め，肝細胞内でのグリコーゲンの合成や糖新生を促進する．

ⅲ）**性ホルモン**（sex hormone）

主としてアンドロジェン（androgen）が網状帯より分泌される．しかし，その量は精巣から分泌されるものに比べてはるかに少なく効果も弱い．

糖質コルチコイドおよび性ホルモンの分泌はACTHの支配を受け，下垂体との間にフィー

ドバックの機構が成立する．

　b．髄質ホルモン

　髄質から強力な血管緊張性物質である**アドレナリン**(adrenaline)と**ノルアドレナリン**(noradrenaline)が分泌される．髄質ホルモンの主な作用をあげると次の通りであるが，それらの作用効果は α 受容体あるいは β 受容体を介して発現する．①心臓の収縮力を強め，拍動数を増やして血圧を上げる．②骨格筋や心臓の血管を拡張させる．③皮膚や内臓の血管を収縮させる．④肝臓や骨格筋に含まれるグリコーゲンを分解して血糖値を高める．⑤脂肪組織に働き，血中の遊離脂肪含量を高めることによって熱生産量を増加させる．⑥瞳孔散大，気管の平滑筋弛緩，消化管の運動の抑制，立毛筋の収縮など交換神経を興奮させた場合に似た作用．ノルアドレナリンはアドレナリンに比べて血圧上昇作用は強いが，血糖上昇作用や交感神経興奮類似作用ははるかに弱い．

　髄質細胞と無髄神経線維の末端との間には数多くのシナプスが形成されており，髄質ホルモンの分泌は自律神経の支配を受ける．外傷，低血圧，寒冷曝露などのストレスの影響を受けた交感神経の端末では，アセチルコリンが増加し，その刺激によって髄質ホルモンの分泌が増大する．

VI. 循　　　　環

1. 循環器の構造と機能

(1) 循環器の概念

　単細胞生物は，細胞を包む細胞膜が外界と接しているため，細胞膜を通して直接物質交換を行うことができる．しかし，多細胞生物になると，周囲を他の細胞で囲まれ，外界と接することができない細胞ができてくる．それらの細胞は物質交換を外界と直接やりとりすることはできないため，酸素や栄養分を受け取ったり，老廃物を体外に排出するためのルートが必要となる．この役割を担っているのが循環器系（circulatory system）である．

　脊椎動物の血液は，心臓を中心として，全身に配置された脈管系内を循環している．心臓から末梢へ向かう往路が動脈系，末梢の毛細血管を経て心臓に戻る復路が静脈系で，心臓は血液循環の原動力をつくり出すポンプの役割を果たしている．

　鳥類や哺乳類は，肺呼吸によって血液のガス交換を行っているため，心臓を中心とした血液循環の経路は大循環（体循環）と小循環（肺循環）の2系に区分される．

- 大循環（large circulation）
  　左心室→大動脈→末梢組織→大静脈→右心房
- 小循環（small circulation）
  　右心室→肺動脈→肺→肺静脈→左心房

　血管系やリンパ管系を研究する学問は，統括して脈管学（angiology）といわれることもある．その研究対象は，動脈，静脈およびリンパ管などの管系に加えて，心臓，脾臓や胸腺などのリンパ性器官も含まれる．

(2) 心　　　　臓

1) 心臓の位置と心膜

　心臓（heart）は縦隔の腹側で心膜に包まれる．心膜は漿膜性心膜と線維性心膜に分かれ，心臓を緩やかに取り囲み，その位置や拍動に利便性を与えている．漿膜性心膜は心臓を直接包む臓側板（心外膜）と心膜の内側をおおう壁側板からなる．両膜の間には心膜腔がつくられ，心膜液を入れる．線維性心膜は結合組織性の膜で漿膜性心膜の壁側板の外側をおおい，心臓から出る大血管の外膜に移行する（図VI-1）．また，腹端では，胸骨心膜靱帯となって胸骨内面に付着する．

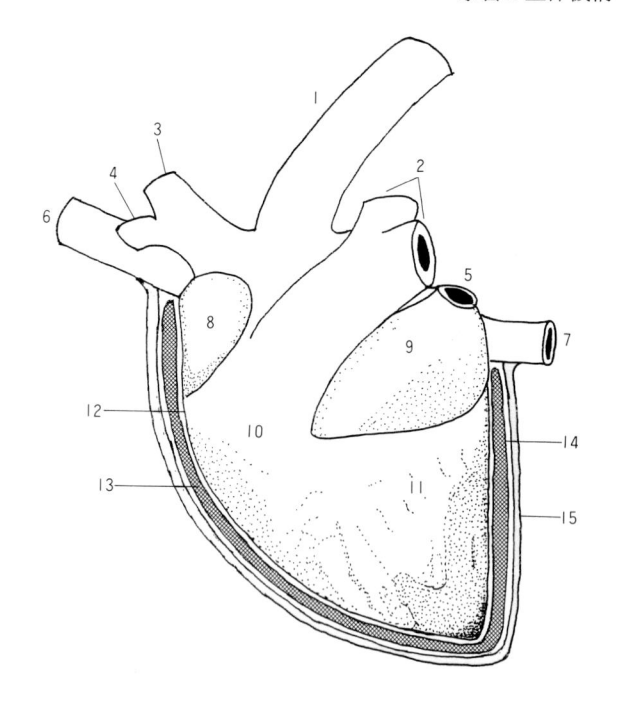

図VI-1 心臓と心膜.
1：大動脈，2：肺動脈，3：腕頭動脈，4：左鎖骨下動脈，5：肺静脈，6：前大静脈，7：後大静脈，8：右心房，9：左心房，10：右心室，11：左心室，12：漿膜性心膜臓側板（心外膜），13：心膜腔，14：漿膜性心膜壁側板，15：線維性心膜

心臓は心膜腔内に吊り下げられた形で遊離しており，胸腔内では大部分（約60％）が左側に位置し，非対称性である．また，心臓は第3より第5～第7肋骨までの間にあって，心底は第1肋骨の中央に引いた水平線の高さにある．心底の中心と心尖を結ぶ長軸はやや左方向に傾いた方向で後背側に偏っている．

2) 心臓の構成

脊椎動物では，心臓の大きさ（重量）と体重には，正の相関関係が認められ，体重あたりの比率はほぼ一定である．しかし，心臓の相対的な大きさはそれぞれの動物種の生息形態とも関係し，敏捷な動物ほど，また飛翔する動物ほど大きい．心臓はその個体発生のなかで，臓側中胚葉から心臓の原基が出現し，まず単一管状心が形成され，それが屈曲して発生が進むにつれ，内腔の分画が進行して，1心房1心室→2心房1心室→2心房2心室という経過をとる．

a．心臓の外形

心臓外観は倒立の円錐形を呈しており，背面が円錐の底面，腹面が円錐の頂点にあたり，それぞれ心底および心尖といわれる．心底は動・静脈の出入部にあたり，肺動脈（pulmonary trunk）は右心室を出て左側面にみられ，気管分枝部の腹位で左右に分かれる．大動脈（aorta）は左心室から出て肺動脈の右背側を走る．また肺動脈を抱くように心房（atrium）が耳状に膨出し，肺動脈の左側前面に左心耳，右側前面に右心耳が突出している．右心耳には前および後大静脈が，左心耳には数本の肺静脈が流入する．心房と心室（ventricle）の境界部に冠状溝（coronary groove）がみられ，左側面では旁円錐室間溝，右側面では洞下室間溝が心尖部に向

かって走行し，それらによって外観上左心室と右心室を分けることができる（図VI-2）．冠状溝や室間溝には心臓自体を養う冠状動脈（coronary artery）が走り，豊富な脂肪が取りまいている．また，反芻類やウサギでは左心室後縁から浅い中間溝が出る．

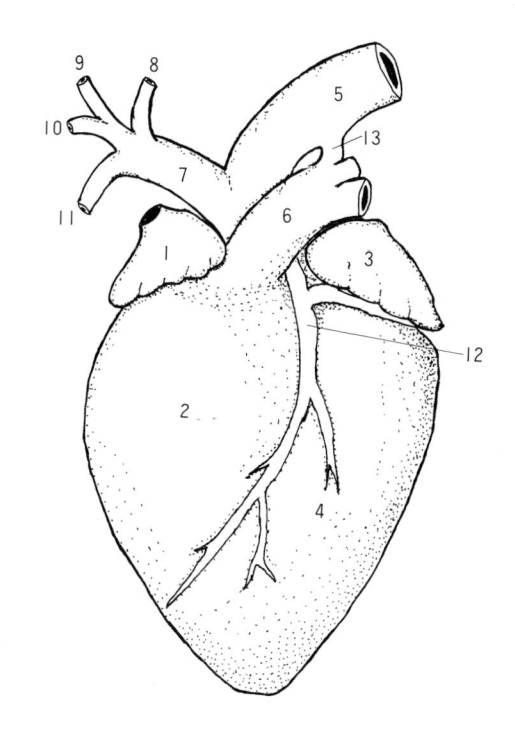

図VI-2 心臓の外形（冠状溝の脂肪を除去）．
1：右心耳，2：右心室，3：左心耳，4：左心室，5：大動脈，6：肺動脈，7：腕頭動脈，8：右鎖骨下動脈，9：右総頸動脈，10：左総頸動脈，11：左鎖骨下動脈，12：冠状動脈，13：動脈管索

b．心臓の内景（図VI-3〜6）

心底部分は明瞭に分画された薄い隔壁を持つ心房によって構成される．心房は心房中隔（interatrial septum）によって区分され，右心房と左心房に分けられる．右心房の大部分は右側に位置するが，心耳の囊状以外の部分は左側に出現する肺動脈幹の頭方部に伸びる．右心房には，後大静脈が冠状静脈開口部の上方で後背位から，前大静脈が分界稜の前背位から進入し，右心房内部は大静脈洞を形成する．また，その背壁に奇静脈も合流するため，全身の主要な静脈が流入することになる．心房の内壁は，両大静脈開口部の間では平滑で，弁に遮られることはない．右心房の背方部は，両大静脈の会合部では静脈間隆起が形成され，この隆起は，前，後大静脈からの血流がぶつかるのを防いでいると考えられている．この隆起の後位に存在する中隔壁の凹んだ膜様領域を卵円窩（fossa ovalis）といい，胎子期の卵円孔に相当する．心耳の内部は，櫛状筋が発達しているため起伏に富んでいる．大静脈洞とは分界稜によって境されている．

左心房は，右心房とほぼ類似した形態であるが，小群となった肺静脈を，心房の左前部と右前部の2部位，またいくつかの動物種では，後部を加えた3部位で受け入れる．中隔には胎子期における卵円孔の弁の位置を示す痕跡がみられることもある．心耳は右心房の構造に類似し

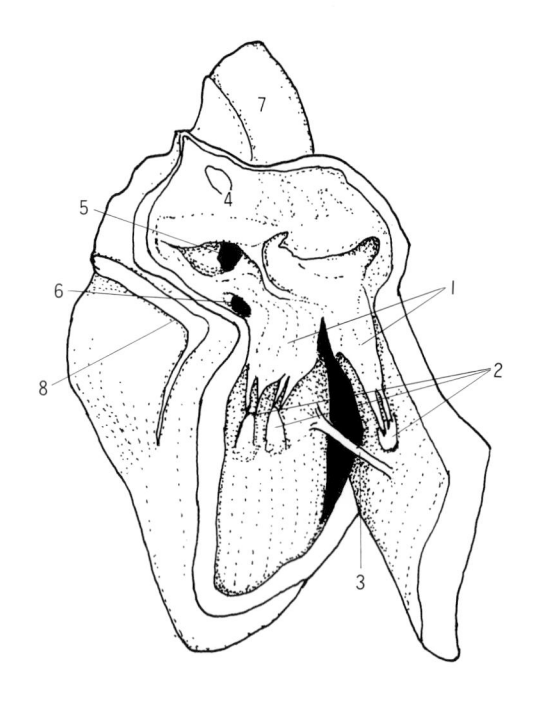

図VI-3 心臓の内景（右心房・右心室）.
1：右房室弁，2：乳頭筋，3：中隔縁柱，4：静脈間隆起，5：卵円窩，6：冠状静脈洞，7：大動脈，8：左冠状動脈

図VI-4 心臓の縦断面.
1：右心房，2：右心室，3：左心房，4：左心室，5：心室中隔，6：左心室筋，7：右心室筋，8：大動脈洞，9：大動脈，10：腕頭動脈，11：肺動脈，12：肺静脈，13：右房室弁，14：乳頭筋，15：左房室弁，16：右冠状動脈，17：左冠状動脈，18：大動脈弁

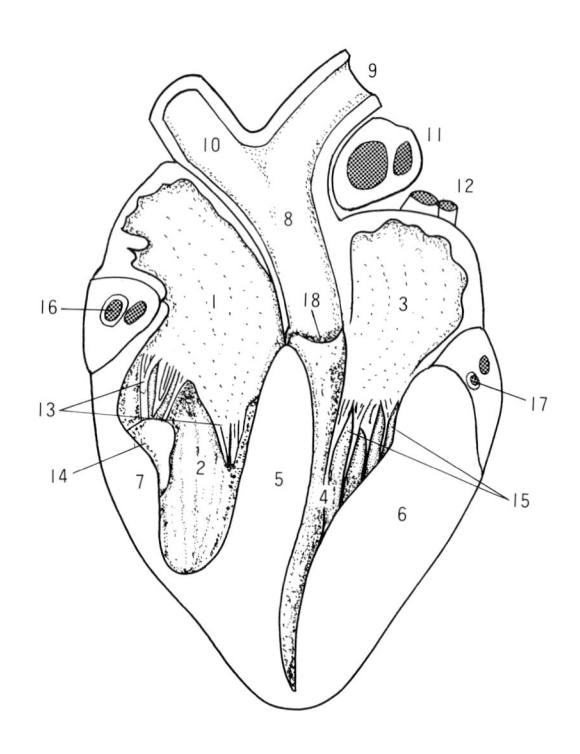

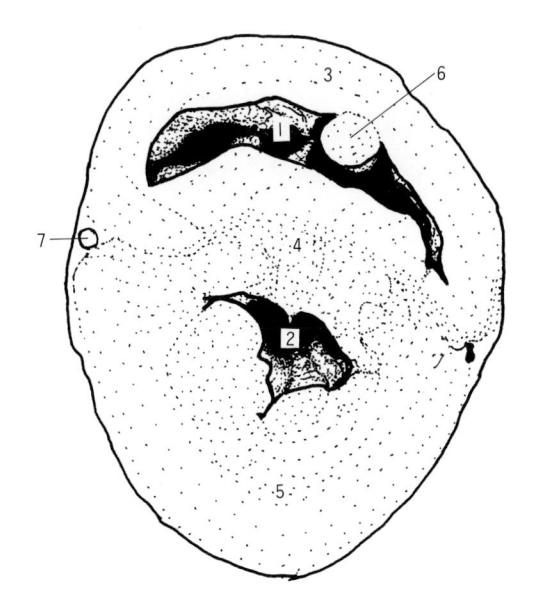

図VI-5 心室の横断面.
1：右心室，2：左心室，3：右心室筋，4：心室中隔，5：左心室筋，6：乳頭筋，7：右冠状動脈

図VI-6 房室弁（左右）と動脈弁（大動脈・肺動脈）.
（心房の一部を除去した心底背面）.
1：右房室弁（三尖弁），2：左房室弁（二尖弁），3：大動脈弁（半月弁）4：肺動脈弁（半月弁），5：右心房筋，6：左心房筋，7：右心室，8：左心室

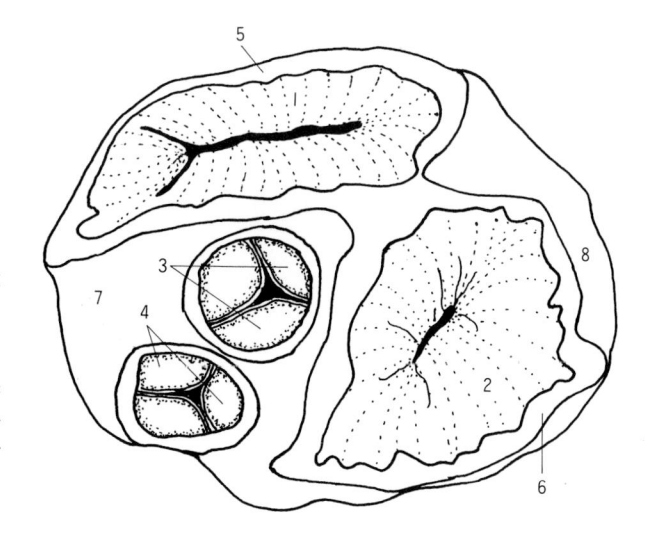

ている．

　右心室は，横断すると三日月形で，左心室の右側面と前面を囲む．右心房とは細長い大きな開口部である房室口に境されており，その腹位が心室腔となる．房室口には結合組織線維が発達して線維輪(fibrous ring)をつくり，その線維輪から右房室弁(right atrioventricular valve)が形成される．右房室弁は三尖弁で，房室口周縁から中心に向かう部分は遊離し，不規則である．弁の遊離縁は，強靭な腱索によって，心壁の突起である乳頭筋(papillary muscle)に結ばれる．一般に3個の乳頭筋があり，腱索はそれぞれの弁が2個の乳頭筋に，それぞれの乳頭筋は2個の弁に連結するように配列している．心室中隔と外壁を結ぶ細い筋柱は中隔縁柱（septomarginal trabecula) といわれ，心室腔を橋渡ししている．また，中隔縁柱は特殊心筋線維を含み，伝導組織の束の近道となって，心室全体におけるほとんど同時の収縮の役割を担っている．心尖部に近づくと，内壁は多くの不整な肉柱によって海綿状の外観を呈している．これらは心室腔の流入部に限局して存在しているため，血液の乱流を減少させると考えられている．右房室口の左側で肺動脈に移行する部位では，心室壁が円錐状に突出して，動脈円錐 (conus arteriosus) をつくる．動脈円錐は肺動脈口に通じるが，房室口と肺動脈口間で隆起部として認められる室上陵によって分けられる．肺動脈への開口部は房室口より背側にあり，大動脈の起始の左前位になる．ここには3個の半月弁からなる肺動脈弁 (pulmonary valve) があり，心室が弛緩するときは血液の逆流によって閉じられる．この弁は半月形で動脈側に深くへこみ，弁が閉じるときに3枚の遊離縁が密着する．接触部の厚さは老齢動物で強まり，いっそう閉鎖を助けているといわれている．

　左心室は，横断面で円形を呈し，全体として心臓の先端を占める．左心室は大動脈を介して全身に血液を送り出す機能を有しているため，その壁は右室よりも著しく厚いが，心室腔は比較的狭い．左房室弁 (left atrioventricular valve) は二尖弁で，房室口を閉鎖し，右房室弁よりも厚く広い．弁の遊離縁から数本の腱索によって側壁に存在する2個の乳頭筋に結合する．肉柱は右心室より少ない．左心室の大部分は，正中面の左側に位置しており，大動脈口は心室中隔に沿って右にまわった位置で心臓のほぼ中心にある．大動脈弁 (aortic valve) は，肺動脈弁と同様で3枚の半月弁からなるが，弁の向きは異なっている．一般に大動脈半月弁の遊離縁が肥厚し，半月弁結節が認められる．

c．心臓の構造

　心臓の表面は，漿膜性心膜臓側板に相当する心外膜がおおい，厚い心筋層に移行する．心筋層は，この器官に特有の横紋筋である心筋と多量のグリコーゲンを含む特殊心筋からなる．また，心臓内壁は血管内膜からの連続で，単層の内皮層である心内膜となる．

　心房と心室は心筋組織で連続しておらず，冠状溝の部分で線維輪によって隔てられている．馬や豚では，大動脈線維輪右壁に心軟骨がみられ，牛では，同部位に小結節状の心骨を含むことがある．線維輪には1カ所で孔があって，特殊心筋束である房室束が通過し，心房筋と心室筋間を直接連結している．また，この線維輪は各種弁の芯の部分に連続している．

　心房筋は薄く，心耳の櫛状筋の稜間は透けて見える程度である．心房筋は表在部に浅層，その深部に深層の2層に分かれる．浅層は両心房を共通に包むが，深層は左右の心房を別々に囲み，左右房室口の線維輪に終止する．

　心室筋壁は心房筋に比べて著しく厚く，浅，中，深の3層に分かれる．浅層の一部は左右の心室を8の字系に取りまき，中隔の形成に関与している．一方，深層はそれぞれの心室のみを取り囲んでいる．中層の走行は複雑である．

　心臓壁を構成する心筋線維は骨格筋同様に横紋を有するが，筋原線維は骨格筋より少ない．また，心筋線維には階段状の横線が認められ，これは光輝線または介在板 (intercalated disc) と

Ⅵ. 循　　環

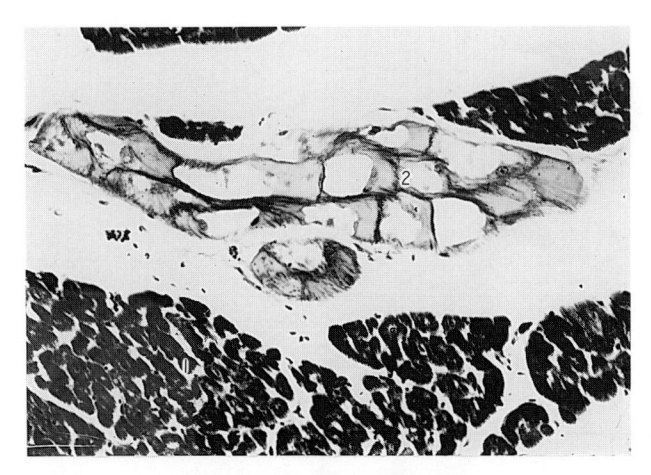

図Ⅵ-7　固有心筋と特殊心筋．
1：固有心筋，2：特殊心筋

呼ばれ，心筋細胞の境界となっている．心筋細胞には，比較的大型の核がほぼ中央に認められる．心房筋には，近年心房性ナトリウム利尿ペプチドというホルモンを含む顆粒が存在し，心筋の内分泌機能が明らかにされた．心筋線維は頻繁に分枝して吻合し，全体として網目構造となる．固有の心筋線維のほかに，グリコーゲンを含む豊富な細胞質を有し，筋原線維の少ない特殊心筋線維が確認できる（図Ⅵ-7）．

d. 刺激伝導系

　特殊心筋は，心臓の律動的な収縮をつかさどり，刺激伝導系（impulse conducting system）といわれる．肉眼的には確認できないが，前大静脈開口部の腹側，右心房壁の心内膜下に洞房結節（sinoatrial node）が位置する．有蹄類においては，この洞房結節は心房の心内膜下，主に櫛状筋上に存在する．また，心房中隔内，冠状静脈洞開口部の前位には房室結節（atrioventricular node）がみられ，これらは，豊富な神経支配を受けている．房室束（atrioventricular bundle）はこの結節から起こり，線維輪を貫通して，右および左脚（right and left limbs）に分かれ，心室中隔内を二股状に走る．両脚は心内膜を腹方に走り，心筋のあらゆる部分に枝分れして伝導心筋線維（プルキンエ線維）（Purkinje fiber）として各々の乳頭筋に達する．右脚の一部は中隔縁柱を介して外壁に向かう（図Ⅵ-8）．

e. 心臓の血管分布と神経支配

　心臓自身への酸素および栄養分は大動脈起始部から起こる冠状動脈によって供給されている．左冠状動脈は一般に右より太く，左半月弁上に起こり，肺動脈の間を通って冠状溝に達したのち，左円錐傍室間枝を出して心尖に向かう．左冠状動脈の本幹は回旋枝に続き，冠状溝を通って心臓の後面に向かい，馬および豚では，右（洞下）室間溝の起始で終わり，食肉類および反芻類ではこの溝に続くこともある．右冠状動脈は右半月弁上に起こり，右心耳と肺動脈の間を通って冠状溝に達する．

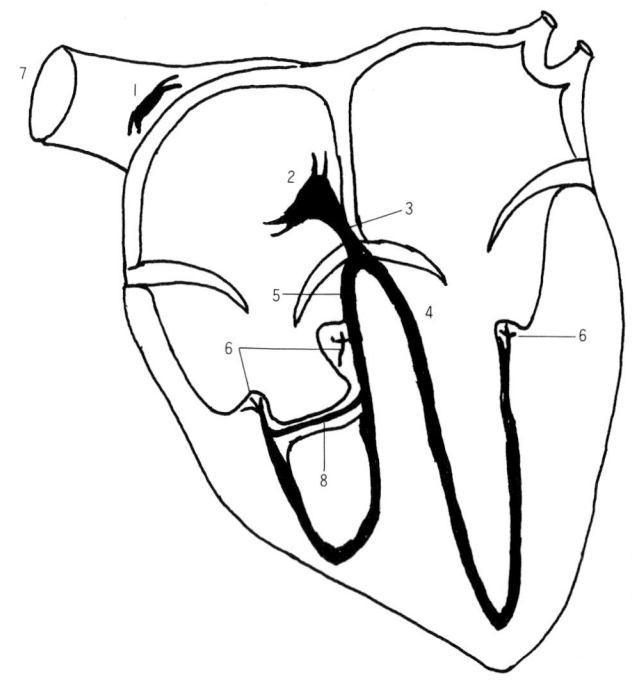

図VI-8 刺激伝導系.
1：洞房結節，2：房室結節，3：房室束幹，4：右脚，5：左脚，6：伝導心筋線維（プルキンエ線維），7：大静脈，8：中隔縁柱

　静脈系は，大心静脈を介して別個に冠状静脈洞から右心房に戻る．また，多数の細い静脈が両心房・心室内に直接開口しているという．

　心臓の神経分布は複雑であるが，後頚神経節および交感神経幹の小さい第1胸神経節から，前縦隔内の心臓神経叢を介して交感神経が分布している．副交感神経線維は迷走神経から直接，または反回（喉頭）神経内を少し走行してから，枝分かれし，心臓内に分布するが，特に洞房結節および房室結節内やその近くの神経細胞に終わる．

3）心臓の収縮と血液の流れ

　心臓は律動的に収縮し，血液を絶え間なく全身に送り出している．その調節は，特殊心筋が担っているが，洞房結節は，律動的な収縮のペースメーカー（歩調取り）となっている．洞房結節より生じた収縮の信号は，心房全体にまず素早く広がったのち，房室結節に集まり，今度はゆっくりと房室束に伝えられる．この間，心房が収縮し心室内へ血液が流入する．心房の収縮が終わると再び猛スピードで，収縮の信号が右脚および左脚さらにはプルキンエ線維に伝えられ，心室全体に広がって，収縮させ，心室内の血液が肺動脈や大動脈に送り込まれる．このように刺激伝導のスピード調節がなされるため，心房が収縮を終えてから心室が収縮を始めるという絶妙の時間差収縮が可能となっている．

　心臓は，生体から切り離してもしばらくの間自動的に動き続けることが可能である．これを心臓の自動能または自動収縮能といわれている．自動能は特殊心筋の洞房結節で調節されてい

るが，洞房結節に障害が生じた場合，房室結節や房室束などの刺激伝導系の細胞でその自動能を受け継ぐことが可能である．この自動収縮のメカニズムは複雑であるが，心筋細胞表面のカルシウムイオン・チャネルが深く関係しているといわれている．

(3) 血　　　管

心臓は拍動することにより血液を身体中のすべての細胞に供給するが，左心室から拍出された血液を末梢へ送る通路となるものが動脈(artery)であり，末梢組織内で栄養素や酸素を細胞に供給し，老廃物を血液中に排出する部位が毛細血管である．さらにそれらの血液を心臓に送り込む通路を静脈（vein）という．

1) 動　　　脈（図VI-9）

動脈は，3つの同心円性の層からなり，内側からそれぞれ内膜(tunica intima)，中膜(tunica media)，外膜（tunica adventitia）に分けられる．内膜は単層扁平上皮である内皮と下層の薄い結合組織から構成され，最も厚い中膜は，よく発達した弾性線維と平滑筋が種々の割合で混合したもので，外膜は動脈壁を囲む線維成分が主体となっている．外膜は動脈の拡張を制限し，偶発的な破裂に対する保護装置となっている．

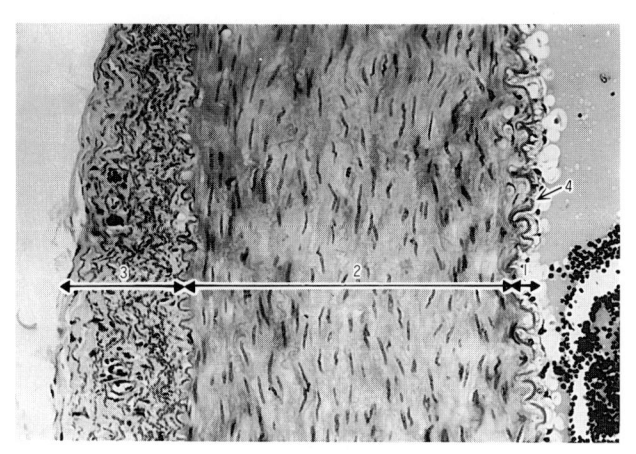

図VI-9　動脈壁の構造.
1：内膜，2：中膜，3：外膜，4：内弾性板

中膜の構造上の差から，動脈は3つのタイプに区別される．弾性線維が豊富に存在し，弾性線維の間隙に少量の平滑筋を含むものは弾性型動脈といわれる．この型の動脈は，心臓に近い太い動脈（大動脈起始部，大動脈の主要な分枝部分，および肺動脈）にみられ，血圧の激しい変化に耐え得ることができる．上記の動脈より，やや細い動脈は，螺旋状に密に配列した平滑筋層からなる中膜を持つが，これらは筋型動脈と呼ばれ，内膜との境界に内弾性板，外膜との境界に外弾性板がみられる．さらに細い細動脈は，筋層が徐々に減少し，ついには消失する．細

動脈はそれに続く毛細血管と太さはあまり変わらないが、その壁にわずかに平滑筋を残しており、毛細血管からの区別は可能である。弾性型動脈は心室収縮期の血液の駆出を受けたときにかなり拡張するが、中膜の弾性線維により血流の動的エネルギーを吸収し蓄えることが可能で、その後、反動でこのエネルギーを開放し、血液を末梢方向へ前進させる。そのため、伝導型動脈ともいわれる。また筋型動脈は、これらの血管が分布している組織領域の要求に応じて、血液量を調整するために血管径を変えることができ、分配動脈とも称される。

2) 毛細血管

毛細血管 (blood capillary) は内皮からなる細い管で、細動脈と静脈間に介在する。管腔は狭く、赤血球が1個通過できる程度の広さである。毛細血管は平滑筋を欠いているが、その外側には、平滑筋の移行と考えられている周皮細胞がとりまいている。毛細血管は組織との間で、酸素と二酸化炭素、水と電解質、栄養と老廃物、ホルモンなどの物質交換の場であるが、器官や組織によってこのような物質が毛細血管を通過できる性質（透過性）は異なっている。肝臓、脾臓、骨髄および内分泌腺などのある特定の器官には、かなり広い管腔を持つ毛細血管が認められ、類洞または洞様毛細血管と呼ばれている。ここでは血液の流れも緩く、コロイド物質の透過や、細胞の出入も可能となっている。これに対し、脳や眼球などでは、循環中の高分子の物質が通過困難な毛細血管（血液－脳関門、血液－網膜関門）がみられる場合もある。

3) 静　脈

静脈は、末梢組織で物質交換が終了した血液を毛細血管から心臓に戻す通路にあたる部分で、心臓に向かうにつれてその径は徐々に大きくなり、壁は厚くなる。静脈はしばしば動脈に伴って走るが、静脈の管腔は動脈に比べてはるかに広い。静脈壁も通常、内膜、中膜、外膜の3層に分けられる。内膜は単層扁平の内皮と少量の結合組織から構成され、内弾性膜はほとんどみあたらない。中膜は発達が悪く輪状の平滑筋も乏しい。また、最外層で外弾性膜はみられず結合組織内に少量の弾性線維を認めるのみである。外膜はよく発達し、弾性線維が豊富に存在している。

静脈、特に四肢の静脈には、内膜から多数の弁が出現し、血液の逆流を防いでいる。

4) 血管の特殊構造

a. 門脈系

1つの毛細血管網からの血流が静脈を介して他の毛細血管網に入ることがある。このような2つの毛細血管網間に介在する脈管系を門脈系 (portal systems of vessels) という。腸や腹部内臓の毛細血管網の血液が肝臓に流入する門脈や、視床下部正中隆起の毛細血管の血液が下垂体前葉に入る際の下垂体門脈が代表的である。

b．動静脈吻合

　動静脈吻合（arteriovenous anastomosis）とは細動脈と細静脈の間を直接的に連絡したもので，それらは毛細血管網を避け，短絡するような構造となっている．動静脈吻合の壁には筋線維が発達し，交感神経の刺激で強く収縮する．動静脈吻合部における血液の流れは，その壁が収縮した場合，細動脈から毛細血管網へ移行するが，弛緩すると毛細血管を避け，直接細静脈に入る．したがって，動静脈吻合は，毛細血管や細静脈への血流を調整する役割を持っている．動静脈吻合は身体の多くの部に存在するが，甲状腺や胃粘膜でよく発達している．また，身体の露出した末端，すなわち，指，外耳，鼻などにも豊富で，温度調節にも関与していると考えられている．

c．吻合脈管と側副脈管

　動脈は分枝しながら毛細血管に移行するが，分枝した血管同士が連結することがあり，これを吻合脈管（anastomotic vessel）という．吻合血管が1本のときは交通枝，多数が密集するときは動脈網または動脈叢といい，四肢の関節部分にみられる．また，ある種の動物の脳動脈や腎糸球体では，動脈が毛細血管に移行する直前に急に枝分かれして網状の小動脈網をつくる場合があり，これを怪網（rete mirabile）という．

　分枝した血管が再び本幹に連結するものを側副脈管（collateral vessel）といい，本幹が閉塞した場合の血液流通路（バイパス）の役割を果たしている．

d．海綿体組織

　海綿体組織（cavernous tissue）は，脈管が特殊化したもので，内皮でおおわれた多数の間隙が密に詰まり，血流に連絡するように構築されている．この間隙は通常閉じているが，適当な神経刺激によって直接血液が供給されると，間隙は急速に充血する．この組織は雄の陰茎で顕著に発達し，雌の相同器官である陰核，そのほか乳頭壁，鼻粘膜，鋤鼻器官などにみられる．

5）脈管壁の血管分布および神経支配

　他の組織と同様に，血管壁にも栄養が必要である．多くは側副枝からの分布を受けているが，ここに分布する動脈は脈管の血管といわれる．それらは，外から外膜に進入し，中膜にまで分枝する．

　動脈および静脈はともに運動および知覚神経の分布を受ける．動脈への血管運動神経の大部分は交感神経由来の血管収縮線維である．

　また，内頚動脈の起部でわずかな拡張部としてみられる頚動脈洞や，分岐部付近の小結節である頚動脈小体には豊富な神経分布を受けており，血圧の変化や酸素・二酸化炭素分圧の変化さらには水素イオン濃度の変化に反応するレセプターを有している．

(4) 小循環と大循環

1) 小循環

a. 肺動脈

肺動脈（pulmonary trunk）は心臓の左前位で右心室の肺動脈口に起こる．その起始部は肺動脈弁の各尖の上に小さな洞があるので，やや拡張している．肺動脈は両心耳の間を通り，次いで心底上を後方に曲がり，右壁で動脈管の線維化した遺残である動脈管索（ligamentum arteriosum）と結ばれる．心膜を通過後右および左肺動脈に分かれ，各動脈は主気管支と肺静脈を伴い，対応する肺の肺門に入る．右肺動脈は気管の腹側を走る．左右の肺動脈は肺に入る前に最初の分枝をする．

b. 肺静脈

肺静脈（pulmonary vein）は肺内で気管支，肺動脈と同行し肺門から出て左心房に至る．馬では5〜8本あるが個体差が著しい．これらの静脈には弁がない．

2) 大循環

a. 動脈系

大動脈（aorta）は左心室の大動脈口に起こり，大動脈弁の直上は広く大動脈球となり，三尖弁上の大動脈洞を囲む．上行大動脈（ascending aorta）は起始部の太く短い部分で，左右心耳に囲まれ，心膜腔内にある．右冠状動脈は前位，左冠状動脈は左後位から起こる．上行大動脈は心膜腔を出るとアーチ形に転向して後背方に向かい，大動脈弓（aortic arch）を形成し脊柱に接近する．次いで胸大動脈（thoracic aorta）と腹大動脈（abdominal aorta）からなる下行大動脈（descending aorta）に移行し，第5腰椎付近で1対の外腸骨動脈（external iliac artery；以下a.と略す）と内腸骨動脈（internal iliac a.），および1本の正中仙骨動脈（median sacral a.）に分かれる．

i．大動脈弓とその分枝

大動脈弓からは，腕頭動脈（brachiocephalic trunk），鎖骨下動脈（右左）（subclavian a. left and right），両頸動脈（bicarotid trunk），総頸動脈（左右）（common carotid a. left and right）が分枝し，頭，頸，肩，前肢に血液を送る．このような分枝は家畜によって異なり，個体差もある．一般的には，馬や牛のように1対の鎖骨下動脈と総頸動脈が起始部で合体して，短い腕頭動脈になる場合と，豚，犬，ウサギなどのように左鎖骨下動脈が腕頭動脈の遠位に独立して分枝するタイプがある．また，馬や反芻類，豚では両頸動脈から左右の総頸動脈が分枝するが，犬やウサギでは両頸動脈を形成することなく，腕頭動脈から直接1対の総頸動脈が出る．

ii．頸部および頭部の動脈（図Ⅵ-10）

鎖骨下動脈は前肢，頸部および頸胸部に血液を送るが，次のような枝が分かれる．椎骨動脈

(vertebral a.) は，椎骨横突孔を縫うように通過し，環椎腹面で後頭動脈と吻合し，脊柱管内に入り脳底動脈を形成する．また，環椎外側孔を抜けて頚部の諸筋に分布する．肋頚動脈や深頚動脈は頭部，頚部や肋骨間の諸筋に枝を送る．内胸動脈（internal thoracic a.）は，胸骨内面を横隔膜に向かって走り，胸筋，心膜，縦隔，胸腺に枝を送る．さらに，頚部腹側の筋や肩および上腕に分布する浅頚動脈，胸筋や乳房に枝を送る外胸動脈がある．鎖骨下動脈の主幹は腋窩を通って前肢に入り腋窩動脈（axillary a.）に名を変える．

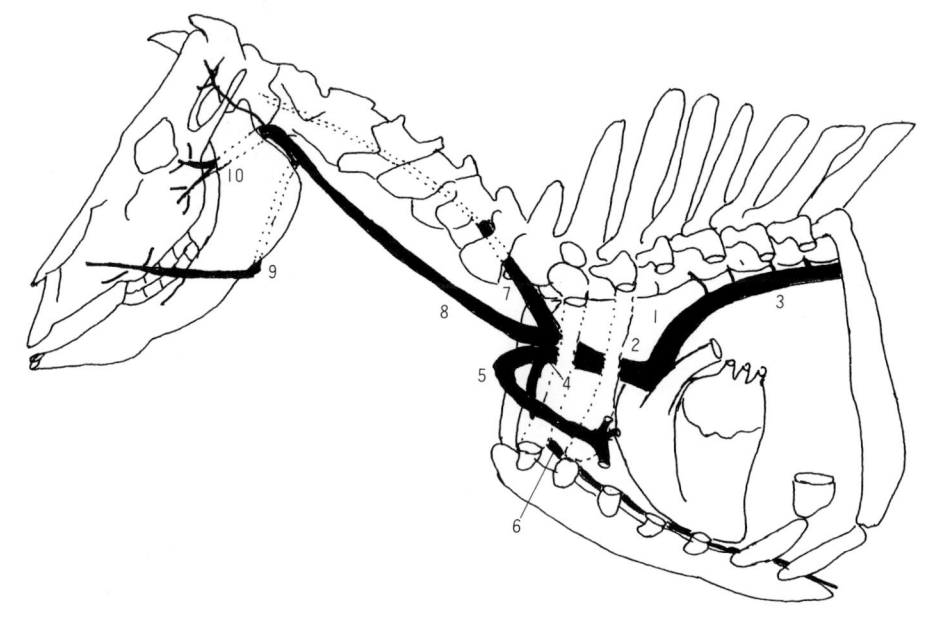

図VI-10 頭部および頚部の動脈．
1：大動脈，2：腕頭動脈，3：胸大動脈，4：鎖骨下動脈，5：腋窩動脈，6：内胸動脈，7：椎骨動脈，8：両頚動脈，9：顔面動脈，10：顎動脈

総頚動脈は気管の両側に沿って上行し，途中で気管，食道，甲状腺，咽喉頭および頚筋などに枝を出し，喉頭上で外頚動脈と内頚動脈に分かれる．反芻類では，内頚動脈が欠如するため，総頚動脈は境界なく外頚動脈に移行する．外頚動脈は，後頭，咽頭，舌，顔面，耳下腺，側頭，顎動脈（maxillary a.）を分枝し，脳を除く頭部の各部位に血液を供給する．内頚動脈は，脳の主要動脈である大脳動脈となって，下垂体および視交叉付近では大脳動脈輪となり，後方で脳底動脈に連絡する．反芻類では，顎動脈の1枝が多くの小動脈に分かれ(怪網)，再び集まって脳へ分布する．

iii．胸腔の動脈

下行大動脈のうち，大動脈弓の後位から横隔膜食道裂孔に至るまでの部分を胸大動脈といい，肺，気管支，食道とともに背部の筋や脊髄への分枝を出し，血液を供給する．主な分枝は背側肋間動脈，気管支動脈，食道動脈，背側肋腹動脈である．

iv. 腹腔の動脈（図VI-11）

胸大動脈の続きで，横隔膜大動脈裂孔の部位から後方で内腸骨動脈に分枝するまでの間を腹大動脈と称し，腹腔内の主要な消化器官，泌尿生殖器官や脾臓のほか，腹部・腰部の諸筋および脊髄などにも枝を送る．

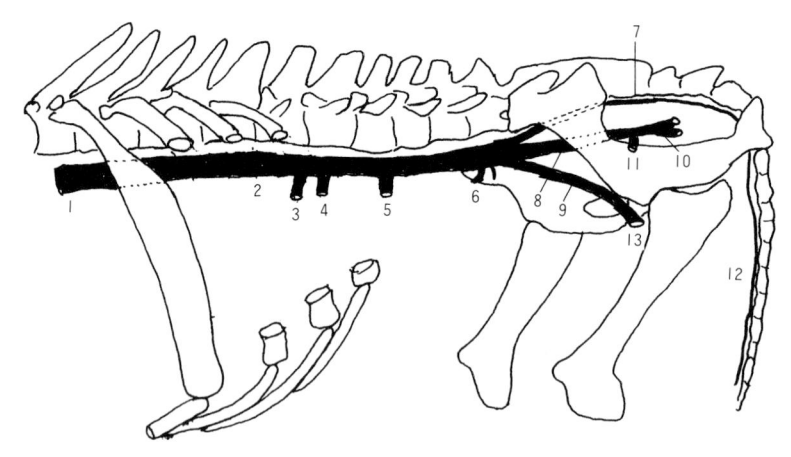

図VI-11 腹腔・骨盤腔の動脈．
1：胸大動脈，2：腹大動脈，3：腹腔動脈，4：前腸間膜動脈，5：腎動脈，6：後腸間膜動脈，7：正中仙骨動脈，8：内腸骨動脈，9：外腸骨動脈，10：内陰部動脈，11：腟（雌）・前立腺（雄）動脈，12：尾動脈，13：大腿動脈

腹腔動脈（celiac a.）は第1腰椎付近で腹大動脈から分枝して，胃，肝臓，膵臓，脾臓に血液を送る．前腸間膜動脈（cranial mesenteric a.）は，腹腔動脈分枝点直後で，腹大動脈壁から起こり，腸間膜を通じて小腸や大腸にその枝を出す．さらに腹大動脈から腎動脈（renal a.）および精巣・卵巣動脈が分枝し，腎臓や精巣・卵巣にそれぞれ血液を供給する．また，腰動脈が腹大動脈背壁両側から各腰椎間ごとに，腰椎肋骨突起間から出て，腹部，腰部の諸筋や脊髄に分布する．そのほか，腹腔内では後横隔膜動脈や後腸間膜動脈（caudal mesenteric a.）などが分枝する．

v. 骨盤腔の動脈

腹大動脈は骨盤部付近第5腰椎椎体腹面のあたりで，1対の内および外腸骨動脈と，尾端先端に向かう不対の正中仙骨動脈に分かれる．

内腸骨動脈は，骨盤内の臓器および臀部と大腿部近位の筋群を含む骨盤壁に分布し，臓側枝と壁側枝に分かれる．臓側枝は内陰部動脈（internal pudendal a.）および臍動脈を分枝するが，臍動脈は胎子期に機能する血管で，膀胱尖から臍部まで生後退化し膀胱円索として外側膀胱間膜に含まれる．その基部は前膀胱動脈，精管動脈（雄），尿管動脈を分枝する．また内陰部動脈からは後膀胱動脈，中直腸動脈，後直腸動脈，腹側会陰動脈などが分枝し，そのほか，雌で子宮動脈，腟動脈，腟前庭動脈，陰核動脈，雄で前立腺動脈，尿道球動脈，陰茎動脈がでる．また，壁側枝は腸腰動脈，前殿動脈，閉鎖動脈，後殿動脈などが分枝し，腰部，臀部，大腿部の

正中仙骨動脈は脊髄や尾筋に小枝を送りながら，仙骨および尾椎腹面に沿って尾の先端部まで走り，尾動脈（coccygeal a.）に移行する．

外腸骨動脈は，馬では，子宮動脈（雌），精巣挙筋動脈（雄）を分枝したり，他の家畜でも骨盤の1部や生殖器や腹壁に分布する枝を出すが，主幹は大腿管を通過して，骨盤腔を出て，大腿動脈（femoral a.）に移行する．

vi. 四肢の動脈

前肢では鎖骨下動脈から移行した腋窩動脈が下行し，遠位に進むにつれ，上腕動脈，正中動脈と名前を変え，前肢の各部位に多数の分枝を出す．また，後肢では，外腸骨動脈の主幹である大腿動脈が，伏在動脈を分枝しながら下行し，膝窩動脈，前脛骨動脈となって多くの枝を出し，後脛骨動脈を分枝した後，肢末端部にまで枝を出す足背動脈に移行する．

b. 静　脈　系（図VI-12）

一般に静脈は動脈を平行して走る伴行静脈で，動脈と同名のものが多い．大循環した血液は，前大静脈（cranial vena cava），後大静脈（caudal vena cava）および冠状静脈洞を介して，心臓に戻る．この間，皮静脈（cutaneous vein；以下 v. と略す），奇静脈（azygos v.），椎骨静脈（vertebral v.），導出静脈（emissary v.）および門脈（portal v.）の流れが特殊である．

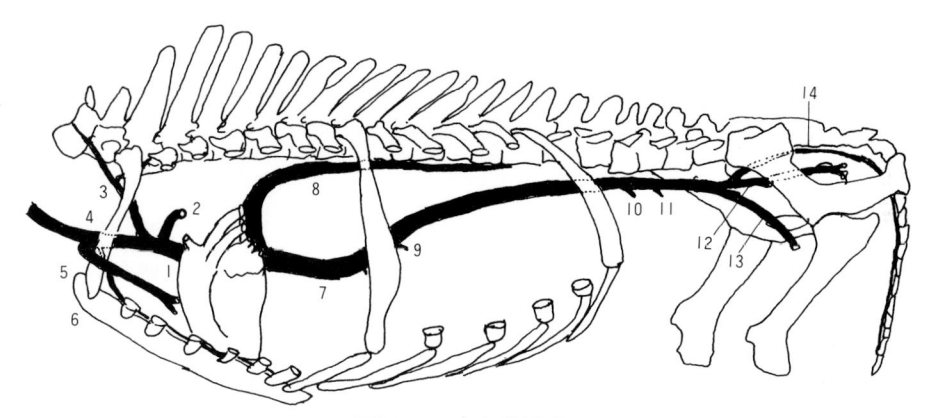

図VI-12 主な静脈系．
1：前大静脈，2：右奇静脈，3：椎骨静脈，4：両頸静脈，5：鎖骨下静脈，6：内胸静脈，7：後大静脈，8：左奇静脈，9：肝静脈，10：腎静脈，11：精巣（雄）・卵巣（雌）静脈，12：内腸骨静脈，13：外腸骨静脈，14：正中仙骨静脈

前大静脈は頭部，頸部，胸部，前肢などに流れる血液を集める外頸静脈と鎖骨下静脈（subclavian v.）の合流によって胸腔の入り口付近に形成される．さらに，椎骨静脈，内胸静脈（internal throracic v.），肋頸静脈，奇静脈などが合流する．外頸静脈は顔面静脈，顔面横静脈が合してできたもので，内頸静脈および橈側皮静脈が加わる．脳の静脈は，脳硬膜に形成された静脈洞に入り，そこから導出静脈を介して頭蓋腔の外へ出て，最終的には頸静脈に入る．鎖

骨下静脈は胸腔を出ると前肢で腋窩静脈に移行するが上腕の静脈のほかに豚や犬では外側胸静脈を集める．また，外頚静脈の基部から出た橈側皮静脈は，正中皮静脈と交通して副橈側皮静脈を分かち，中手骨以下の静脈から血液を受ける．椎骨静脈は椎骨間静脈が流入したもので，脊髄内外の血液が集まる．内胸静脈は腹側肋間静脈のほか心膜，横隔膜，縦隔などから血液を集める．また，豚や犬では胸壁の外側胸静脈と吻合し，乳房の静脈を受ける．牛では浅腹壁静脈となって乳房の血液を受けるが，乳静脈ともいわれ泌乳時によく発達する．奇静脈は馬，犬，ウサギでは右が，反芻動物や豚では左がそれぞれ発達し背側肋間静脈からの血液を受ける．

後大静脈は骨盤前口近くで，骨盤壁および骨盤腔内の多くの器官から血液を集める内腸骨静脈（internal iliac v.）と後肢の血液を集める外腸骨静脈（external iliac v.）の合流によって腹腔背側に形成される．さらに腹腔内では精巣または卵巣静脈（testicular v. or ovarian v.），腎静脈（renal v.）や腹腔背壁の静脈枝，さらには，肝静脈（hepatic v.）を受けて横隔膜の大静脈孔を通り胸腔に入る．胸腔内では，右肺後葉と副葉の間の大静脈ヒダを通り冠状静脈洞の入口の背側で右心房に入る．門脈は，脾臓，腹腔内消化器官，胸部食道の後部の血液を集め，膵臓の膵輪を通過して肝門から肝実質内に入り，毛細血管（洞様毛細血管）に分かれた後，肝小葉の中心静脈を経て肝静脈によって後大静脈に連絡する．後肢では，外腸骨静脈が骨盤外に出ると大腿静脈，膝窩静脈へと名を変え，前および後脛骨静脈に分かれ，さらに多くの静脈に分かれて末梢からの血液を受ける．前肢の皮静脈に相当するものとして内側および外側の伏在静脈がみられる．

c．胎子の循環 （図VI-13）

胎子の胎盤は，生後の肺，消化管および腎臓の役割を果たしている．したがって，血液は，胎盤を通る循環で酸素と栄養を補給し，老廃物が除去される．胎盤からの血液は，臍帯内の臍静脈を介して胎子体内に入る．臍静脈は分枝することなく肝臓に入り，左葉への側副枝を出しながら，本幹は右方向へ曲がって2枝に分枝し，1枝は右葉に分布する門脈と太い連結をつくり，他方は静脈管（ductus venosus）となって直接肝静脈から後大静脈に入る．臍静脈および静脈管は生後退化し，それぞれ肝円索，静脈管索となる．

後大静脈に入った血液は右心房に帰流し，ここで血流は2方向に分かれる．一方は右心室に，他方は卵円孔を介して左心房に入る．右心室に入った血液は，肺動脈に押し出されるが，胎子の肺は未拡張で毛細血管床が血流にかなりの抵抗を有しているため，動脈管（生後は動脈管索となる）を介して大動脈に連絡する．また，卵円孔を介して左心房に入った大量の血液は，肺から左心房に戻る少量の血液を混じて，左心室に入り，大動脈に移行する．下行大動脈は内腸骨動脈を分枝した後，臍動脈となって尿膜管とともに臍部で胎子と離れ，胎盤に連結する．

(5) リンパ系

血液以外の液状成分で細胞や細胞間隙には組織液が存在する．これらの組織液はリンパ管

VI. 循 環

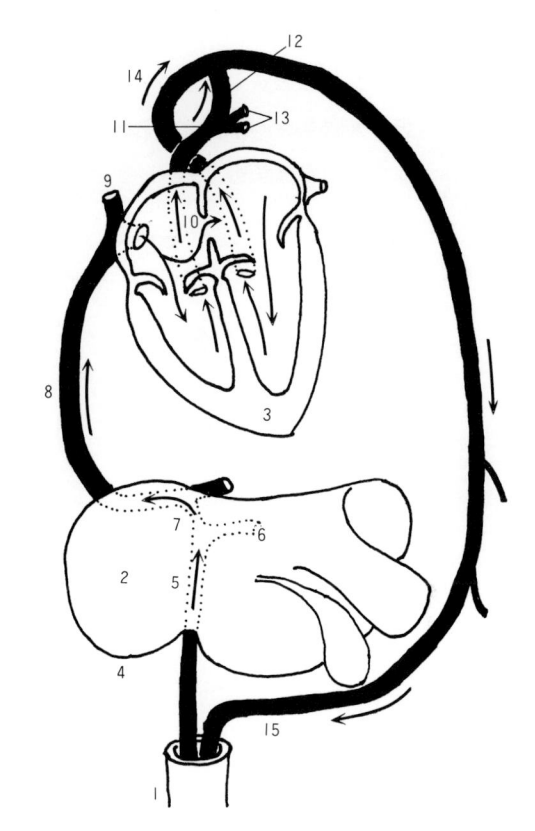

図VI-13　胎子の循環.
1：臍帯，2：肝臓，3：心臓，4：臍静脈，5：静脈管，6：門脈，7：肝静脈，8：後大静脈，9：前大静脈，10：卵円孔，11：肺動脈幹，12：動脈管，13：（左右）肺動脈，14：大動脈弓，15：臍動脈

(lymphatic vessel) に取り入れられ，静脈の流れと同方向に運ばれ，最終的には静脈に入って血液と混じる．この経路をリンパ系といい，リンパ管に取り入れられた組織液をリンパと呼ぶ．リンパ管経路にはいたるところで多くのリンパ節（lymph node）が介在して，さらに消化管壁などにはリンパ小節（lymph nodule）も含まれる．リンパ節やリンパ小節は造血または血液形成器官としても取り扱われることが多いが，本節ではリンパの排導と濾過機構に関与するリンパ管とリンパ節の説明を主眼とする．

1) リンパ中心（図VI-14）

リンパ節は身体の全域に形成されているが，多数のリンパ節がそのリンパ流域から1点に収斂するように集合している．このように同一部位に集合するリンパ節群をリンパ中心 (lymphocenter) という．主なリンパ中心は以下の通りである．

頭部：耳下腺リンパ中心，下顎リンパ中心，咽頭後リンパ中心
頚部：浅頚リンパ中心，深頚リンパ中心
胸郭：背側胸リンパ中心，腹側胸リンパ中心，縦隔リンパ中心，気管支リンパ中心
前肢：腋窩リンパ中心
腰部および腹部内臓：腰リンパ中心，腹腔リンパ中心，前腸間膜リンパ中心，後腸間膜リン

パ中心

腹壁，骨盤部および後肢：腸仙骨リンパ中心，鼠径部大腿リンパ中心ないし浅鼠径リンパ中心，腸骨大腿リンパ中心ないし深鼠径リンパ中心，坐骨リンパ中心，膝窩リンパ中心
それぞれのリンパ中心は該当するリンパ流域からのリンパの排導路となる．

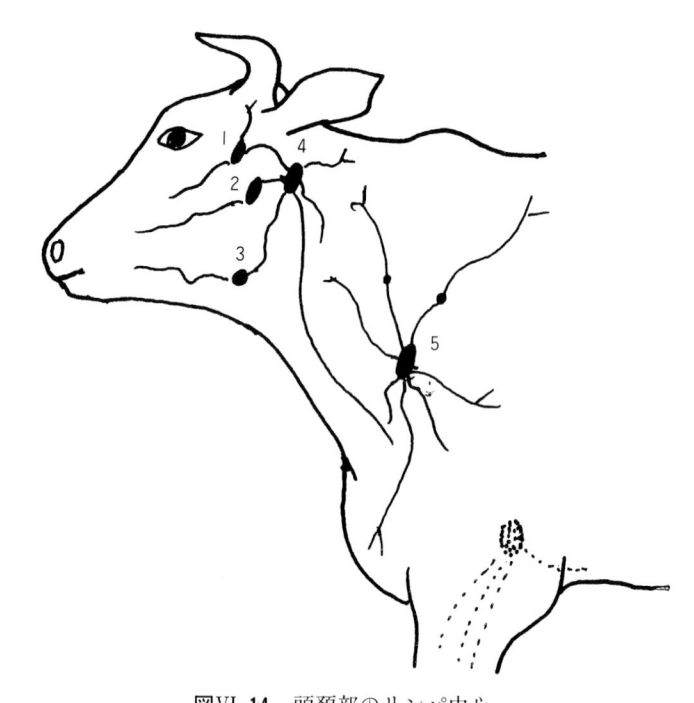

図VI-14 頭頚部のリンパ中心．
1：耳下腺リンパ節，2：内側咽頭後リンパ節，3：下顎リンパ節，4：外側咽頭後リンパ節，5：浅頚リンパ節

2) リンパ管と主要な集合管（図VI-15）

リンパ管は浅リンパ管と深リンパ管に区別され，両者は吻合枝によって相互に連絡している．浅リンパ管は皮下にあって筋膜の表面を静脈に沿って走り，深リンパ管は多くの場合，血管に伴行して，これを網状に取りまきながら走る．このようなリンパ管の走行は家畜体各部に存在するリンパ節との連絡によりきわめて複雑となるが，輸入管によってリンパ節に入ったリンパ流は，最終的に輸出管を経て，左方の胸管（thoracic duct）か，右方の右リンパ本幹（right lymphatic duct）に合して静脈内に入る．

リンパ管の構造は静脈壁とほぼ同様であるが，内，中，外膜の区別が静脈よりも不明瞭で薄い．管壁には逆流を防ぐ弁が発達している．

a. 胸　　管

胸管は全体幹および体腔内の内臓，左右後肢，左前肢，頭および頚部前半のリンパ管からリンパを収容する強大な管で，胸腔内で最後胸椎部に始まり，まず胸大動脈の右背位で奇静脈の

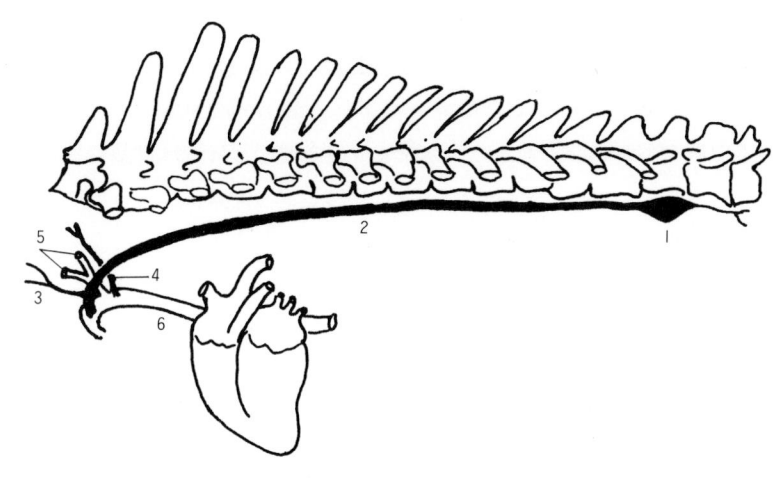

図VI-15 主なリンパ管.
1：乳び槽, 2：胸管, 3：左リンパ本幹, 4：右リンパ本幹,
5：(左右) 頸静脈, 6：前大静脈

腹位を走るが，第5～第6胸椎付近で食道の背部を超えて，左側に出て前走し，外頸静脈または前大静脈に注ぐ．静脈との連絡部にはいくつかの弁が認められる．胸管は後位の乳び槽に続くが，左右気管リンパ本幹，縦隔リンパ中心の輸出管，左浅頸ないし左深頸リンパ中心の輸出管などが直接流入する．

b．右リンパ本幹

左側の胸管に対する右側のリンパ本幹であるが，リンパの集域が頭および頸部右半，右前肢，右胸郭に限られるため，胸管よりも細く発達が悪い．頸静脈幹の分枝部で胸管の連絡部と反対側に開口するか，もしくは胸管に連絡する．連絡部には弁を認める．右浅頸リンパ中心，右深頸リンパ中心，右腋窩リンパ中心の輸出管や右気管リンパ本幹が流入する．

c．乳　び　槽

乳び槽 (cisterna chyli) は，第二腰椎から最後胸椎間にみられる紡錘状，長卵円形または不規則状の管で，腹大動脈の右背方に沿って走り，前端は横隔膜の大動脈裂孔を抜けて胸管と接続する．腸リンパ本幹，腰リンパ本幹，腹腔リンパ本幹などが集まる．

d．リンパ本幹

身体各所のリンパ流域はそれぞれ所属のリンパ本幹に集められる．左右気管リンパ本幹は，頭部リンパの集合中心である内側咽頭後リンパに起こり，頸部気管に沿って走る．左側は胸管，右側は右リンパ本幹に合流する．腰リンパ本幹は腹大動脈の両側にみられ，腸骨下，深鼠径，および腸仙骨リンパ節の輸出管を受ける内腸骨リンパ節や腎リンパ節が関与する．内臓リンパ本幹は胃，脾臓，肝臓，膵臓，十二指腸などからのリンパを合流し，腰リンパ本幹とともに乳び槽に入る．そのほかには腹腔リンパ本幹，胃リンパ本幹，肝リンパ本幹，腸リンパ本幹などがみられるが，各家畜によって走行が異なっていることが多く，欠如している場合もある．

2. 血液および造血臓器の構造と機能

　全身を流れる血液の主要構成成分である赤血球や白血球などは主に骨髄で生成される．また，白血球の成分であるリンパ球やマクロファージなどはリンパ性器官に入って分化する．本節では，血液と造血器の構造と機能について概説する．

(1) 血液成分

　血液 (blood) は，酸素や二酸化炭素，栄養分や老廃物，ホルモンなどの輸送機能，酸塩基平衡と生体防御機構，さらには体温調節にも関与している．
　血液は血漿という液体成分と血球という細胞成分からなる．血漿は塩分や電解質，糖や蛋白質が含まれ，特に，アルブミン，グロブリン，フィブリノーゲンは重要な蛋白質で，栄養分や浸透圧の調節，細菌などの異物処理，止血作用などの役割を果たしている．

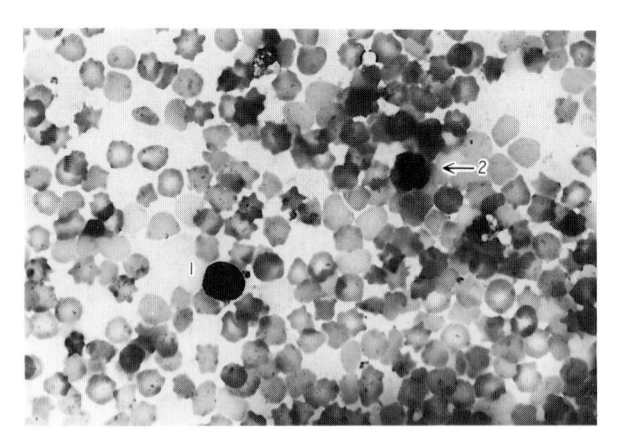

図VI-16　赤血球と白血球（血液塗抹標本）．
1：リンパ球，2：好中球

　血球の大部分は赤血球（図VI-16）で主に酸素を運搬する．赤血球は円盤状の細胞で，両面がへこんだ形をしており，その成熟過程で核を失った特殊な細胞である．内部にはヘモグロビンという酸素と結合する働きを持つ蛋白質が充満している．そのほかの細胞成分として，細胞質に特殊な顆粒を持つ顆粒球（顆粒の性質により，好酸球，好塩基球，好中球に分類される），リンパ球，マクロファージなどは白血球といわれ，細菌などの異物処理，抗体産生などの免疫反応に関与している．さらに，血小板という出血を止める働きを持つ細胞断片も含まれる．
　血液細胞の起源は，胚の卵黄嚢血管から新生された原始幹細胞（コロニー形成単位：CFU）である．この細胞は，早期に発育した肝臓内の洞様毛細血管内に移動して赤血球新生を始めるが，遅れて発育してきた脾臓や骨髄内に移動して赤血球を形成する．この幹細胞は定着している細

胞ではなく，赤血球新生組織を循環するといわれている．さらに，原始幹細胞は，赤血球だけではなく，顆粒球，単球，巨核球，リンパ球の形成にも関与している．成熟動物では，骨髄が赤血球の新生場所となっている．

(2) 骨　　　髄（図VI-17）

骨器官内の髄腔を骨髄（bone marrow）といい，血球を生成する造血組織である．若い動物では造血機能が盛んで血液細胞を多く含むため，赤色骨髄であるが，成長した動物では，脂肪化が進み，黄色骨髄となる．その構造は細網線維の網状構造および幹細胞が支質となり，血球とその前駆細胞および脂肪細胞が間隙を埋めている．

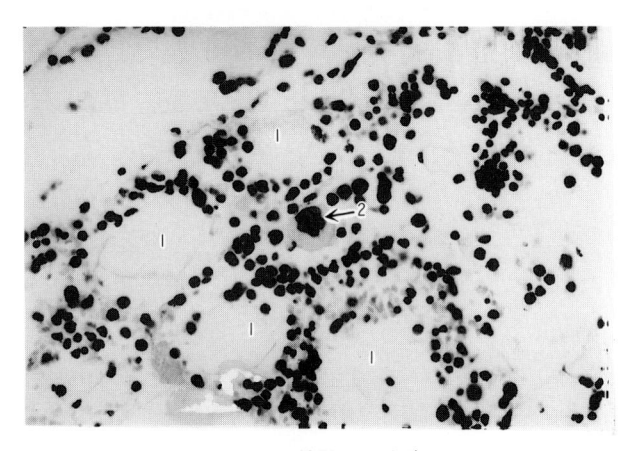

図VI-17　骨髄の組織像．
1：脂肪細胞，2：巨核球

骨髄内の造血幹細胞は，大きく赤芽球系と骨髄球系に分かれる．赤芽球系細胞は，原始赤芽球が分裂して前赤芽球に発達し，さらに正赤芽球となって，最終的に核が消失し，網状赤血球を経て赤血球となる．また，最近，赤芽球から網状赤血球に至る過程で，赤芽球島という細胞集団をつくることが明らかにされた．骨髄球系細胞は，比較的大型の細胞質が好塩基性を示す骨髄芽球に始まり，細胞質にアズール顆粒を含む前骨髄球に移行する．次いで細胞質は塩基好性を失って，アズール顆粒のほかに特殊顆粒を含む骨髄球となる．この特殊顆粒は中好性，酸好性および塩基好性の3種類で，それぞれの特殊顆粒を持つものが，後骨髄球を経て好中球，好酸球，好塩基球に分化する．骨髄内には，核の形態が不定で，きわめて大型の巨核球が含まれる．この細胞から，細胞質が離断して血小板が形成される．単球とリンパ球の起源が骨髄であることは広く受け入れられているが，その前駆細胞を特定することは難しい．

(3) リ ン パ 節 (図VI-18)

　リンパ節はリンパ循環の濾過器にあたるもので，リンパ管の走行の途中に介在する．多くは球形または卵円形に類した形で，大きさも大小種々である．また，リンパ節の1側には小さく陥凹する門をつくり血管が出入する．リンパ流がリンパ節内に入る部位では，輸入リンパ管が何本かの枝に分かれ，リンパ節の凸面から進入する．また，輸出リンパ管は門からリンパ節を去る．輸入リンパ管，輸出リンパ管ともリンパの逆流を阻止する弁を備えている．

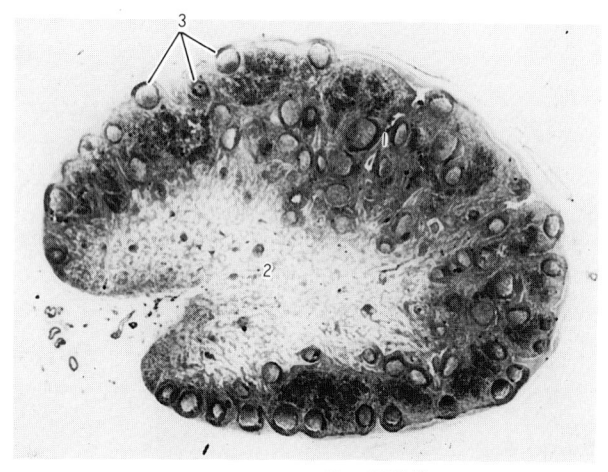

図VI-18　リンパ節の組織像．
1：皮質，2：髄質，3：リンパ小節

　リンパ節の構造は，表面を弾性線維および平滑筋線維を含む線維性結合組織の被膜がおおい，内部に向かって複雑に分枝した小柱を出してその骨組みとなる．さらに，小柱間を細網細胞と細網線維が網工をなし，これらの間隙にリンパ球が埋まったものである．被膜に近い皮質(cortex)と，中心部で索状の髄質(medulla)に区別できる．皮質は小結節状にリンパ球が集まった一次小節の集合体で，その中心はリンパ球の生成が盛んで，胚中心(二次小節)といわれ，明るく見える．実質と小柱間の狭い間隙は，リンパの流れ道となる．この部分は細網組織のみからなり，リンパ洞といわれ，被膜に近いものを辺縁洞，辺縁洞から皮質を貫くものを小節周囲皮質洞，髄質部分を髄洞という．

　また，リンパ節の一次小節と類似した構造が，消化管壁，扁桃，虫垂，乳斑(腸間膜や大網などの漿膜にみられる)に存在し，それらはリンパ小節といわれている．

(4) 脾　　　　臓 (図VI-19)

　脾臓(spleen)は，リンパ球の生成，赤血球の破壊，鉄の代謝など複雑な機能を営むが，リン

パ管との連絡はない．

　脾臓は，腹腔の左前位に位置し，大網に包み込まれて胃の大弯に結合する．牛，豚およびウサギでは舌状で幅広の長楕円形，馬は背側端が広く腹側端が細い狭い鎌形を呈している．また，めん羊や山羊では，短い三角形に似た形となる．血管や神経の出入口は脾門といわれ，馬，豚，ウサギでは，臓側面で背側端から，腹側端にかけて，長く浅い溝として出現する．牛，めん羊，山羊では，前縁の背側端近くで窪みとして認められる．

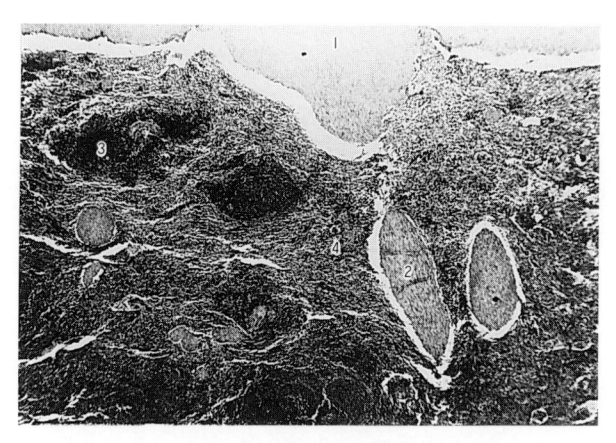

図VI-19　脾臓の組織像．
1：被膜，2：脾柱，3：白脾髄，4：赤脾髄

　構造は，平滑筋や弾性線維を含んだ被膜（splenic capsule）が全体をおおい，その外側は腹膜から続く漿膜で包まれる．被膜は内部に向かって，多数の脾柱（splenic trabecule）を送り，これが複雑に分枝している．実質は脾髄と呼ばれ，白脾髄（red pulp）と赤脾髄（white pulp）に区別される．白脾髄は動脈を囲んでみられ，その構造は細網細胞と細網線維がつくる網目にリンパ性細胞が満たされたもので，リンパ小節と同様である．そのため脾リンパ小節ともいわれ胚中心も認められる．ここで産生されたリンパ球は赤脾髄を経て静脈に流入する．赤脾髄は，不規則な形をした大きな径を持つ血管である脾洞とその間を満たす海綿状を呈する脾索からなり，脾洞内は赤血球を満たすため赤色に見える．脾洞内の血液は，脾門から入った脾動脈から，脾柱動脈，リンパ小節(白脾髄)動脈，中心動脈，筆毛動脈，莢動脈を経て流入したもので，その後脾髄静脈，脾柱静脈へと続いて脾臓を去る．脾洞の内面は，紡錘状内皮細胞で，その外側を輪状細網線維が囲んでいる．

　また，反芻動物では，大動脈や後大静脈に沿って暗赤色から黒褐色で小型のリンパ節様構造物が認められる．その構造はリンパ節と同じであるが，輸入および輸出リンパ管が存在せず，リンパ洞にあたる部分に直接血管が連絡しており，血リンパ節と呼ばれる．

(5) 胸　　　　腺（図VI-20）

　胸腺（thymus）は，頚胸部にみられる黄桃色から淡赤色の柔らかい器官で，胸部の縦隔に挟まれて心膜付近にみられる胸葉と頚部で気管の周囲に位置する頚葉が区別され，若い動物でよく発達している．反芻動物や豚では，頚葉が発達し，左右に分かれて気管の側方を頚静脈に沿って上行し，その前端は喉頭部にまで及ぶ．他の家畜では，胸葉が大きく，頚葉はあまり発達していない．

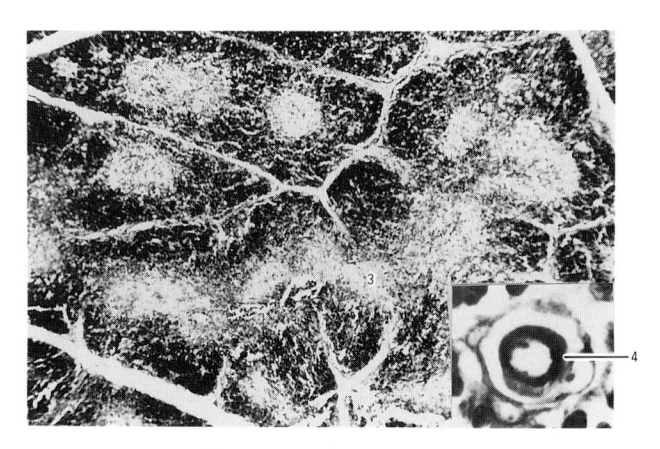

図VI-20　胸腺の組織像．
1：皮質，2：髄質，3：中心索，4：胸腺小体

　胸腺は表面を薄い結合組織性の被膜でおおわれ，それが脈管や神経を伴って実質に入り，胸腺小葉に分ける．小葉はリンパ球が密に集合した皮質とリンパ球が少ない髄質とに区別される．髄質は中心索となって隣接の小葉と連結する．胸腺組織も細網細胞が網工をつくり，その間隙にリンパ球が満たされた構造であるが，細網細胞は咽頭嚢に由来する上皮性細網細胞で，他のリンパ性器官にみられる間葉系細網細胞とは異なる．髄質には，細網細胞が同心円状に集まった特有の胸腺小体（thymic corpuscle）（ハッサル小体）がみられる．その中心部には脂肪化，角質化または石灰化などの変性を起こした細胞がみられる．皮質には，胸腺リンパ球（胸腺細胞）が存在するが，リンパ節に送られ，Ｔリンパ球として生体防御に関与している．

　胸腺は，生後性成熟までは重量を増すが，その後次第に退化して脂肪組織と入れかわる．この変化を加齢退縮というが，病気やストレス，栄養不均衡，放射線などによって急激に大きさを減ずることもある．

VII. 神経と感覚器

　動物が植物と違うところは，動くことができるところにある．運動をするためには，神経系で思う通りに筋肉を動かさなければならない．神経系は，そのほか触覚，痛覚，温度感覚などの知覚を末梢から受け，思考，生理機能調節を行う．感覚器は，臭う，見る，味わう，聞く，体のバランスなど動物の生活に不可欠な情報を感受するために発達した特殊な器官で，神経系によって伝達され，最終的には脳でそれらを実体として感ずることができる．

　神経系は，中枢神経系と末梢神経系に分けることができる．脳と脊髄が中枢神経系で，脳や脊髄から出て筋肉や皮膚など末端にまで分布する白くて細い紐のようなものが末梢神経である．末梢神経は，中枢と末梢を結ぶ刺激の伝導路で，遠心性の運動神経と求心性の知覚神経を含む．内臓や分泌腺の機能を無意識に調節するのが自律神経である．

1. 中枢神経系

　脳と脊髄は，それぞれ，硬い脳頭蓋と脊柱管の中に納められている．脳は体の内外の情報を処理し意志決定をすることができるし，脊髄は脳と末梢神経を結ぶ伝導路であるが，脳と同様に白質と灰白質からなり，一部に脳を経ないで情報処理する機能を持ち，脳とともに中枢神経 (central nervous system) と呼ばれる．中枢神経は切断されると再生することができない．

(1) 脊　　　髄

　脊髄 (spinal cord) は，延髄に続き，頭蓋（とうがい）を出たところに始まり，各椎骨の椎孔が前後に連なった脊柱管の中に納まって，外から順に脊髄硬膜，脊髄クモ膜および脊髄軟膜によっておおわれる．脊髄には頚部，胸部，腰部，仙骨部および尾部の分節があり（図VII-1），それぞれを頚髄，胸髄，腰髄，仙髄ともいう．その数は，頚部のみが8個で，その他は各椎骨と同数である．各分節の位置は，牛では，第1胸椎以後についてみると，第3腰髄のみが椎骨（第3腰椎）の位置と一致するが，それより前は後ろにずれ，それより後ろは前にずれて，尾部は仙骨の前半に位置する．その後ろは1本の細い終糸となって終わる．その左右には，仙骨神経と尾骨神経が終糸に平行して走り，あたかも馬の尾のように見えるところから馬尾という．前肢と後肢に分布する神経の起始部で脊髄は太くなっていて，それぞれ頚膨大，腰膨大という．脊髄神経は，各分節から左右に一対出て，椎間孔あるいは外側椎孔から脊柱管外に出て体に分布する．脊髄の横断面についてみると，図VII-2のように楕円形で，中心に脊髄中心管があり，脳室と連なる．

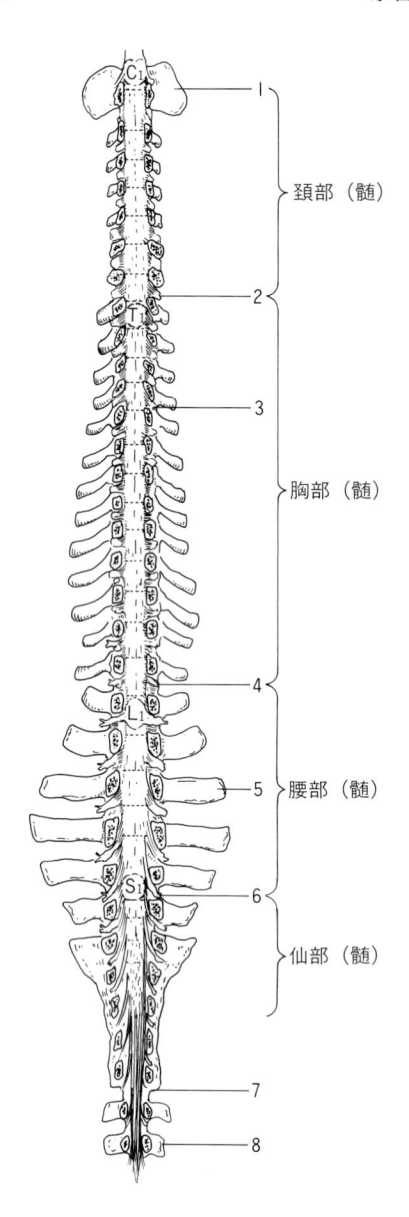

図VII-1 牛の脊髄（Gettyを改変）．
背面から見る．脊髄硬膜でおおわれている．破線は各分節の境界を示す．
1：第1頚椎横突起，2：第8頚神経；椎間孔を通って出る，3：第4胸神経；外側椎孔を通って出る，4：第13胸神経，5：第3腰椎横突起，6：第6腰神経，7：第5仙骨神経(この部位では，脊柱管内は終糸と馬尾のみとなる)，8：第2尾椎 C_1, T_1, L_1, S_1は，それぞれ頚部，胸部，腰部および仙骨部の第1分節を示す．

腹側には，深い切れ込みの（腹）正中裂，背側には，（背）正中溝がある．白質は脳と末梢を連絡する神経路で，脊索，側索および腹索に分けられる．H形をした灰白質は中心部を占め，その背角は知覚性，側角は交感性，中間質外側部には副交感性の神経細胞，腹角には運動性の大型神経細胞がある．筋肉運動の支配をするのはこの腹角の神経細胞である．背根は知覚性の神経線維を背角に投射するが，その神経細胞体は脊髄神経節中にあって，皮膚・筋肉・内臓などからの情報を受ける．腹根は腹角から出て，背根とともに脊髄神経をつくる．頚髄が切れると前後肢，腰髄が切れると後肢は動かせなくなり，感覚もなくなる．

図VII-2 脊髄断面の模式図

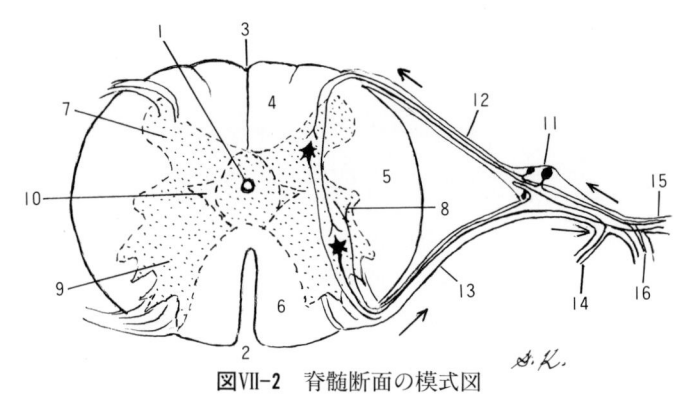

1：脊髄中心管，2：(腹)正中裂，3：(背)正中溝，4：背索，5：側索，6：腹索，7：背角，8：側角，9：腹角，10：中間質外側部，11：脊髄神経節，12：背根，13：腹根，14：白交通枝；節前線維が交感神経節へ，15：脊髄神経背枝，16：脊髄神経腹枝，→：主な神経の走向を示す，★：脊髄神経細胞，●：脊髄神経節細胞

(2) 脳

1) 脳の区分

脳（brain）は次のように分けることができる．

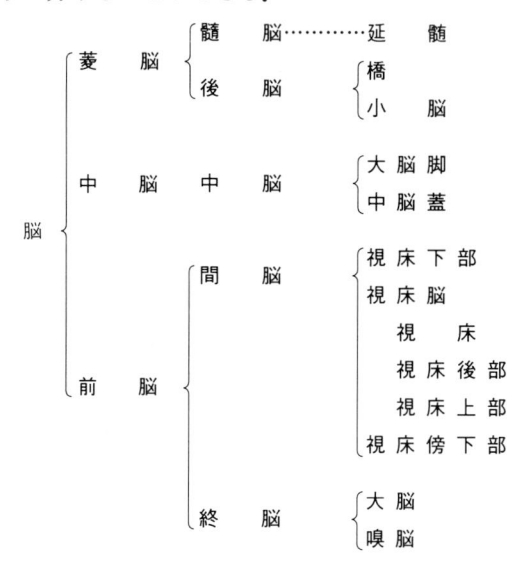

```
         ┌ 菱脳 ┌ 髄脳 ………… 延髄
         │     └ 後脳 ┌ 橋
         │            └ 小脳
         │
         │ 中脳   中脳 ┌ 大脳脚
脳 ┤            └ 中脳蓋
         │
         │       ┌ 間脳 ┌ 視床下部
         │       │     │ 視床脳 ┌ 視床
         │ 前脳 ┤                │ 視床後部
         │       │                │ 視床上部
         │       │                └ 視床傍下部
         │       │
         │       └ 終脳 ┌ 大脳
                        └ 嗅脳
```

2) 前脳

間脳と終脳を合わせて前脳（forebrain）という．

a. 間脳

前脳の後半部にあり，後ろは中脳，背方は終脳でおおわれ，正中位に第3脳室（9）がある．間脳（diencephalon）は視床下部と視床脳からなり，後者は視床（thalamus），視床上部（epith-

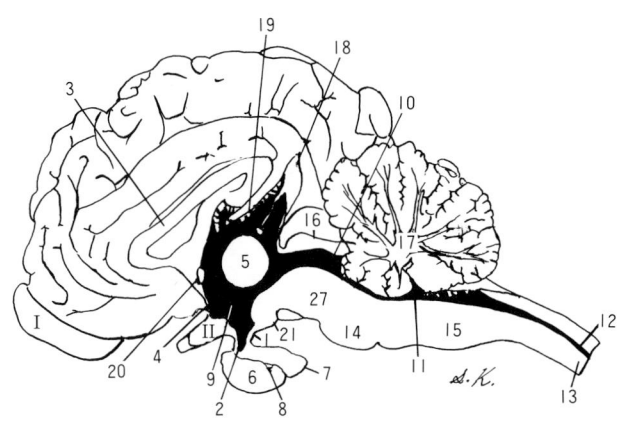

図VII-3　牛の脳の正中矢状断面

1：灰白隆起，2：ロート陥凹，3：脳梁，4：終板脈管器官，5：視床間橋，6：下垂体前葉，7：下垂体神経葉，8：WULZENの隆起，9：第3脳室（黒色の部分），10：中脳水道，11：第4脳室，12：脊髄中心管，13：脊髄，14：橋，15：延髄，16：前丘（中脳蓋），17：小脳，18：松果体，19：第3脳室脈絡叢，20：前交連，21：乳頭体，22：視交叉，23：視索，24：梨状葉（斜線の部分は嗅脳），25：大脳脚，26：錘体，27：中脳

I：嗅球（嗅神経は除かれている），II：視神経，III：動眼神経，IV：滑車神経，V：三叉神経，VI：外転神経，VII：顔面神経，VIII：内耳神経，IX：舌咽神経，X：迷走神経，XI：副神経，XII：舌下神経

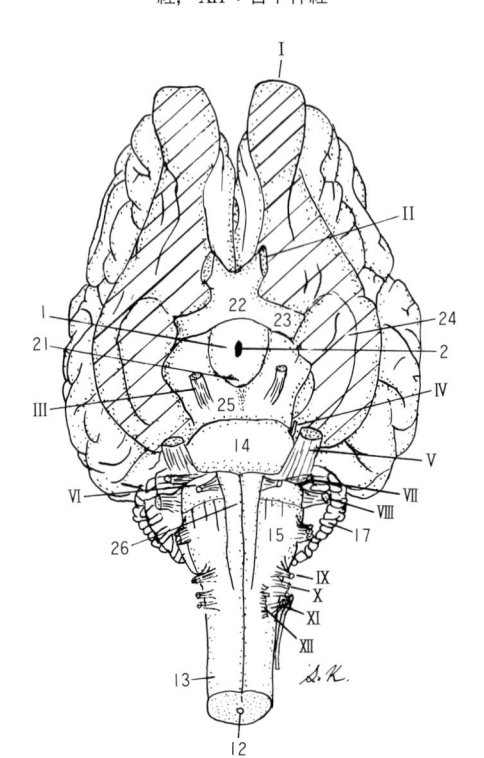

図VII-4　牛の脳の底面図
（説明は図VII-3を参照）

alamus)および視床後部（methathalamus）からなる．視床には感覚の中継中枢があり，視床上部にはメラトニンを分泌する松果体（18）と後交連，手綱核があり，視床後部には，それぞれ聴覚と視覚の中継中枢である内側膝状体と外側膝状体がある．間脳底は視床下部で，前から視神経交叉（視交叉）(22)，灰白隆起（1)（正中隆起ともいう)，および乳頭体（21）がみられ，視交叉の左右から視索（23）が後方へ伸び，灰白隆起から下垂体（6, 7）が垂れ下がる．間脳には自律神経系の最高中枢があり，視覚，聴覚，嗅覚，触覚および味覚などの中間中枢がある．視床下部には下垂体前葉ホルモンの放出ホルモン，オキシトシンなどの神経ペプチドを含み，繁殖機能・成長などを支配する．間脳は，そのほか睡眠，血圧，呼吸，瞳孔の散大・縮小，排尿，排便，嘔吐，くしゃみ，唾液分泌，食欲などの機能を調節する．

視床下部（hypothalamus）　視床下部は脳底の中央部にあり，間脳の下部を占める．自律神経系の最高中枢である．その範囲は前は視交叉（22）の前縁，後は乳頭体（21）の後縁，背縁は視床下溝で，腹面はロート陥凹（2）によって下垂体（6, 7）につながる．第3脳室（9）は，内側正中矢状面にあり前後背腹方に拡がるが，きわめて狭い．この第3脳室は側脳室，第4脳室（11）と通じ，脈絡叢（19）でつくられた脳脊髄液が流れる．神経細胞の集団を神経核という．視交叉上核は視交叉の上に接してあり，生体リズム・繁殖機能に及ぼす光の中継中枢である．視交叉の外側左右にはバゾプレッシン（＝ADH）などを産生する視索上核（a）があり，前交連（20）の後腹方にはオキシトシン細胞などを持つ室傍核（b）がある．視索上核－下垂体路（36）と室傍核－下垂体路（35）という神経路があって，上記の後葉ホルモンは，ニューロフィジンとともに軸索中を通って下垂体神経葉（7）に運ばれる．脳底の灰白隆起（1）には隆起核（f)（弓状核，ロート核ともいう）がある．この神経核にはラットではGRF細胞・ドパミン細胞があり，牛，サルなどでは黄体形成ホルモン放出ホルモン（LHRH）細胞を持つ．このLHRH細胞はラット，山羊などでは前脳で視床下部の前に位置する視索前野にある．隆起核の背側には満腹中枢ともいわれる腹内側核（d）がある．外側視床下部には摂食中枢がある．体温調節の放熱中枢が視索前野に，産熱中枢が後視床下部にある．また，後視床下部を破壊すると昏睡に陥るなど，視床下部は基本的生命現象にとって重要な中枢である．

b．終　　　脳

大脳（cerebrum）と嗅脳（図VII-4の斜線部分）が終脳（telencephalon）である．家畜の脳を背面から見ると，多くのヒダがみられる．その溝を大脳溝，突出したヒダを大脳回といい，これらは大脳皮質で灰白色である．その内部は白色で，大脳髄質という．大脳皮質には部位により役割分担ができている（図VII-8)．ただ，ラットやウサギにはこのヒダがない．大脳皮質と髄質には外套という別名があり，外套と小脳を除いた他の脳の部分を脳幹という．鳥類には大脳皮質がない．左右の大脳半球を結ぶのが脳梁で，大脳の基底部には線条体（corpus striatum）と側脳室がある．

線条体は，大きな尾状核（caudate nucleus）が側脳室の腹方にあり，小さな側坐核，さらにその下には被殻と淡蒼球があり，この2つの断面はレンズのように見えるので，レンズ核

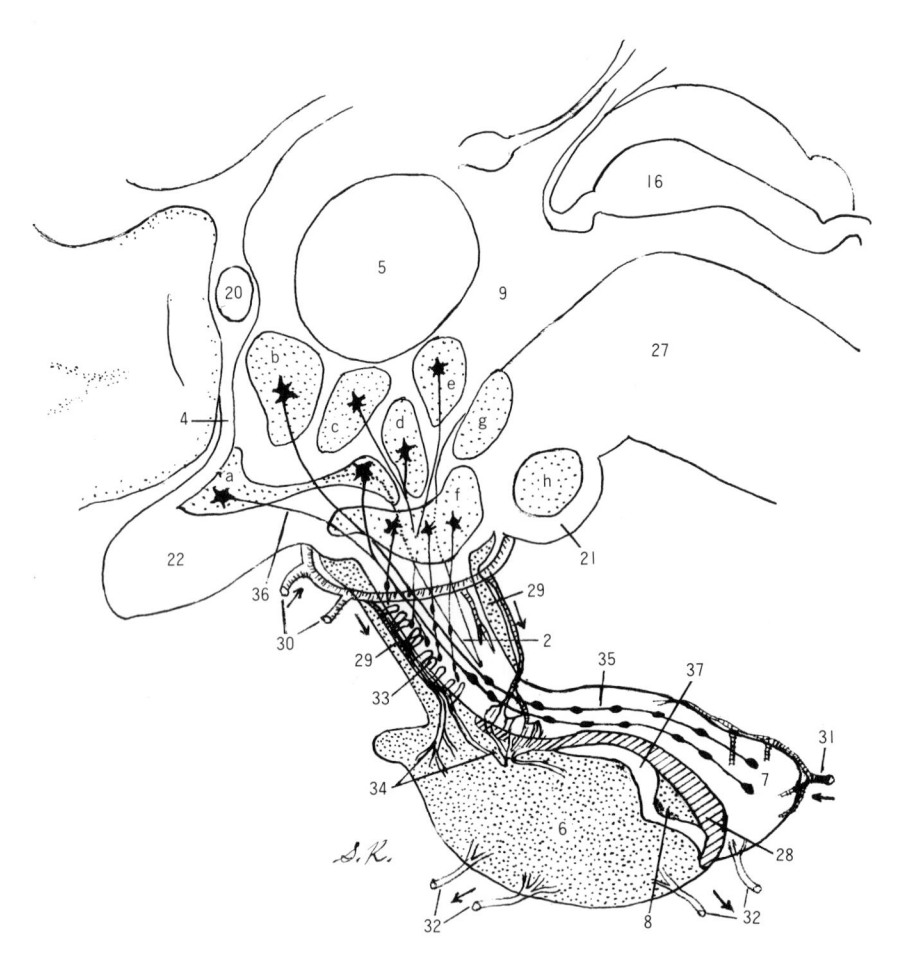

図Ⅶ-5　牛の視床下部－下垂体系の模式図

a：視索上核，b：室傍核，c：背内側核，d：腹内側核，e：後室周核，f：ロート（漏斗）核（隆起核または弓状核），g：乳頭隆起核，h：乳頭体核，2：ロート陥凹，5：視床間橋，6：腺（性）下垂体主部（前葉），7：神経（性）下垂体（神経葉），8：WULZEN の隆起，9：第3脳室，16：前丘，20：前交連，21：乳頭体，22：視交叉，27：中脳，28：腺（性）下垂体中間部（中間葉），29：隆起部（ロート部），30：前下垂体動脈，31：後下垂体動脈，32：下垂体静脈（海綿静脈洞へ），33：一次門脈叢のループ状血管，34：下垂体門脈，35：室傍核－下垂体路，36：視索上核－下垂体路，37：下垂体腔

(lentiform nucleus) と呼ぶ．これらの基底核を包むように内包 (internal capsule) が背腹に走り，末梢と大脳皮質あるいは中枢相互の連絡路となる．これらの神経核に扁桃核と前障を加えて大脳核という．家禽では線条体が著しく発達しているので，あたかも大脳皮質のように見える．

　嗅脳 (rhinencephalon)（図Ⅶ-4 の斜線部）は，終脳の一部で，嗅覚に関わる嗅球 (olfactory bulb)，梨状葉 (piriform lobe)(4)，中隔 (septum) がある．嗅球は脳の最前端にあり，家畜

ではよく発達しているが，家禽ではきわめて小さい．内部を見ると，嗅脳辺縁部(limbic system)には海馬（hippocampus）とそれから視床下部に向かって走る脳弓（fornix），前方には左右の嗅球などを連絡する前交連（anterior commissure）(20) があり，扁桃体（amygdala）とそこから視床下部へ向かう分界条がある（図Ⅶ-6）．扁桃体も自律神経系の中枢で電気刺激で排卵を起こすことができる．家禽には扁桃体はないが，相同な部位は原線条体である．そのほか中隔核がある．嗅脳辺縁部の皮質が大脳皮質に対する割合は，動物分類学上哺乳類が下等になるほど大きくなる（図Ⅶ-7）．

3）中　　　脳

中脳（midbrain）は，底面に末梢と脳・脳間を連絡する線維の束が左右に1本ずつあり，これを大脳脚(cerebral peduncle)という．背方には前丘と後丘があり，これらを中脳蓋(tectum)という(16)．前丘は，視覚の中継中枢の1つで，鳥類では著しく発達して脳の左右に張り出し，視葉となる．後丘は聴覚の中継中枢の1つで，前丘の後に位置し，各々2つずつあるので四丘体ともいう．内には中脳水道（10）があり，第3脳室と第4脳室をつなぐ．中心灰白質と網様体があり，睡眠と覚醒に関わる中脳網様体賦活系をなす．錐体外路系の運動に関わる赤核がある．黒質（substantia nigra）は，メラニン色素のため黒ずんでおり，そのドパミン細胞群は黒質線条体路の起始部で，ドパミンはここから前脳に輸送される．そのほか多くの神経線維の通路となる．

4）菱　　　脳

菱脳（rhombencephalon）は延髄，橋および小脳からなり，橋と小脳を後脳という．

a．延　　　髄

延髄（medulla oblongata）の前端は橋で，脳の最後部を占め，後端は脊髄と接する．背部には小脳があり，小脳との間には第4脳室がある．ここには呼吸中枢，循環などの自律反射中枢があり，橋とともに"生命の中枢"と呼ばれ，生命の維持に不可欠の部位である．腹側から見ると，正中裂があり，その左右に錐体（26）と錐体交叉がみられる．この盛り上がりは，大脳皮質から脊髄まで達する運動性の皮質脊髄路である．後小脳脚は脊髄・延髄・前庭神経と小脳を結ぶ神経路である．そのほかオリーブ核，第6〜第12脳神経核が内部にあり，迷走神経・舌下神経などが出る．

b．橋

橋（pons）は中脳と延髄の間にあり，台形体が延髄との間にみられる．背面は延髄とともに第4脳室底をなす．腹面は，その左右に中小脳脚と前小脳脚が左右の小脳半球を結び，あたかも橋渡ししたように見えるところから，この名がある．膨らみは発達した橋核で，橋小脳路となる．青斑核は，背側ノルアドレナリン路の起始核であって，視床下部などにノルアドレナリンを送る．三叉神経，外転神経，顔面神経，内耳神経の起始核があり，これらの脳神経が出る．

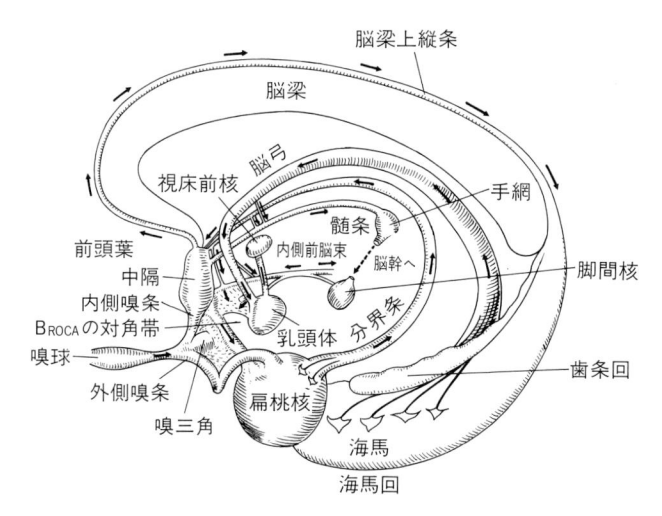

図VII-6 辺縁系の主要な神経線維連絡の模式図（MacLean, 1949）

矢印は神経線維の走る方向を示す．辺縁系は嗅覚の他に摂食行動，性行動，怒り，恐れのような情動に関与する．

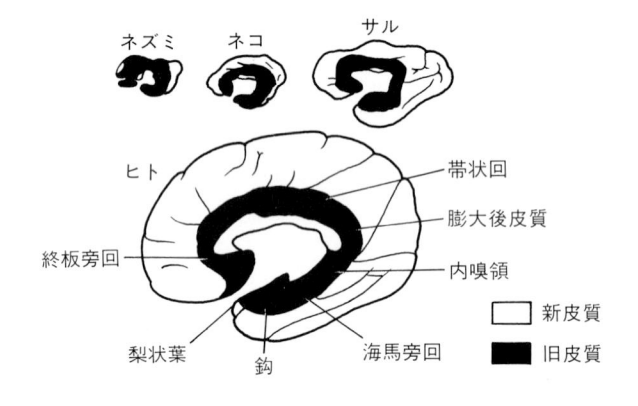

図VII-7 ラット，猫，サルおよびヒトの辺縁皮質とその他の大脳皮質の大きさの比較（MacLean, 1954）

旧皮質には梨状皮質，梨状前野，扁桃核が含まれ，古皮質には海馬と歯状回などが含まれる．動物が高等になると，新皮質の割合が大きくなる．

図VII-8 犬の大脳皮質と役割（Campbell-Papez に引用—を改変）

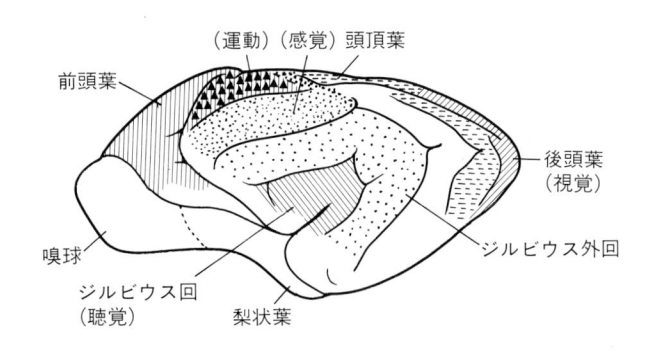

c．小　　　脳

　小脳（erebellum）は橋と延髄の背位にあり，間に第4脳室がある．前・中・後小脳脚によって，それぞれ中脳・橋・延髄とつながる．これらは小脳と他の脳・脊髄を結ぶ神経路である．表面には小脳回と小脳溝が，よく発達していて細かいヒダをつくる．左右の小脳半球と正中位の虫部からなる．また，前葉，後葉および片葉小節葉に分けられる．その役割は，体の平衡を正しく保持したり，正常な緊張状態を保つなど，運動の調節をする．片葉小節葉を除去すると，動物は体のバランスをとることができない．小脳皮質には，プルキンエ細胞・篭（かご）細胞などがある．

（3）髄　　　膜

　脳と脊髄を包む膜を髄膜 meninges という（図Ⅶ-9）．この膜には硬膜（dura mater），クモ膜（arachinoidea）および軟膜（pia mater）の3種があり，脳では頭蓋骨に密着した脳硬膜と脳表面に密着した脳軟膜があり，その間に脳クモ膜がある．脊髄にも同様な膜がある．この髄膜の間は脳脊髄液で満たされ，脳と脊髄はその中に浮かんだ状態にある．

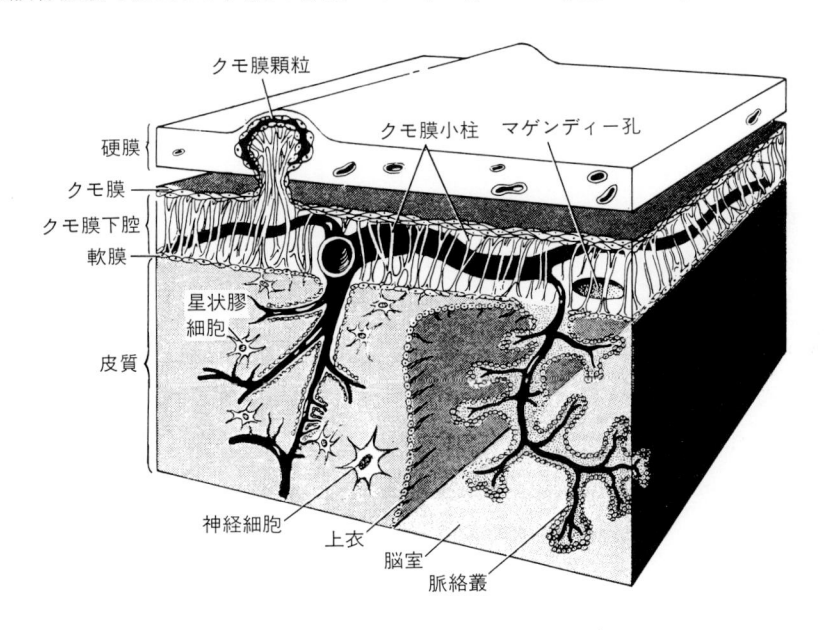

図Ⅶ-9　髄膜の構造（Tschirgi, 1960）

　脳硬膜から，脳の大脳半球を背方から左右に分ける鎌状の大脳鎌，大脳と小脳を背方から分ける膜性小脳テントおよび静脈洞（矢状静脈洞・海綿静脈洞など）が発達する．

　クモ膜はところどころで軟膜から離れて膨大したクモ膜下槽（cisterna s.）に発達する．また，脳軟膜から脈絡叢（choroid plexus）が発達して脳脊髄液を分泌する．それには，第3脳室，第4脳室，側脳室脈絡叢がある．脳室内の赤色の組織がそれである．

2. 末梢神経系

脳神経，脊髄神経および自律神経系を末梢神経（peripheral nervous system）という．

(1) 脳　神　経

脳神経（cranial nerve）は，脳から出る12対の神経で，迷走神経と副神経を除き頭部に分布する（図Ⅶ-4）．そのうち4対は眼の機能に関わるものである．

①嗅神経（olfactory nerves）　鼻腔の奥にある嗅上皮の嗅細胞から出て，篩骨の多数の篩孔を通って頭蓋腔に入り，嗅球に至る．

②視神経（optic nerve）　眼の網膜の視細胞から出た神経線維は，眼から出て白色で太い束をつくる．これを視神経という．視神経は，視交叉で大部分の線維が左右に交叉したのち，左右に分かれて視索（optic tract）となり，外側膝状体に終わる．視覚については，そこから中継した線維が後頭葉の皮質に至って初めて見える．

③動眼神経（oculomotor nerve）　中脳に起こり，外側直筋と上斜筋を除く他の眼を動かすすべての筋に分布する．そのほか動眼神経副核（Edinger-Westophal nucleus）は光による眼の瞳孔反射に関係し，毛様体神経節に連絡する．

④滑車神経（trochlear nerve）　中脳に起こり，滑車神経交叉で左右が入れ替わった後，脳幹の背面から出現する．眼の上斜筋に分布するが，この筋の動きは滑車によって斜になるため，滑車の名がつけられている．

⑤三叉神経（trigeminal nerve）　脳神経中最も太く，中脳から橋，延髄までの間の広い範囲に起こる．眼神経，上顎神経と下顎神経に分かれるところから，この名がある．頭内部の筋・歯などに分布するほか，下顎神経節がその経路の1つにある．

⑥外転神経（abducens nerve）　橋に起こり，眼の外側直筋のほか下斜筋にも分布する．

⑦顔面神経（facial nerve）　橋に起こり，顔面の筋・皮膚に分布する．その中で鼓索神経は舌に分布し，味覚に関与する．知覚性の膝神経節を含む．

⑧内耳神経（vestibulocochlear nerve）　内耳神経核は橋にあり，平衡覚に関する前庭根と聴覚に関する蝸牛根に分かれる．

⑨舌咽神経（glossopharyngeal nerve）　起始核は延髄にあり，耳管，舌および咽頭に分布し，知覚・味覚・運動に関与する．耳下腺の分泌に関与する耳神経節，心臓血管系の血圧の受容体がある頸動脈間神経節などを含む．

⑩迷走神経（vagus nerve）　延髄に起こり，頸・胸・腹部の重要な臓器に分布し，心臓・胃・腸などの機能を支配する（図Ⅶ-10）．

⑪副神経（accessory nerve）　延髄と脊髄に起こり，僧帽筋と胸鎖乳突筋に分布する．

VII. 神経と感覚器

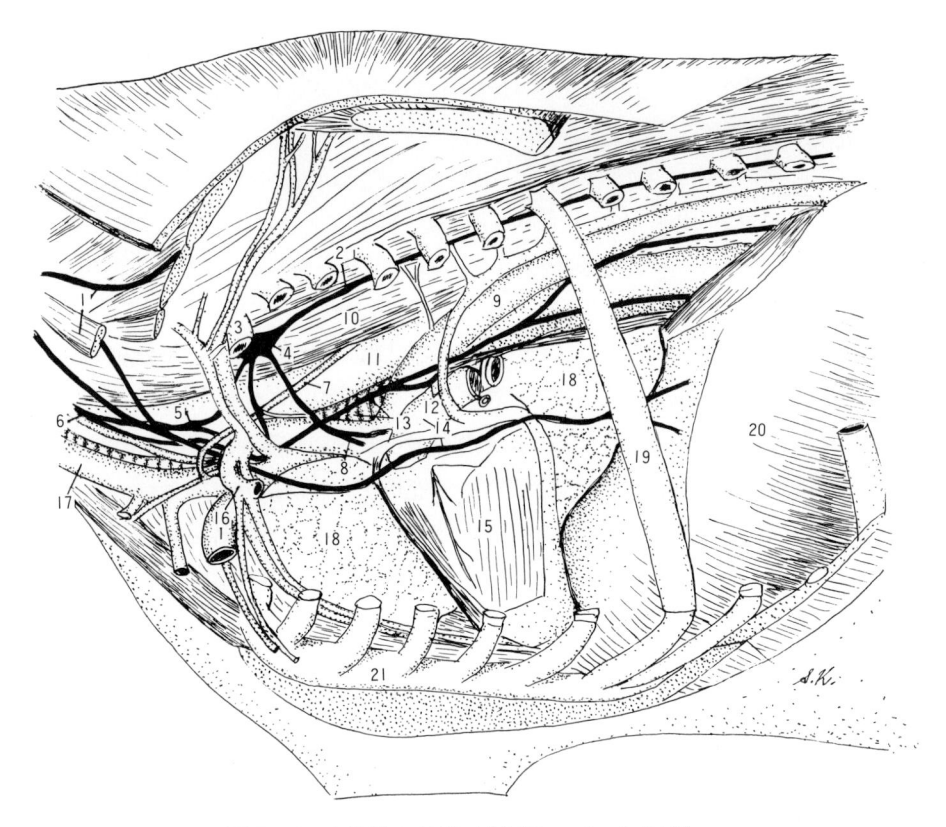

図VII-10 左胸腔の神経（牛）(Popesko を改変)
1：副神経と背斜角筋，2：交感神経幹，3：第1肋骨，4：後頚神経節（星状神経節ともいう），5：中頚神経節，6：迷走交感神経幹，7：胸管，8：心臓神経叢，9：胸大動脈，10：頚長筋，11：食道，12：反回神経（左）と奇静脈，13：迷走神経と気管，14：横隔神経と肺動脈（幹），15：心臓，16：左鎖骨下動・静脈，17：外頚静脈，18：肺，19：第7肋骨，20：横隔膜，21：胸骨

㉒舌下神経 (hypoglossal nerve)　　延髄に起こり，舌筋に分布する．

(2) 脊 髄 神 経

　脊髄神経 (spinal nerves) は脊髄の各分節から一対ずつ背根と腹根に分かれて出る（図VII-2）．背根には脊髄神経節があり，両根は合わさり，背枝と腹枝に分かれる．背根は末梢からの感覚を受ける．筋の運動を支配する神経線維は脊髄の腹角から起こり，腹根から出る．頚椎，胸椎，腰椎，仙椎，尾椎から出る脊髄神経を，それぞれ頚神経，胸神経，腰神経，仙骨神経，尾骨神経という．
　そのうち，前肢と後肢以外に分布する主な神経は次の2つである．
　①横隔神経 (phrenic nerve) は第5～第7頚神経が結合し，胸腔内を横隔膜に至り，横隔膜

の運動を支配する．

②肋間神経（intercostal nerves）は胸神経で，各肋間を走り，胸郭の筋と皮膚に分布する．

1) 前 肢 の 神 経（図Ⅶ-11）

前肢に分布する神経は第6～第8頚神経と第1（反芻類・犬）あるいは第1～第2胸神経（馬・豚）からなる腕神経叢（brachial plexus）から出る．前肢の筋および皮膚などに分布する．腕神経叢から出る主な神経は次の通りである．

　①腋窩神経（axillary nerve）　　後方へ走り，三角筋・上腕頭筋などに分布する．
　②長胸神経（long thoracic nerve）　　後方へ走り，腹鋸筋に分布する．
　③正中神経（median nerve）　　最長，最強枝で，肢端の屈筋と皮膚に分布する．
　④尺骨神経（ulnar nerve）　　浅指屈筋ほかの指関節の屈筋に分布する．
　⑤橈骨神経（radial nerve）　　正中神経に次ぐ強枝で，総指伸筋ほかの指関節の伸筋に分布する．

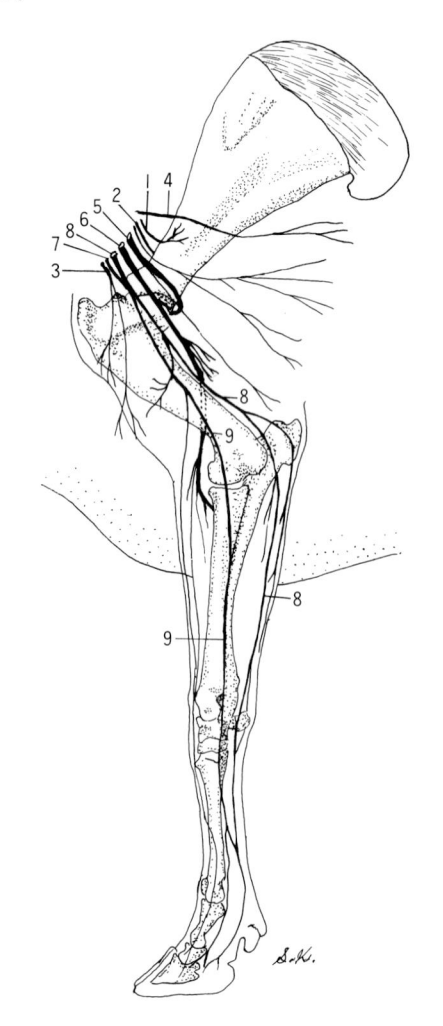

図Ⅶ-11　牛の右前肢の主な神経（Nickel ら，1975）

（内側から見る）

1：肩甲下神経，2：肩甲上神経，3：前胸筋神経，4：長胸神経，5：腋窩神経，6：橈骨神経，7：筋皮神経，8：尺骨神経，9：正中神経

2) 骨盤・後肢の主な神経（図Ⅶ-12）

腰神経と仙骨神経は腰神経叢と仙骨神経叢をつくり，骨盤および後肢の筋と皮膚に分布する．主な神経は次の通りである．

①陰部大腿神経（genitofemoral nerve）　雌で乳房に，雄で陰嚢・包皮に分布する．

②大腿神経（femoral nerve）　腰神経叢のうちの最強枝で大腿四頭筋に分布する．外腸骨動脈に沿って骨盤腔を出る．

③陰部神経（pudendal nerve）　仙骨神経叢から出る．外部生殖器・肛門の皮膚に分布する．

④坐骨神経（sciatic nerve）　最後の腰神経と第1～第2仙骨神経からなり，幅広く最大の神経で大腿骨後面にある．大腿骨後面で，脛骨神経と総腓骨神経に分かれ趾端に達する．筋，腱，関節，皮膚に分布する．

⑤脛骨神経（tibial nerve）　坐骨神経から分かれる．下腿三頭筋・深趾屈筋などの趾の屈筋・皮膚などに分布する．

⑥総腓骨神経（common peroneal nerve）　坐骨神経から分かれる．長趾伸筋などの趾伸筋に分布する．

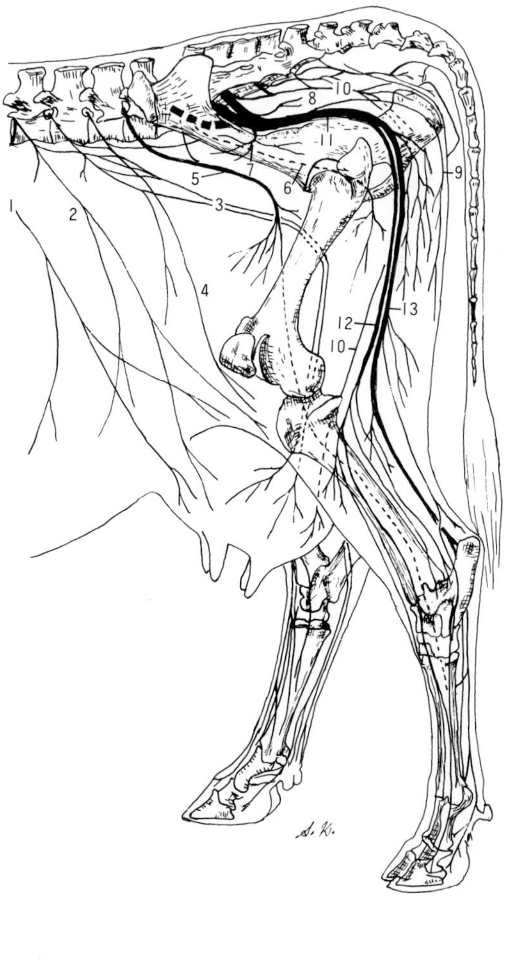

図Ⅶ-12 後肢の主な神経（牛）(Nickelら，1975)　（外側から見る）
1：腸骨下腹神経，2：腸骨鼠径神経，3：陰部大腿神経，4：外側大腿皮神経，5：大腿神経，6：閉鎖神経，7：前殿神経，8：後殿神経，9：後大腿皮神経，10：陰部神経，11：坐骨神経，12：総腓骨神経，13：脛骨神経

3. 自律神経系

　不随意器官に分布して，呼吸・消化・吸収・循環・分泌・繁殖などの生命維持または種族保存の機能を調節する．自律神経系（autonomic nervous system）は脳脊髄内に中枢を持ち，末梢遠心性の自律神経線維には2つのニューロンのリレーで末梢に達する．すなわち，第一の神経節に達するまでを節前線維といい，それ以後を節後線維という．

　自律神経系には交感神経と副交感神経があり，この2つの拮抗作用により器官の機能が調節される．

　自律機能は中枢神経によって支配されており，扁桃体，間脳，中脳，橋によって調節され，視床下部は大脳辺縁系の自律性機能によって調節され，中脳，橋などの自律性活動を統御していると考えられている．

(1) 交 感 神 経

　交感神経（sympathetic nerves）の節前線維は，胸・腰部（thoracolumbar）の脊髄の側角から出る．脊髄の前根から出て，白交通枝を経て脊柱の両側に達し，脊柱に沿って走る交感神経幹に連なっている幹神経節に至り，ニューロンを変え，あるいは幹神経節を素通りして末梢神経節でニューロンを変える．次いで，図VII-10 のように胸部，腹部，腰部の臓器に分布する．腹腔の臓器に分布するものは，後位の脊髄胸部から出て，大および小内臓神経になり腹腔および前腸間膜動脈神経節に終わる．

　また，頸部については，節前線維は前位の脊髄胸部から出た後，大きな後頸神経節（または星状神経節ともいう）を経て，迷走交感神経幹とともに前方へ向かい前頸神経節（cranial cervical ganglion）で節後線維に切り替わる．唾液腺・涙腺などの器官に分布する．

(2) 副 交 感 神 経

　副交感神経（parasympathetic nerves）は脳と仙髄（craniosacral）から節前線維が出る．脳からは，動眼神経，顔面神経，舌咽神経が頭部の器官に至り，迷走神経は胸部と前腹部の内臓に分布する．仙髄から出たものは生殖器，膀胱などの骨盤臓器に分布し，その機能を支配する．

　動眼神経については，その副核から節前線維が毛様体神経節に至り，そこから出た節後線維は眼の瞳孔括約筋・毛様体に行き，眼に入る光量などを調節する．

　顔面神経を経由するものは，鼓索神経を通り舌に達し，味覚に関わり，また下顎神経節で節後線維に変わり下顎腺，舌下腺などに分布する．顔面神経は，そのほか翼口蓋神経節で節後線維に変わり，涙腺，鼻腔などに分布する．

舌咽神経の一部は耳神経節に達し，そこから節後線維は耳下腺に分布する．

迷走神経は心臓，肺，胃，腸，肝臓，腎臓などに至り，その臓器の名をつけた神経節で節後線維に変わり，神経叢をつくりその臓器の機能を調節する．

4．感覚器の構造と機能

感覚器（sensory organs）には視覚器，平衡聴覚器，嗅覚器，味覚器が属する．

(1) 視　　覚　　器

視覚器（organ of sight）は眼（eye）と副眼器（accessory organ of the eye）からなり，後者は眼瞼，涙器，眼筋をいう．

1）眼

眼球は眼窩に収まり，眼筋と脂肪で包まれている後方には太い視神経が脳へ向かう．

前面には透明な角膜（cornea）があり，後方の4/5は白色の強膜（sclera）で包まれる．

図Ⅶ-13のように，内部をみると角膜の後方は前眼房で，その後方には水晶体（lens），硝子体（vitreous body）が続き，最後面には光を感受する網膜（retina）がある．水晶体の直前には虹彩（iris）があって，収縮・拡大して光量を調節する．水晶体縁は毛様体（ciliary body）が取り巻いていて，毛様体筋の収縮により水晶体（レンズ）の焦点を調節する．

毛様体，虹彩，脈絡膜を眼球血管膜という．脈絡膜（choroidea）は暗褐色で，強膜と網膜の間にあり，その一部に青色から金色に輝く輝板があり，暗い所で光る．

前眼房と後眼房は眼房水というリンパ液で満たされ，絶えず入れ替わる．

図Ⅶ-13　眼球の縦断面（Walls, Gordon L.を改変）
1：角膜，2：水晶体，3：硝子体，4：虹彩，5：前眼房，6：後眼房，7：毛様体，8：小帯線維，9：網膜，10：脈絡膜，11：視神経，12：強膜，13：結膜，14：下直筋，15：上直筋

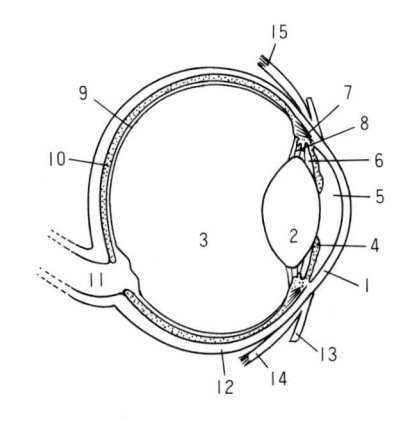

2）副　眼　器

①眼瞼（マブタ，palpebrae）　家畜の眼瞼には上眼瞼，下眼瞼および第3眼瞼がある．マブタの後面は結膜で，マブタの外縁に沿って睫毛（マツゲ）が生える．上下のマブタが合うところを内眼角（メガシラ）・外眼角（メジリ）という．牛のメガシラには軟骨を含む第3眼瞼がある．

②涙器　涙腺が眼窩内にあり，6～8本の導管で上結膜円蓋に涙を放出し，涙はメガシラから涙小管などで腹鼻道に排出する．

③眼筋　眼を動かす筋で，上直筋，下直筋，内側直筋，外側直筋の4つの眼球直筋と上斜筋，下斜筋，眼球後引筋がある．そのほか上眼瞼挙筋がある．

（2）平衡聴覚器〔耳〕

1）内　　　耳

内耳（internal ear，labyrinth）には平衡感覚と聴覚を受ける感覚細胞があって，この機能に関する最も重要な構造がある．側頭骨岩様部中に骨迷路があり，その中に膜迷路が納まる．平衡覚については，図Ⅶ-14に示すように，迷路の中心に卵形嚢があり，ここから3本のアーチ状の半規管が相互に直角になるように出る．その中は管になっており，頭の向けかたにより管内をリンパ液が流れ，卵形嚢中の平衡斑にある有毛感覚細胞を刺激する．その刺激は前庭神経節を経て脳へ送られ，平衡覚として処理される．また前庭水管内に内リンパ管があって，内耳は頭蓋腔とつながる．

聴覚に関しては，迷路の中心で卵形嚢に接して球形嚢がある．この嚢とつながった蝸牛管（choclear duct）はカタツムリの殻のようにラセン形になった袋で，蝸牛中の前庭階と鼓室階に挟まれ，蝸牛の中心を全長にわたって貫く．蝸牛管にはラセン器（コルチ器ともいう）があり，音波によってその有毛感覚細胞が刺激され，その情報はラセン神経節を経て脳に伝達される．

2）中　　　耳

中耳（middle ear，tympanic cavity）は鼓室と耳管からなる（図Ⅶ-14）．鼓室と外耳の間には鼓膜（tympanic membrane）があって，ここで音波を受ける．ここには3つの耳小骨があり，鼓膜には小さなツチ骨が付着し，ツチ骨はキヌタ骨，次いでアブミ骨と関節して，鼓室内の空間を横切り，アブミ骨は前庭窓に固定されており，音波による振動を内耳に伝える．この間に音波は数十倍に増幅される．そのほか鼓室内には蝸牛窓があって，そこは第2鼓膜で閉ざされ，内方は蝸牛管に通ずる．

耳管（auditory tube）は鼓室と咽頭を結び，耳管咽頭口に開く．耳管は，通常は閉じているので，鼓膜の外と内側の鼓室内の気圧が異なると鼓膜は一方に張り出して，聴覚に異常を生じ

VII. 神経と感覚器

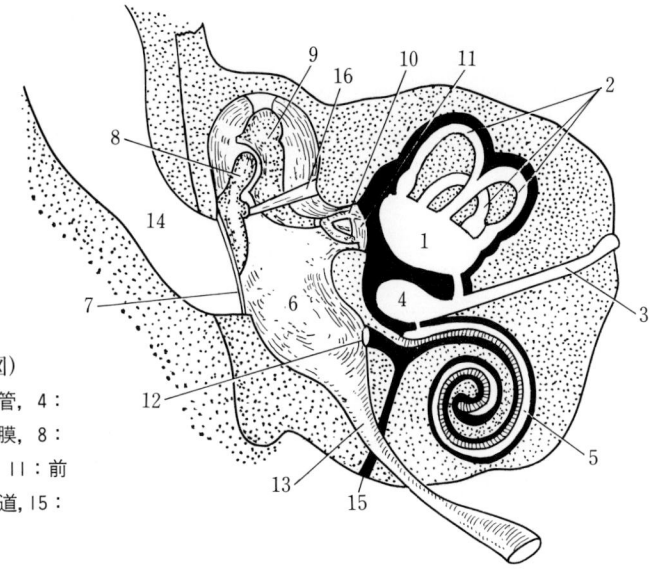

図VII-14　平衡聴覚器（模式図）
1：卵形嚢，2：半規管，3：内リンパ管，4：球形嚢，5：蝸牛管，6：鼓室，7：鼓膜，8：ツチ骨，9：キヌタ骨，10：アブミ骨，11：前庭窓，12：蝸牛窓，13：耳管，14：外耳道，15：外リンパ管，16：鼓膜張筋

る．馬では耳管の一部は拡張して耳管憩室（喉嚢）と呼ばれる．

3）外　　　耳

外耳（external ear）は耳介と外耳道からなる．

耳介（auricle）は皮膚と耳介軟骨からなる集音器で，耳介筋によって音がくる方向に向きを変えることができる．軟骨は弾性線維軟骨からなる．

外耳道（external acoustic meatus）には，外側に軟骨性外耳道があり，その奥に側頭骨の骨性外耳道が続き，鼓膜に終わる．

（3）嗅覚器と味覚器

嗅覚器（organ of smell）は，後位の鼻粘膜にあり，黄褐色の部分が鼻粘膜嗅部である．その嗅上皮は液性の膜でおおわれており，それに溶けた嗅物質は嗅細胞に作用し，この細胞から出た嗅神経は脳の嗅球へ臭いの情報を伝達する．

鋤鼻器（vomeronasal organ）は鼻粘膜嗅部にあり，その感覚細胞は脳の副嗅球に線維を送る．鋤鼻器には鋤鼻管があり，鼻口蓋管は上顎の前端にある切歯孔から鋤鼻器に通ずる．フェロモンを感受する器官といわれる．

味覚器（organ of taste）は，末梢の味覚器は味蕾（taste bud）で舌乳頭にあり，他に軟口蓋，咽頭，喉頭の粘膜にも少数がみられる．味蕾は味細胞と支持細胞からなり，縦断すると花の蕾のように見える．

味細胞の刺激は，主として鼓索神経と舌咽神経によって，脳へ伝えられる．

主要参考図書

和　　書

1) 伊藤　隆（1987）：組織学，南山堂，東京．
2) 江口保暢（1979）：家畜発生学，文永堂出版，東京．
3) 岡野真臣ら（訳）（1979）：獣医組織学，学窓社，東京（洋書 5）の翻訳）．
4) 家畜解剖学分科編（1987）：家畜解剖用語，日本中央競馬会弘済会，東京．
5) 加藤嘉太郎・山内昭二（1992）：家畜比較発生学，養賢堂，東京．
6) 加藤嘉太郎・山内昭二（1995）：家畜比較解剖図説上巻，養賢堂，東京．
7) 加藤嘉太郎・山内昭二（1995）：家畜比較解剖図説下巻，養賢堂，東京．
8) 加藤嘉太郎（1986）：家畜の解剖と生理，養賢堂，東京．
9) 嶋井平世ら（訳）（1980）：ランゲの組織学，広川書店，東京．
10) 須川章夫・月瀬　東（1977）：牛の解剖図説－骨学編－，文永堂出版，東京．
11) 須原恒二（1980）：牛の胃の機能，日本獣医師会，東京．
12) 成田　実ら（1990）：やさしい獣医組織学，チクサン出版社，東京．
13) 日本獣医解剖学会編（1999）：獣医組織学，学窓社，東京．
14) 橋本善春（訳）（1997）：馬の解剖アトラス，日本中央競馬弘済会，東京．
15) 藤田恒夫・藤田尚男（1980）：標準組織学，総論，医学書院，東京．
16) 藤田恒夫・藤田尚男（1984）：標準組織学，各論，医学書院，東京．
17) 星野忠彦（1997）：畜産のための形態学，川島書店，東京．
18) 望月公子（訳）（1984）：牛の解剖アトラス－内臓学－，チクサン出版社，東京．
19) 望月公子（訳）（1986）：獣医解剖カラーアトラス牛の解剖，西村書店，東京．
20) 山田英智ら（訳）（1985）：機能を中心とした図説組織学，医学書院，東京．
21) 和栗秀一（1996）：家畜総合解剖学，学窓社，東京．

洋　　書

1) Ashdown, R.R., Done, S.H. (1987)：Colour atlas of veterinary anatomy -The horse - Vol.2, Bailliere Tindall, London.
2) Banks, W.J. (1986)：Applied veterinary histology, Willams & Wilkins, London.
3) Barone, R. (1966)：Anatomie Comparee des Mammiferes Domestiques, Tome premier, Osteologie, Ecole Nationale Veterinaire, Lyon.
4) Barone, R. (1968)：Anatomie Comparee des Mammiferes Domestiques, Tome sec-

ond, Arthrogie et Myologie, Ecole Nationale Veterinaire, Lyon.

5) Dellmann, H.D. & Brown, E.M. (1981) : Textbook of veterinary histology Lea & Febiger, Philadelphia.

6) Dyce, K.M., Sack, W.O. & Wensing, C.J.G. (1987) : Textbook of veterinary anatomy, W.B. Saunders Company, Philadelphia.

7) Ellenberger, W. & Baum, H. (1943) : Handbuch der vergleichenden Anatomie der Haustiere, Springer, Berlin.

8) Frandson, R.D. (1970) : Anatomy and hysiology of farm animals. Lea & Febiger, Philadelphia.

9) Kraise, W.J. & Cutts, J.H. (1981) : Concise text of histology, Williams & Wilkins, London.

10) Miller, M.E. (1964) : Anatomy of the dog, W.B. Saunders Company, Philadelphia.

11) Nickel, R., Schummer, A. & Seiferle, E. (1986) : The anatomy of the domestic animals, Vol.1, The locomotor system of the domestic mammals, Verlag Paul Parey, Berlin.

12) Nickel, R., Schummer, A. & Seiferle, E. (1979) : The anatomy of the domestic animals, Vol.2, The viscera of the domestic mammals, Verlag Paul Parey, Berlin.

13) Nickel, R., Schummer, A. & Seiferle, E. (1981) : The anatomy of the domestic animals, Vol, 3, The circulatory system, the skin and and the cutaneous organs of the domestic mammals, Verlag Paul Parey, Berlin.

14) Nickel, R., Schummer, A. & Seiferle, E. (1977) : The anatomy of the domestic animals, Vol.5, Anatomy of the domestic bird, Verlag Paul Parey, Berlin.

15) Noden, D.M. & De Lahunta, A. (1985) : The embryology of domestic animals, Williams & Wilkins, London.

16) Schaller, O. (1992) : Illustrated veterinary anatomical nomenclature, Ferdinand Enke Verlag Stuttgart.

17) Sisson, S. & Grosman, J.P. (1953) : The anatomy of domestic animals, W.B. Saunders Company, Philadelphia.

18) Swatland, H.J. (1984) Structure and development of meat animals, Prentice-Hall.

19) Trautmann, A. & Fiebieger, J. (1949) : Lehrbuch der Histologie und vergleichenden microskopischen Anatomie der Haustiere, Verlag Paul Parey, Berlin.

索　　　引

〔あ〕

アドレナリン　185
アポクリン汗腺　44
アンギオテンシン　134

〔い〕

胃　86
　　家禽の――　107
　　――の粘膜　87
胃　腺　88
一次性索　142
一次肺小葉　122
一次卵胞　156
いわゆる神経の構造　35
陰　茎　150
インスリン　106
咽　頭　84
　　家禽の――　107
インパルス　32

〔う〕

ウォルフ管　153
右心房　189, 191
右房室弁　191
右リンパ本幹　205
運動器官　49

〔え〕

栄養血管　102, 123
エックリン汗腺　44
延　髄　217

〔お〕

黄　体　158
黄体形成ホルモン　176
黄体刺激ホルモン　176
横断面　50

横紋筋線維　26
オキシトシン　177
オステオン　53
帯状胎盤　166

〔か〕

外　耳　227
回　腸　94
外尿道口　137
海　馬　217
外胚葉　2
外　皮　39
外鼻孔　111
外分泌腺　14
外分泌部
　　膵臓の――　104
解放性骨盤　63
外　膜
　　食道の――　86
海綿骨　52
海綿体組織　197
カウパー腺　150
下顎腺　82
蝸牛管　226
角質器　41
核小体　9
覚　醒　217
核　膜　9
下垂体
　　――と視床下部の関係　177
　　――の機能　175
　　――の構造　172
下垂体後葉　175
下垂体前葉　173
下垂体中間葉　175
下垂体隆起部　175
滑膜性関節　66
仮乳頭　46

烏口骨　61
硝子体　225
ガラス軟骨　21
顆粒層細胞　156
カルシトニン　180
眼　225
感覚器　225
幹気管支　121
含気骨　52
寛　骨　61
間質腺　159
冠状溝　188
冠状動脈　193
肝小葉　99
関節円盤　67
関節窩　67
関節腔　67
関節唇　67
関節頭　67
関節軟骨　67
関節半月　67
関節包　67
汗　腺　44
肝　臓　99
　　家禽の――　109
　　――の物質代謝　103
　　――の機能　103
　　――の機能的単位　103
　　――の形態的単位　103
　　――の構造　99
間　脳　213
肝三つ組　101
顔面神経　220
間　葉　3

〔き〕

器　官　5
気　管　116

気管支　117
気管支樹　121
気管支静脈　123
気管支動脈　123
気管軟骨　116
気　道　110
気　嚢　125
気嚢気管支　125
機能血管　102,123
機能的単位
　　肝臓の――　103
弓状核　215
嗅覚器　227
弓形静脈　131
弓形動脈　132
嗅　脳　216
頬　78
橋　217
胸　管　204
胸　骨　60
頬骨腺　82
胸　腺　210
胸腺小体　210
胸　椎　58
胸部骨格　55
曲精細管　145
極　体　157
曲尿細管　128
筋　69
筋線維　26
筋　層
　　食道の――　86
筋組織　26
　　――と神経　30
筋　頭　71
筋　尾　71
筋　腹　71

〔く〕

空　腸　94
クモ膜　219
グラーフ細胞　156
グリコーゲン細胞質　22
グルカゴン　106

〔け〕

毛　41
脛骨神経　223
形質細胞　19
形態的単位
　　肝臓の――　103
頚　椎　58
頚膨大　211
血　液　206
血管弓　58
結合組織　17
結合組織絨毛胎盤　166
結合組織性毛包　42
血絨毛胎盤　167
血　漿　206
血小板　206
結　腸　95
血リンパ節　209
肩甲骨　61
腱　索　191
原始生殖細胞　141,152
原始卵胞　153
原　腸　2

〔こ〕

効果器　32
交感神経　224
後　丘　217
口　腔　77
　　家禽の――　106
口腔腺　82
後形質　6
膠原線維　19
硬口蓋　78
後肢骨　61
後肢帯　61
抗重力筋　74
　　後肢の――　75
　　前肢の――　75
甲状腺
　　――の機能　180
　　――の構造　178
甲状腺刺激ホルモン　176

甲状軟骨　113
口　唇　78
項靱帯　68
鉤　爪　42
後大静脈　202
喉　頭　113
喉頭蓋　84,113
喉頭蓋軟骨　114
喉頭筋　115
喉頭腔　115
喉頭軟骨　113
喉　嚢　227
交尾器　152
後鼻孔　106,111
硬　膜　219
後葉ホルモン　177
呼吸器　110
呼吸中枢　217
黒　質　217
骨
　　――成長　26
　　――の発生　26
骨　格　51
骨格筋　26,28,69
骨　幹　52
骨　髄　53,207
骨組織　21
　　――の構造　23
　　――の細胞　23
　　――の細胞間質　23
骨　端　52
骨内膜　53
骨　膜　52
固有鼻腔　111

〔さ〕

催乳ホルモン　176
細　胞　5
　　――の形態　5
　　――の増殖　10
　　――のはたらき　9
細胞核　9
細胞質　5
細胞小器官　6

細胞膜　5
細網線維　19
細網組織　19
サイロキシン　180
鎖　骨　61
坐　骨　61
坐骨神経　223
左心室　192
左心室弁　192
左心房　189
三叉神経　220
三尖弁　191
産熱中枢　215

〔し〕

歯　78
　　歯列を構成する　78
　　――の形　78
　　――の数　80
　　――の組織　80
耳下腺　82
耳　管　226
耳管憩室　227
糸球体包　128
子　宮　161
子宮角　161
子宮筋層　164
子宮頚　161
子宮頚管　164
子宮小丘　163
子宮腺　163
子宮体　161
糸球体　128
糸球体濾過量　133
子宮内膜　163
糸球尿　133
子宮帆　161
肢　筋　73
軸下筋　73
軸上筋　73
軸性骨格　54
刺激伝導系　193
視索上核　175, 215
支持細胞

　　神経の――　37
支持組織　17
視床下部　215
　　――と下垂体の関係　177
視神経　220
雌性生殖器　152
脂　腺　45
室傍核　175, 215
シナプス　35
脂肪組織　19
尺骨神経　222
自由後肢骨　63
自由前肢骨　61
十二指腸　94
終　脳　215
終板脈管気管　214
樹状突起　32
シュワン細胞　34
循環器系　187
消化管ホルモン　98
消化器　77
　　家禽の――　106
松果体
　　――の機能　171
　　――の構造　170
受容器　32
小循環　198
小　腸　96
小　脳　219
上皮細胞間の特殊構造　13
上皮絨毛胎盤　166
上皮小体
　　――の機能　181
　　――の構造　181
上皮性毛包　42
上皮組織
　　――の形態　10
静　脈　196
静脈管　202
食　道　84
　　家禽の――　107
食道外膜　86
食道筋層　86
食道粘膜　85

食道粘膜下組織　86
鋤鼻器　227
自律神経系　224
歯　列　78
塵挨細胞　123
心外膜　192
心　筋　30, 70
神　経
　　――と筋組織　30
　　――の支持細胞　37
　　――の終末　35
神経弓　58
神経系　32
神経膠細胞　37
神経細胞　32
　　――の突起　34
神経細胞体　34
神経鞘　34
神経線維　32
　　――の被覆　34
神経組織　32
神経突起　32
心　室　188
腎小体　128
腎静脈　132
腎小葉　137
心切痕　118
心　臓　187
腎　臓　126
靱　帯　67
腎動脈　131
心内膜　192
真乳頭　46
腎乳頭　126
腎　杯　134
腎　盤　134
真　皮　40
心　房　188
心　膜　187
腎　門　126
腎門脈系　139
腎　葉　126

〔す〕

膵　液　106
髄　核　68
髄　質　183
髄　鞘　34
水晶体　225
膵　臓　104
　　家禽の──　109
　　──の外分泌部　104
　　──の機能　105
　　──の構造　104
　　──の内分泌部　105
錘体交叉　217
髄質ホルモン　185
水平断面　50
髄　膜　219
睡　眠　217

〔せ〕

線維芽細胞　17
精　管　148, 152
精　子　1
精子形成　145
生殖器　140
生殖索　142
生殖子　1
生殖巣堤　142
生殖隆起　109, 142
性腺刺激ホルモン　176
精　巣　144, 151
精巣液　147
精巣上体　143, 148, 152
精巣上体管　148
精巣精子　146
精巣輸出管　148
声帯ヒダ　116
正中神経　222
成長ホルモン　176
精嚢腺　149
青斑核　217
性ホルモン　184
声　門　116
声門裂　116

脊　索　3
赤色筋　75
脊　髄　211
脊髄神経　221
脊　柱　57
赤脾髄　209
舌　81
舌下腺　82
赤血球　206
摂食中枢　215
舌乳頭　81
セルトリ細胞　143, 145, 147
線維性関節　66
線維性結合組織　19
線維軟骨　21
線維輪　191
前　丘　217
前　肢
　　──の抗重力筋　75
前肢骨　60
前肢帯　61
染色質　9
腺組織　14
先　体　146
前大静脈　201
仙　椎　59
前庭ヒダ　116
前　脳　213
泉　門　57
前葉ホルモン　176
前立腺　149, 150

〔そ〕

桑実胚　2
総腓骨神経　223
総鼻道　112
叢毛胎盤　165
足細胞　130
側副脈管　197
組　織　5
ソマトスタチン　106

〔た〕

第一胃　90

第二胃　90
第三胃　91
第四胃　92
体　腔　3
第3脳室　213
体軸筋　72
大循環　198
大食細胞　19
体　節　3
大　腸　98
大動脈　198
大動脈弁　192
大　脳　215
大肺胞細胞　123
胎　盤　164
胎　膜　165
唾液腺　82
脱落膜胎盤　165
単　胃　86
短　骨　52
胆　汁
　　──の生産　103
単　腎　126
弾性線維　19
弾性軟骨　21

〔ち〕

恥　骨　61
腟　168
腟前庭　168
緻密骨　52
中間葉ホルモン　176
中　耳　226
中腎管　143
中腎傍管　143
中枢神経系　32
中枢神経系　211
中　脳　217
中脳網様賦活系　217
中胚葉　3
中鼻甲介　112
中鼻道　112
中片部　146
腸　94

家禽の—— 108
長　骨　52
腸　骨　61
直細動脈　132
直精細管　144
直　腸　96
直尿細管　128

〔つ〕

椎　骨
　　——の発生　57
椎骨式　59
椎　体　58
角　43

〔て〕

蹄　42
電解質コルチコイド　184

〔と〕

頭　蓋　55
橈骨神経　222
糖質コルチコイド　184
動静脈吻合　197
洞房結節　193
動　脈　195
動脈管　202

〔な〕

内分泌器官　170
内　耳　226
内　臓　77
内尿道口　136
内胚葉　2
内皮絨毛胎盤　166
内分泌腺　17, 170
　　——膵臓の　105
軟口蓋　78
軟骨細胞　21
軟骨性関節　66
軟骨性硬骨　52
軟骨組織　21
軟骨膜　52

軟　鼻　111
軟　膜　219

〔に〕

二次卵胞　156
二尖弁　192
乳　窩　47
乳静脈　47
乳　腺　45
　　——の原基　46
乳腺実質　47
乳腺動脈　47
乳頭管　130
乳頭筋　191
乳び槽　205
乳　房　46
乳房堤靱帯　47
ニューロン　32
尿　管　134
尿細管　128
尿生殖道　137
尿　道　137
尿道球腺　149, 150

〔ね〕

ネフロン　128
ネフロン遠位部　130
ネフロン近位部　130
ネフロンワナ　130
粘　膜
　　食道の——　85
粘膜下組織
　　食道の——　86

〔の〕

脳　213
脳　幹　215
脳　砂　171
脳神経　220
ノルアドレナリン　185

〔は〕

肺　118
　　——の後葉　118

　　——の前葉　118
　　——の中葉　118
　　——の副葉　118
　　——の葉間裂　118
肺気管支　121
背気管支　125
胚　子　2
肺静脈　123, 198
肺小葉　121
肺前庭　125
肺動脈　123, 198
肺動脈弁　192
背鼻甲介　112
背鼻道　112
肺　胞　122
肺胞管　122
肺胞囊　122
肺　門　117
胚　葉　2
肺　葉　118
排　卵　158
排卵窩　155
排卵腔　168
白色筋　75
白脾髄　209
白　膜　144
バソプレッシン　177
白血球　206
パラソルモン　181
半規管　226
半月弁　192
盤状胎盤　166
汎毛胎盤　165

〔ひ〕

皮下組織　40
鼻　腔　111
菱　脳　217
鼻前庭　111
脾　臓　208
鼻中隔　111
尾　椎　59
鼻軟骨　111
泌尿器　125

鼻粘膜　112
皮　膚　39
　　——の厚さ　39
　　——の色　40
　　——の強さ　39
皮膚腺　44
鼻　紋　111
表在上皮　155
表　皮　40
披裂軟骨　113

〔ふ〕

複　胃　89
副形質　6
副交感神経　224
副　腎
　　——の機能　184
　　——の構造　181
副腎皮質　182
副腎皮質刺激ホルモン　176
副腎皮質ホルモン　184
副生殖腺　152
腹内側核　215
腹鼻腔　113
腹鼻甲介　112
腹鼻道　112
不整骨　52
付属（属性）骨格　55
物質代謝
　　肝臓の——　103
プルキンエ線維　193
プロラクチン　107,176
吻合脈管　197
吻　鼻　111
分　泌　14

〔へ〕

平滑筋　70
平滑筋線維　26,28
平衡覚　226
平衡聴覚器　226
平衡斑　226
閉鎖性骨盤　61
変形腺　45

扁　爪　42
扁平骨　52
扁平肺胞細胞　123

〔ほ〕

旁気管支　125
膀　胱　136
膀胱尿　133
傍糸球体装置　134
房室結節　193
房室束　193
放出因子　177
放線冠　157
放熱中枢　215
胞　胚　2
歩行様式　63
ホルモン　170

〔ま〕

膜性気管支　125
膜性骨　52
マクロファージ　19
末梢神経系　32
満腹中枢　215

〔み〕

味覚器　227
脈管の血管　197
脈絡叢　215
ミューラー管　153
味　蕾　81

〔む〕

無脱落膜胎盤　165
鳴　管　125
迷走神経　220
メラトニン　172
メラニン細胞刺激ホルモン
　　176

〔も〕

毛　幹　41
毛　根　42
毛細血管　196

毛小皮　42
毛髄質　42
盲　腸　95
毛皮質　42
網　膜　225
毛　流　42
門脈系　196

〔や〕

矢状断面　50

〔ゆ〕

雄性生殖器　141
遊走腎　126
癒合鎖骨　61
輸入糸球体細動脈　131

〔よ〕

葉間静脈　132
葉間動脈　131
葉間裂
　　肺の——　118
葉気管支　121
腰　椎　58
腰膨大　211
抑制因子　177

〔ら〕

ライディヒ細胞　145,176
卵円窩　189
卵円孔　202
卵殻腺　170
卵殻膜　170
卵　割　2
卵　管　159,169
卵管峡部　159,159
卵管采　159
卵管子宮部　170
卵管腟部　170
卵管膨大部　159,169
卵管漏斗部　159,169
卵　丘　157
ランゲルハンス島　105
卵　子　1

卵　巣　153, 168
卵巣間膜　154
卵巣嚢　154
卵巣網　152
卵巣門　154
卵祖細胞　155
卵　白　169
卵胞液　156
卵胞刺激ホルモン　176

卵胞閉鎖　158
卵胞膜　157
卵母細胞　155

〔り〕

輪状軟骨　113
リンパ　203
リンパ小節　208
リンパ節　208

リンパ中心　203
リンパ本幹　205

〔れ〕

レニン　134

〔ろ〕

肋　骨　60

家畜の生体機構		定価（本体 7,000 円＋税）

2000 年 8 月 31 日　第 1 版第 1 刷印刷
2000 年 9 月 10 日　第 1 版第 1 刷発行　　　　　　　　＜検印省略＞

　　　　　　　　　編　者　　石　橋　武　彦
　　　　　　　　　発 行 者　　永　井　富　久
　　　　　　　　　印　　刷　　株式会社 平 河 工 業 社
　　　　　　　　　製　　本　　田 中 製 本 印 刷 株式会社

　　　　　　　発　行　**文 永 堂 出 版 株 式 会 社**
　　　　　　　　　　　東京都文京区本郷2丁目27番18号
　　　　　　　　　　　　電　話　03(3814)3321（代表）
　　　　　　　　　　　　Ｆ Ａ Ｘ　03(3814)9407
　　　　　　　　　　　　振　替　00100-8-114601番

Ⓒ 2000　石橋武彦

ISBN 4-8300-3180-8 C 3061

獣医学

- 動物発生学 <第2版>　江口保暢 著　¥7,000+税 〒510
- 家畜の生体機構　石橋武彦 編　¥7,000+税 〒510
- 動物遺伝学　柏原・河本・舘 編　¥7,000+税 〒510
- 薬理学・毒性学実験　比較薬理学・毒性学会 編　¥3,500+税 〒510
- カルシウムと情報伝達系　浦川・唐木 編　¥12,000+税 〒510
- 平滑筋実験マニュアル　浦川・唐木 編　¥8,000+税 〒440
- 動物病理学総論　板倉・後藤 編　¥12,000+税 〒510
- 動物病理学各論　日本獣医病理学会 編　¥18,000+税 〒580
- 獣医病理組織カラーアトラス　板倉・後藤 編　¥15,000+税 〒510
- 獣医生理学　高橋迪雄 監訳　¥17,000+税 〒650
- 獣医生化学　大木・久保・古泉　¥10,000+税 〒510
- 新獣医内科学　川村・内藤・長谷川・前出・村上・本好 編　¥18,000+税 〒650
- 獣医内科診断学　長谷川・前出 監訳　¥8,000+税 〒510
- 大動物の臨床薬理学　高橋・其田 訳　¥17,000+税 〒580
- 家畜の心疾患　澤崎 坦 監訳　¥15,000+税 〒510
- 大動物の外科手術　高橋・小笠原 監訳　¥12,000+税 〒510

- 獣医放射線学概論　松岡 理 著　¥4,800+税 〒440
- 獣医臨床放射線学　菅沼・中間・広瀬 監訳　¥18,000+税 〒650
- 獣医感染症カラーアトラス　見上・丸山 監修　¥16,000+税 〒580
- 獣医微生物学　見上 彪 編　¥9,000+税 〒510
- Mohanty Dutta 獣医ウイルス学　小西信一郎 監訳　¥9,800+税 〒510
- 動物の免疫学　小沼・小野寺・山内 編　¥9,000+税 〒510
- 獣医免疫学　山内一也 著　¥8,000+税 〒440
- 家畜衛生学　菅野・鎌田・酒井・押田 編　¥8,000+税 〒510
- 獣医公衆衛生学 <第2版>　小川・金城・丸山 編　¥8,000+税 〒510
- 獣医応用疫学　杉浦勝明 訳　¥8,000+税 〒510
- 新版 獣医臨床寄生虫学　新版 獣医臨床寄生虫学編集委員会 編
  - 産業動物編　¥15,000+税 〒580
  - 小動物編　¥12,000+税 〒510
- 獣医寄生虫検査マニュアル　今井・神谷・平・茅根 編　¥7,000+税 〒510
- 犬糸状虫 ―寄生虫学の立場から―　大石 勇 著　¥6,800+税 〒440
- 犬糸状虫症　大石 勇 編著　¥12,000+税 〒510
- 本邦における 人獣共通寄生虫症　林 滋生 ほか 著　¥18,000+税 〒580

- 日本獣医学史（復刻版）　白井恒三郎 著　¥6,000+税 〒510
- 獣医繁殖学　森・金川・浜名 編　¥10,000+税 〒510
- 獣医繁殖・産科学　河田・浜名 監訳　¥20,000 円+税 〒580
- 新繁殖学辞典　家畜繁殖学会 編　¥18,000+税 〒510
- 和英英和繁殖学用語集　家畜繁殖学会 編　¥2,800+税 〒370
- 生産獣医療における 牛の生産病の実際　内藤・浜名・元井 編　¥9,000+税 〒510
- 獣医師のための 乳牛の個体管理 ―ここで差がつく 疾病予防の実際―　酒井・小倉 著　¥5,800+税 〒440
- 実験動物学 ―比較生物学的アプローチ―　土井・林・高橋・佐藤・二宮・板垣 共著　¥4,000+税 〒440
- Fowler 動物の保定と取扱い　北 昂 監訳　¥15,000+税 〒580
- 野生動物救護ハンドブック ―日本産野生動物の取り扱い―　野生動物救護ハンドブック編集委員会 編　¥8,000+税 〒440
- タイを中心とするインドシナ諸国の畜産と家畜衛生　酒井健夫 著　¥5,000+税 〒440
- ブラッド 獣医学大辞典　友田 勇 総監修　¥32,000+税 〒780~1,200
- 平成十二年度 家畜伝染病予防法関係法規集　農水省衛生課 監修　¥9,000+税 〒400

小動物臨床

- サウンダース 小動物臨床マニュアル　長谷川篤彦 監訳　¥45,000+税 〒790~1,810
- 臨床獣医師のための 猫の解剖カラーアトラス　浅利昌男 監訳　¥24,000+税 〒580
- 臨床獣医師のための 猫の行動学　森 裕司 監訳　¥8,000+税 〒440
- 猫の医学　加藤・大島 監訳　¥52,000+税 〒810~1,400
- 犬の内科臨床　長谷川篤彦 訳　¥6,800+税 〒440
- 小動物の感染症マニュアル　小西・長谷川 監訳　¥14,560+税 〒510
- 小動物臨床における 臨床徴候と診断　友田・本好 監訳　¥29,000+税 〒650
- 小動物獣医師のための病理検査 ―臨床検査から剖検まで―　竹内・浜名 訳　¥4,800+税 〒440
- 小動物の 臨床腫瘍学　加藤・大島 監訳　¥27,000+税 〒580
- 獣医臨床検査 <第2版>　石田卓夫 監訳　¥12,000+税 〒510

- カラーアトラス 最新 ネコの臨床眼科学　朝倉・太田 監訳　¥25,000+税 〒510
- 小動物の眼科学　朝倉宗一郎 監訳　¥17,000+税 〒510
- 小動物デンタルテクニック　林 一彦 監訳　¥18,000+税 〒580
- 犬と猫の耳鼻咽喉・口腔疾患　小村吉幸 訳　¥12,000+税 〒510
- 獣医臨床心電図マニュアル　若尾義人 監訳　¥8,000+税 〒510
- 犬と猫の心臓病　加藤 元 監訳　¥32,000+税 〒650
- 小動物臨床家のための 腎・泌尿器病学　武藤 眞 監訳　¥9,000+税 〒510
- 小動物の 腎・泌尿器疾患マニュアル　武藤・渡辺・小村 訳　¥10,000+税 〒510
- 小動物の皮膚疾患　長谷川篤彦 監訳　¥12,620 円+税 〒510
- 犬と猫のアレルギー性皮膚疾患　大島 慧 訳　¥8,720+税 〒440
- 犬と猫の繁殖　浜名克己 ほか 訳　¥11,640+税 〒510

- スラッター 小動物の外科手術（全2巻）　高橋・佐々木 監訳　¥67,000+税 〒790~1,300
- イラストによる 小動物整形外科 ―手術手技とアプローチ法―　山村穂積 監訳　¥20,000+税 〒580
- フローチャートによる 小動物X線診断へのアプローチ　菅沼常徳 監訳　¥12,000+税 〒510
- 小動物の救急X線診断　菅沼常徳 監訳　¥21,340+税 〒650
- エキゾチックアニマルのX線診断　菅沼常徳 監訳　¥32,000+税 〒650
- X線と超音波による 小動物の画像診断　菅沼常徳 監訳　¥30,000+税 〒720
- 鳥のX線解剖アトラス　菅沼・浅利 共訳　¥12,000+税 〒510
- 犬種と疾病　鈴木・小方 監訳　¥24,260+税 〒580
- 魚病の診断と治療 <錦鯉・金魚>　吉田謹三 著　¥6,800+税 〒440
- CVC カレントベテリナリークリニック 1　信田・石田 ほか 著　¥16,000+税 〒510

「小動物の診療」シリーズ '90（III）〜'98（IV）　¥8,000+税 〒510

文永堂出版　〒113-0033 東京都文京区本郷 2-27-18　TEL 03(3814)3321(代)
振替口座 00100-8-114601　FAX 03(3814)9407
http://www.buneido-syuppan.com